Report Automation Practice

Python+Excel
报表自动化实战

王红明 贾莉莉 / 编著

机械工业出版社

CHINA MACHINE PRESS

本书通过大量实战案例来讲解如何利用 Python 实现报表制作的自动化。本书主要包括 Python 编程基础知识、报表文件操作方法、报表工作表操作方法、报表字体格式设置方法、报表对齐方式格式设置方法、各种函数计算方法、报表数据筛选/排序/分类汇总/统计分析方法、数据透视表制作方法、图表自动绘制方法、报表自动打印方法及报表自动化综合案例等内容。

本书通过根据实际工作场景设计的实战案例及详细的代码解析，使读者可以轻松掌握实际工作中的报表自动化制作方法和技巧。为了方便读者学习理解，本书内容配有视频讲解，读者可以扫描对应的二维码直接观看，也可以下载学习（详细方法见本书封底）。

本书适合数据工作量大的职场人士、财务人士、数据分析人士等用户阅读，也可作为中、高等职业技术院校程序设计课程的参考用书。

图书在版编目（CIP）数据

Python+Excel 报表自动化实战/王红明，贾莉莉编著 . —北京：机械工业出版社，2022.6（2024.11 重印）

ISBN 978-7-111-71061-5

Ⅰ.①P…　Ⅱ.①王…②贾…　Ⅲ.①软件工具−程序设计②表处理软件　Ⅳ.①TP311.561②TP391.13

中国版本图书馆 CIP 数据核字（2022）第 110783 号

机械工业出版社（北京市百万庄大街 22 号　邮政编码 100037）

策划编辑：张淑谦　责任编辑：张淑谦

责任校对：秦洪喜　责任印制：张　博

北京中科印刷有限公司印刷

2024 年 11 月第 1 版第 5 次印刷

184mm×260mm・14.5 印张・374 千字

标准书号：ISBN 978-7-111-71061-5

定价：79.00 元

电话服务　　　　　　网络服务

客服电话：010-88361066　机　工　官　网：www.cmpbook.com

　　　　　010-88379833　机　工　官　博：weibo.com/cmp1952

　　　　　010-68326294　金　书　网：www.golden-book.com

封底无防伪标均为盗版　机工教育服务网：www.cmpedu.com

前　言

一、为什么写这本书

报表制作是职场人士的必备技能，很多人经常要面对大量重复性的工作，比如制作公司的日报、周报、月报等，还有很多耗费时间的工作，比如批量处理分析日常销售数据等。如果把这些重复性、复杂性强的工作交给计算机去做，实现自动化报表，那么就可以解放我们的双手，去做更有价值的工作，同时还可以大大提高工作效率。

本书就是为了教会大家使用 Python 程序自动化制作报表，在日常工作中减少重复劳动，轻松进行数据分析，将数据进行可视化呈现，做出高质量的报表和分析报告。

二、本书特色

本书有如下特色。

- 全书通过大量实战案例来讲解报表制作自动化，实战案例全部根据实际工作场景设计。
- 每个实战案例都配有详细的代码解析，对每行代码的功能、代码中各个函数的含义和用法进行了详细解析，同时对于复杂的代码配有局部代码后台运行结果图，帮助读者理解代码的含义。
- 每个实战案例配有案例应用解析，帮助零基础读者利用案例代码解决实际工作中的问题。

三、全书写了什么

本书共 10 章，包括 Python 编程基础知识、报表格式设置、函数计算、自动化报表等内容。其中，第 1~2 章讲解了 Python 的下载安装、编程方法及 Python 语法知识等内容；第 3~7 章讲解了报表文件操作方法、工作表操作方法、报表字体格式设置方法、报表对齐方式和格式设置方法、各种函数计算方法、报表数据筛选/排序/分类汇总/统计分析方法及数据透视表制作方法等；第 8~10 章讲解了图表自动绘制方法、报表自动打印方法及报表自动化综合案例。

四、本书适合谁看

本书适合数据工作量大的职场人士、财务人士、数据分析人士等用户阅读，也可作为中、高等职业技术院校程序设计课程的参考用书。

五、本书作者团队

本书由资深数据分析师、畅销书作者王红明和上市公司财务主管、高级会计师贾莉莉共同编写。由于作者水平有限，书中难免有疏漏和不足之处，恳请广大读者朋友提出宝贵意见。

六、致谢

一本书从选题立项到出版，要经历很多环节，在此感谢机械工业出版社负责本书的编辑团队为本书出版所做的大量工作。

编　者
2022 年 3 月

按知识点分类的视频列表

（手机扫描二维码即可观看）

序号	视频知识点	二维码	序号	视频知识点	二维码
1	Python 基础——编写第一个交互程序		13	Python 语法——函数	
2	Python 基础——下载 Python		14	Python 语法——输入	
3	Python 语法——while 循环		15	Python 语法——数据类型转换	
4	Python 语法——for 循环		16	Python 语法——算术运算符	
5	Python 语法——if-else 语句		17	Python 语法——添加修改列表元素	
6	Python 语法——if 条件语句		18	Python 语法——注释	
7	Python 语法——比较运算符		19	xlwings 模块操作——打开 excel 程序	
8	Python 语法——变量		20	xlwings 模块操作——读取数据	
9	Python 语法——遍历字典		21	xlwings 模块操作——工作表操作	
10	Python 语法——创建删除列表		22	xlwings 模块操作——写入数据	
11	Python 语法——创建元组		23	xlwings 模块操作——新建工作簿	
12	Python 语法——访问列表元素		24	pandas 模块操作——查看数据信息	

(续)

序号	视频知识点	二维码	序号	视频知识点	二维码
25	pandas 模块操作——读取 excel 数据		38	报表自动化——统计 100 名复购客户	
26	pandas 模块操作——多列数据分类汇总		39	报表自动化——自动设置报表中单元格数据的字体格式	
27	pandas 模块操作——列数据选择		40	分类汇总——单个工作表分类汇总	
28	pandas 模块操作——数据排序		41	分类汇总——将所有工作表数据分类汇总到一个工作表	
29	pandas 模块操作——数据缺失值处理		42	批量处理方法——处理单个文件中指定的 1 个或 2 个工作表	
30	pandas 模块操作——行数据选择		43	批量处理方法——批量处理单个文件所有工作表	
31	pandas 模块操作——选择满足条件的行列数据		44	批量处理方法——批量处理多个文件中所有工作表	
32	pandas 模块操作——一列分组多列汇总		45	批量处理方法——批量处理多个文件中指定工作表	
33	pandas 模块操作——一列数据分类汇总		46	批量打印	
34	函数——计数		47	图表制作——设置柱形图主题	
35	函数——算术运算		48	图表制作——仪表盘	
36	函数——唯一值		49	图表制作——柱形图	
37	报表自动化——设置所有工作表对齐方式				

目　　录

第5章 报表函数计算自动化——在 Excel 报表自动实现函数计算 ················ 106

在报表的制作过程中，经常会涉及很多函数的应用，像逻辑函数、计算函数、统计函数、格式函数、日期函数和时间函数等。本章将详细讲解这些比较常见且通用的函数的使用方法。

第1章　Python 快速上手

近年来,Python 在办公自动化场景中的应用越来越多,比如在处理重复性和机械化的 Excel 日常报表时,结合 Python 自动批量处理,可以将费时费力的工作简单化,用很短的时间即可将平时需要一天或几天完成的工作处理完。

本章将详细讲解 Python 编程环境的搭建、模块的安装,带领初学者打开 Python 编程的大门。

1.1　下载与安装 Python

1.1.1　下载最新版 Python

Python 是免费的,大家可以从 Python 的官网进行下载。Python 官网为 www. Python. org(以 Windows 操作系统为例)。

1)首先查看计算机操作系统的类型。以 Windows10 操作系统为例,在桌面右键单击"此电脑"图标。在打开的"系统"窗口中,可以看到操作系统的类型。这里显示为 32 位操作系统,如图 1-1 所示。

2)在浏览器的地址栏输入"www. Python. org"并按〈Enter〉键,如图 1-2 所示。

图 1-1　查看操作系统

图 1-2　输入网址

3)如果是 Windows 32 位操作系统,在打开的网页中单击"Downloads"按钮,然后从弹出的菜单中单击"Python3. 10. 2"按钮,如图 1-3 所示。

4)如果是 Windows 64 位操作系统,则单击"Downloads"菜单中的"Windows"选项按钮。然后在打开的页面中(见图 1-4)单击"Download Windows installer (64-bit)"选项按钮开始下载。注意:如果使用的是 iOS 系统,则单击"Downloads"菜单中的"Mac OS X"选项按钮下载。

图 1-3　下载 Python

图 1-4　下载程序

5）打开下载对话框,如图 1-5 所示。单击"浏览"按钮可以设置下载文件保存的位置,之后单击"下载"按钮开始下载。

6）下载完成后的安装文件如图 1-6 所示。

图 1-5　下载对话框

图 1-6　下载完的文件

1.1.2　安装 Python

找到已经下载的 Python 安装文件并双击它,开始安装 Python 程序(以 Windows10 操作系统为例)。

1）首先双击 Python 安装文件,接着会弹出"你要允许此应用对你的设备进行更改吗?"对话框,单击"是"按钮即可。接着在打开的图 1-7 所示的对话框中,单击勾选"Add Python 3.10 to PATH"复选框,然后单击"Install Now"选项按钮开始安装。

2）接着安装程序开始复制程序文件,最后单击"Close"按钮完成安装,如图 1-8 所示。

图 1-7　开始安装

图 1-8　安装完成

1.1.3 模块的安装与导入

Python 最大的魅力是有很多很有特色的模块,用户在编程时,可以直接调用这些模块来实现特定功能。比如 Pandas 模块有很强的数据分析功能,调用此模块可以轻松实现对数据的分析,再比如,xlwings 模块有很强的 Excel 数据处理能力,调用此模块可以快速处理 Excel 数据。

不过,有些模块在调用之前需要先下载安装。下面来讲解一下后面学习要用到的几个模块的安装方法。

1. Pandas 模块的安装

在 Python 中,安装模块的简单方法是使用 pip 命令。安装方法如下。

1)首先打开"命令提示符"窗口。方法是按〈Win+R〉组合键,打开"运行"对话框,输入"cmd",然后单击"确定"按钮,如图 1-9 所示。提示:也可以单击"开始"菜单,再单击"Windows 系统"下的"命令提示符"按钮来打开。

2)打开"命令提示符"窗口后,输入"pip install pandas"命令后按〈Enter〉键。接着会开始自动安装 Pandas 模块,安装完成后会提示"Successfully installed",说明安装成功。如图 1-10 所示为安装成功后的画面。

图 1-9　在"运行"对话框输入"cmd"

图 1-10　安装 Pandas 模块

2. xlwings 模块的安装

xlwings 模块的安装方法与 Pandas 模块类似,首先打开"命令提示符"窗口,然后直接输入"pip install xlwings"并按〈Enter〉键,开始安装 xlwings 模块。安装完成后同样会提示"Successfully installed",如图 1-11 所示。

图 1-11　安装 xlwings 模块

3. openpyxl 模块的安装

安装 openpyxl 模块同样在"命令提示符"窗口中进行,直接输入"pip install openpyxl"并按〈Enter〉键,即可安装 openpyxl 模块。

4. 模块的导入

要在代码中使用模块的功能,除了需要安装模块外,还需要在代码文件中导入模块。模块的导入方法有两种:一种是用 import 语句导入,另一种是用 from 语句导入。

(1)import 语句导入模块

import 语句导入模块的方法为"import+模块名称",比如导入 Pandas 模块的方法为"import pandas"。

另外,由于有些模块的名称很长,在导入模块时允许给导入的模块起一个别名。比如导入 Pandas 模块并起别名为"pd"的方法为"import pandas as pd"。这里使用了 as 来给模块起别名。

(2)from 语句导入模块

有些模块中的函数特别多,用 import 语句导入整个模块后会导致程序运行速度缓慢,如果只需要使用模块中的少数几个函数,可以用 from 语句在导入模块时指定要导入的函数。

from 语句导入模块的方法为"from+模块名+import+函数名"。

比如导入时间模块(datetime) 中的"datetime"函数的方法为"from datetime import datetime"。

1.2 带你打开 Python 编程大门

安装好 Python 程序后,接下来可以运行 Python 程序,并开始编写程序了。

1.2.1 使用 IDLE 运行 Python 程序

IDLE(集成开发环境)是 Python 的集成开发环境 ,它被打包为 Python 包装的可选部分,安装好 Python 以后,IDLE 就自动安装好了,不需要另外去安装。

1)首先单击"开始"按钮,从打开的菜单中单击"IDLE(Python 3. 10 64-bit)"按钮,如图 1-12 所示。

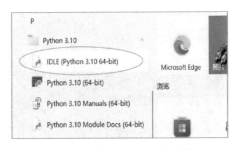

图 1-12　打开 IDLE 开发环境

2)之后会打开 IDLE 开发环境。此开发环境是一个基于命令行的环境,它的名字叫"Python 3. 9. 1 Shell"。Shell 是一个窗口或界面,它允许用户输入命令或代码行,如图 1-13 所示。

在此窗口上面一行为菜单栏，选择Options"菜单下面的Configure IDLE"命令可以设置显示字体等。

在此窗口中，可以看到">>>"这样一个提示符，它表示计算机准备好接受你的命令了。

图 1-13　IDLE Shell 开发环境

1.2.2　案例1：用 IDLE 编写 Python 程序

接下来尝试用 IDLE 开发环境编写第一个 Python 程序，如图 1-14 所示，首先运行 IDLE 开发环境。

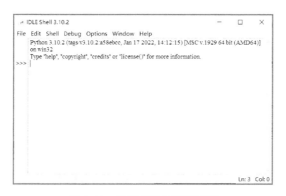

图 1-14　运行 IDLE 开发环境

然后在>>>符号右侧输入"print('你好,Python ')"，按〈Enter〉键后，会执行 print 命令，输出"你好，Python"，代码如下所示。提示：只有 Python 3. x 版本才能直接输出中文。

```
>>> print('你好,Python')
你好,Python
```

代码中的"print( )"是函数打印输出的意思，它会直接输出引号中的内容，这里的引号可以是单引号，也可以是双引号。在输入的时候要注意，( )和"（也可以用双引号）都必须是半角符号（在英文输入法下默认为半角）。如果使用全角输入，就会出错。

1.2.3　案例2：编写第一个交互程序

下面编写一个稍微复杂一点的程序。使用 input( )函数编写一个请用户输入名字的程序。

提示：input( )函数可以让用户输入字符串，并存放到一个变量里。然后可以使用 print( )函数输出变量的值。

首先打开 IDLE 开发环境，然后选择"File"菜单下面的"New File"命令，新建一个编辑文件，

5

Python+Excel 报表自动化实战

如图 1-15 所示。

接下来开始输入如下所示的代码。

```
name=input('请输入您的名字:')
print(name,',欢迎您使用 Python')
```

代码中的"name"为一个变量,用来保存用户输入的名字。变量可以自己定义,比如可以将 name 换成 n;input( )为输入函数,=表示赋予。Print( )函数中的函数 name 用来调用变量 name 的值,即用户名字。

写好代码后,按〈Ctrl+S〉组合键保存文件(也可以选择"File"文件下的"保存"命令来保存),打开"另存为"对话框,如图 1-16 所示。选择文件保存的位置,并在"文件名"栏中输入文件的名字,最后单击"保存"按钮保存文件。

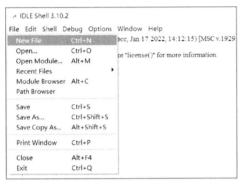

图 1-15　新建编辑文件　　　　　　　　图 1-16　保存文件

保存之后可以运行此代码了,选择"Run"菜单下的"Run Module"命令(或直接按〈F5〉键)运行程序。接着会自动打开 IDLE Shell 文件,并显示代码运行后的输出结果,如下所示。

```
=============== RESTART: E:/python编程/练习50.py ===============
请输入您的名字:
```

接着在"请输入您的名字"右侧输入"编程者",然后按〈Enter〉键,会输出如下结果。

```
请输入您的名字:编程者
编程者 ,欢迎您使用 Python
```

6

第 2 章 Python 语法基础实战

要想熟练掌握 Python 编程，最好的方法就是充分了解、掌握基础知识，并多编写代码。本章将详细介绍 Python 的语法特点、变量、基本数据类型、运算符、if 条件语句、for 循环语句、while 循环语句、列表、元组、字典和函数等的用法。

2.1 Python 语法特点

为了让 Python 解释器能够准确地理解和执行所编写的代码，在编写代码时需要了解 Python 的语法特点，遵守一些基本规范，如注释、缩进、引号等。

2.1.1 注释

在 Python 中，注释是一项很有用的功能。它用来在程序中添加说明和解释，让用户可以轻松读懂程序。注释的内容将被 Python 解释器忽视，并不会在执行结果中体现处理。

1. 单行注释

在 Python 中，注释用井号（#）标识，在程序运行时，注释的内容不会被运行，而会被忽略。

```
#让用户输入名字
Name=input('请输入您的名字:')
print(Name,',欢迎您使用 Python')        #输出用户名字
```

从上面可以看出，注释可以在代码的上面，也可以在一行代码的行末。

2. 多行注释

在 Python 中，包含在一对三引号（'''……'''）或（" " " ……" " "）之间，并且不属于任何语句的内容都可以视为注释，这样的代码将被解释器忽略，如下所示。

```
'''
Name=input('请输入您的名字:')
print(Name,',欢迎您使用 Python')        #输出用户名字"
'''
```

2.1.2 代码缩进

Python 不像其他编程语言（如 C 语言）那样采用大括号（｛｝）分隔代码块，而是采用代码缩进和冒号（:）来控制类、函数以及其他逻辑判断。

7

在 Python 中，行尾的冒号和下一行的缩进表示一个代码块的开始，而缩进结束，则表示一个代码块的结束，所有代码块语句必须包含相同的缩进空白数量，如下所示。

```
if True:
    print ("True")
else:
    print ("False")
```

2.1.3　引号

Python 可以使用单引号（'）、双引号（"）、三引号（''' 或 " " "）来表示字符串，引号的开始与结束必须是相同类型的，如下所示。其中三引号也被当作注释的符号。

```
word = '你好'
print(word, ",欢迎您使用 Python")
```

2.2　变量

2.2.1　理解 Python 中的变量

变量来源于数学，在编程中通常使用变量来存放计算结果或值。如下所示的"name"就是一个变量。

```
name='小明'
print(name)
```

简单地说，可以把变量看成一个盒子，可以将钥匙、手机、饮料等物品存放在这个盒子中，也可以随时更换想存放的新物品，并且可以根据盒子的名称（变量名）快速查找到存放物品的信息。

在数学课上也会学到变量，比如解方程的时候 x，y 就是变量，用字母代替。在程序中需要给变量起名字，比如"name"。变量取名字的时候一定要清楚地说明其用途，因为一个大的程序里面的变量有成百上千个，如果名字不能清楚地表达用途，不要说别人会看不懂你的程序，恐怕连自己都会糊涂。

2.2.2　变量的定义与使用

在 Python 中，不需要先声明变量名及其类型，直接赋值即可创建各种类型的变量。

每个变量在使用前都必须赋值，然后该变量才会被创建。等号（=）用来给变量赋值。等号（=）运算符左边是一个变量名，等号（=）运算符右边是存储在变量中的值。如下所示的"这是一个句子"就是变量 sentence 的值。

```
sentence ='这是一个句子'
print(sentence)
```

但变量的命名并不是任意的，在 Python 中使用变量时，需要遵守一些规则，否则会引发错误。主要的规则如下。

1）变量名只能包含字母、数字和下画线，但不能用数字开头。例如，变量名 Name_1 是正确的变量名，变量名 1_Name 是错误的变量名。

2）变量名不能包含空格，但可使用下画线来分隔其中的单词。例如，变量名 my_name 是正确的，变量名 my name 是错误的。

3）不要将 Python 关键字和函数名作为变量名，如将 print 作为变量名就是错误的。

4）变量名应既简单又具有描述性，如 student_name 就比 s_n 好，因为前者容易理解其用途。

5）慎用小写字母 l 和大写字母 O，因为它们可能被人错看成数字 1 和 0。

2.3 基本数据类型

Python 中提供的基本数据类型包括数字类型、字符串类型和布尔类型等。

2.3.1 数字类型

在 Python 中，数字类型主要包括整数、浮点数等。

1. 整数

Python 可以处理任意大小的整数，包括正整数、负整数和 0，并且它们的位数是任意的。整数在程序中的表示方法和数学上的写法一模一样，如 2，0，-20。

2. 浮点数

浮点数也就是小数，之所以称为浮点数，是因为按照科学计数法表示时，一个浮点数的小数点位置是可变的，例如，$1.23×10^6$ 和 $12.3×10^5$ 是完全相等的。

对于很大或很小的浮点数，必须用科学计数法表示，把 10 用 e 替代，如 $1.23×10^9$ 表示为 1.23e9 或 12.3e8，0.000012 可以表示为 1.2e-5。

注意：浮点数运算时会四舍五入，因此计算机保存的浮点数计算值会有误差。

2.3.2 字符串类型

字符串就是一系列字符，组成字符串的字符可以是数字、字母、符号和汉字等。

在 Python 中，字符串属于不可变序列，通常用单引号（' '）、双引号（" "）或三引号（""" """）括起来。也就是说用引号括起来的都属于字符串类型，且引号必须为半角，如' abc33 '和'' this is my sister ''等。这种灵活的表达方式让用户可以在字符串中包含引号和撇号，如'' I'm OK ''和''我看着他说："这是我妹妹"。''。

如果字符串中同时包含单引号和双引号，那么可以用转义字符 \ 来标识，比如字符串 I'm "ok"!，可以这样写代码' I\' m \"ok\"！'。

转义字符 \ 可以转义很多字符，比如 \ n 表示换行，\ t 表示制表符，字符 \ 本身也要转义，所以 \\ 表示的字符就是 \ 。如下所示。

```
>>> print('languages:\n\tPython\n\tC++')
languages:
    Python
    C++
```

上面代码里 \ n 表示换行，\ t 表示制表位，可以增加空白。从输出的结果中可以看到"Python"换了一行，前面增加了空白。同样"C++"也换行了，前面也增加了空白。

2.3.3　布尔类型

布尔类型主要用来表示真值或假值。在 Python 中，标识符 True 和 False 被解释为布尔值。Python 中的布尔值可以转化为数值，True 表示 1，False 表示 0。

2.3.4　数据类型转换

数据类型转换就是将数据从一种类型转换为另一种类型，比如从整数类型转换为字符串，或从字符串转换为浮点数。在 Python 中，如果数据类型和代码要求的类型不符，就会提示出错（如进行数学计算时，计算的数字不能是字符串类型）。

表 2-1 所示为 Python 中的常用类型转换函数。

表 2-1　常用类型转换函数

函　　数	功　　能
int（x）	将 x 转换成整数类型
float（x）	将 x 转换成浮点数类型
complex（real［, imag］）	创建一个复数
str（x）	将 x 转换成字符串类型
repr（x）	将 x 转换成表达式类型
eval（str）	计算在字符串中的有效 Python 表达式，并返回一个对象
chr（x）	将整数 x 转换为一个字符
ord（x）	将一个字符 x 转换为它对应的整数值
hex（x）	将一个整数 x 转换为一个十六进制的字符串
oct（x）	将一个字符 x 转换为一个八进制的字符串

2.4　运算符

运算符是一些特殊的符号，主要用于数学计算、比较大小和逻辑运算等。Python 的运算符主要包括算术运算符、赋值运算符、比较运算符、逻辑运算符和位运算符等。使用运算符将不用的数据按照一定的规则连接起来的式子，称为表达式。使用算术运算符连接起来的式子称为算术表达式。

2.4.1　算术运算符

算术运算符是处理四则运算的符号，在数字的处理中应用得最多。Python 支持所有的基本算术运算符，见表 2-2。

表 2-2　Python 常用算术运算符

运　算　符	说　　明	实　　例	结　　果
+	加	3. 45 + 15	18. 45
–	减	5. 56−0. 2	5. 36
*	乘	4 * 6	24
/	除	7 / 2	3. 5
%	取余，即返回除法的余数	3 % 2	1
//	整除，返回商的整数部分	5 // 2	2
* *	幂，即返回 x 的 y 次方	3 * * 2	9，即 3^2

2.4.2　比较运算符

比较运算符也称为关系运算符，用于对常量、变量或表达式的结果进行大小、真假等比较，如果比较结果为真，则返回 True（真）；反之，则返回 False（假）。比较运算符通常用在条件语句中作为判断的依据。Python 支持的比较运算符见表 2-3。

表 2-3　Python 支持的比较运算符

比较运算符	功　　能
>	大于：如果运算符前面的值大于后面的值，则返回 True；否则返回 False
>=	大于或等于：如果运算符前面的值大于或等于后面的值，则返回 True；否则返回 False
<	小于：如果运算符前面的值小于后面的值，则返回 True；否则返回 False
< =	小于或等于：如果运算符前面的值小于或等于后面的值，则返回 True；否则返回 False
= =	等于：如果运算符前面的值等于后面的值，则返回 True；否则返回 False
！=	不等于：如果运算符前面的值不等于后面的值，则返回 True；否则返回 False
is	判断两个变量所引用的对象是否相同，如果相同则返回 True
is not	判断两个变量所引用的对象是否不相同，如果不相同则返回 True

2.4.3　逻辑运算符

逻辑运算符用于对真和假两种布尔值进行运算（操作布尔类型的变量、常量或表达式），逻辑运算的返回值也是布尔类型值。

Python 中的逻辑运算符主要包括 and（逻辑与）、or（逻辑或）以及 not（逻辑非），它们的具体用法和功能见表 2-4。

表 2-4 Python 逻辑运算符及功能

逻辑运算符	含 义	基本格式	功 能
and	逻辑与（简称"与"）	a and b	有两个操作数 a 和 b，只有它们都是 True 时，才返回 True，否则返回 False
or	逻辑或（简称"或"）	a or b	有两个操作数 a 和 b，只有它们都是 False 时，才返回 False，否则返回 True
not	逻辑非（简称"非"）	not a	只需要 1 个操作数 a，如果 a 的值为 True，则返回 False；反之，如果 a 的值为 False，则返回 True

2.4.4 赋值运算符

赋值运算符主要用来为变量（或常量）赋值，在使用时，既可以直接用基本赋值运算符" = "将右侧的值赋给左侧的变量，右侧也可以在进行某些运算后再赋值给左侧的变量。

" = "赋值运算符还可与其他运算符（算术运算符、位运算符等）结合，成为功能更强大的赋值运算符，见表 2-5。

表 2-5 Python 常用赋值运算符

运 算 符	说 明	举 例	展 开 形 式
=	最基本的赋值运算	x = y	x = y
+=	加赋值	x += y	x = x + y
−=	减赋值	x -= y	x = x - y
* =	乘赋值	x * = y	x = x * y
/ =	除赋值	x / = y	x = x / y
% =	取余数赋值	x % = y	x = x % y
* * =	幂赋值	x * * = y	x = x * * y
// =	取整数赋值	x // = y	x = x // y
& =	按位与赋值	x & = y	x = x & y
	=	按位或赋值	x	= y	x = x	y
^=	按位异或赋值	x ^= y	x = x ^ y
<<=	左移赋值	x <<= y	x = x << y，这里的 y 指的是左移的位数
>>=	右移赋值	x >>= y	x = x >> y，这里的 y 指的是右移的位数

2.5 流程控制语句

Python 的流程控制语句分为条件语句和循环语句。条件语句是指 if 语句，循环语句是指 for 循环语句和 while 循环语句。本节将分别讲解这几种控制语句的使用方法。

2.5.1 if 条件语句

1. 简单的 if 语句

if 语句允许仅当某些条件成立时才运行某个区块的语句（即运行 if 语句中缩进部分的语句），否则，这个区块中的语句会被忽略，然后执行区块后的语句。

Python 在执行 if 语句时，会去检测 if 语句中的条件是真还是假。如果条件为真（True），则执行冒号下面缩进部分的语句；如果条件为假（False），则忽略缩进部分的语句，执行下一行未缩进的语句。

2. if-else 语句

用户常常想让程序这样执行：如果一个条件为真（True），做一件事；如果条件为假（False），做另一件事情。对于这样的情况，可以使用 if-else 语句。if-else 语句与 if 语句类似，但其中的 else 语句让用户能够指定条件为假时，要执行的语句。即如果 if 语句条件判断是真（True），就执行下一行缩进部分的语句，同时忽略后面的 else 部分语句；如果 if 语句条件判断是假（False），则忽略下一行缩进部分的语句，去执行 else 语句及 else 下一行缩进部分的语句。

3. if-elif-else 语句

在编写程序时，如果需要检查超过两个条件的情况，可以使用 if-elif-else 语句。在使用 if-elif-else 语句时，会先判断 if 语句中条件的真假；如果条件为真就执行 if 语句下一行缩进部分的语句；如果条件为假（False），则忽略 if 语句下一行缩进部分的语句，去执行 elif 语句。接着会判断 elif 语句中的条件真假，如果条件为真（True），就执行 elif 语句下一行缩进部分的语句；如果条件为假（False），则忽略 elif 语句下一行缩进部分的语句，去执行 else 语句及下一行缩进部分的语句。

注意：if-elif 语句中只要有一个 if 语句的条件成立，就会跳过检测其他的 elif 语句。因此仅适合只有一个选项的情况。

2.5.2 for 循环

1. for 循环

简单来说，for 循环是使用一个变量来遍历列表中的每一个元素，就好比让一个小朋友依次走过列表中的元素一样。

for 循环可以遍历任何序列的项目，如一个列表或者一个字符串。它常用于遍历字符串、列表、元组、字典、集合等序列类型，逐个获取序列中的各个元素，并存储在变量中。

在使用 for 循环遍历列表和元组时，列表或元组有几个元素，for 循环的循环体就执行几次，针对每个元素执行一次，迭代变量会依次被赋值为元素的值。

for 循环中包括 for... in 和冒号（:），其用法如下所示。

```
names = ['小明','小白','小丽','小花']
for name in names:
    print(name)
```

上述代码中，names 为一个列表（列表的相关知识参考下一节内容），第二、三行代码为一个 for 循环语句，name 为一个新建的变量。开始循环时，从列表 names 中取出一个元素，并存储在变量 name 中，然后 print 语句将元素打印出来；接着第二次循环，再从列表 names 中取出第二个元素，存储在变量 name 中，并打印出来；这样一直重复执行，直到列表中的元素全部被打印出来。

代码运行结果如下所示。

```
小明
小白
小丽
小花
```

注意：代码中的冒号（:）不能丢。另外，"print（name）"语句必须缩进 4 个字节才会实现参数循环。如果忘记缩进，运行程序时将会出错，Python 将会提醒你缩进。

2. for 循环的好搭档——range( ) 函数

range( ) 函数是 Python 内置的函数，用于生成一系列连续的整数，多与 for 循环配合使用。如下所示为 range( ) 函数的用法。

```
for N in range(1,6):
    print(N)
```

上述代码中，range（1，6）函数参数中的第一个数字 1 为起始数，第二个数字为结束数，但不包括此数。因此就生成了从 1 到 5 的数字。

代码运行结果如下。

```
1
2
3
4
5
```

如下所示为修改 range( ) 函数参数后的程序。

```
for N in range(1,6,2):
    print(N)
```

上述代码中，range（1，6，2）函数参数中的第一个数字 1 为起始数，第二个数字为结束数（不包括此数），第三个数为步长，即两个数之间的间隔。因此就生成了 1，3，5 的奇数。

代码运行结果如下。

```
1
3
5
```

如下所示为 range( ) 函数只有一个参数的程序。

```
for N in range(10):
    print(N)
```

上述代码中，range（10）函数参数中，如果只有一个数，表示指定的是结束数，第一个数默认从 0 开始。因此就生成了 0 到 9 的整数。

3. 遍历字符串

使用 for 循环除了可以循环数值、列表外，还可以逐个遍历字符串，如下所示为 for 循环遍历字符串的情况。

```
string='归于平淡'
for x in sting:
    print(x)
```

上述代码运行后结果如下所示。

```
归
于
平
淡
```

2.5.3 while 循环

for 循环主要针对集合中的每个元素（即遍历），而接下来要讲的 while 循环则是只要指定的条件满足，就不断地循环，直到指定的条件不满足为止。

while 循环中包括 while、条件表达式和冒号（:）。条件表达式是循环执行的条件，每次循环执行前，都要执行条件表达式，对条件进行判断。如果条件成立（即条件为真时），就执行循环体（循环体为冒号后面缩进的语句），否则退出循环；如果条件表达式在循环开始时就不成立（即条件为假），则不执行循环语句，直接退出循环。

while 循环的用法如下所示。

```
n=1
while n<10:
    print(n)
    n=n+1
print('结束')
```

第一行代码中的 n 为新建的变量，并将 1 赋给 n。第二至四行代码为 while 循环语句，语句中"while"与"："之间的部分为循环中的条件表达式（即这里的"n<10"为条件表达式）。当程序执行时，Python 会不断地判断 while 循环中的条件表达式是否成立（即是否为真）。如果条件表达式成立，就会执行下面缩进部分的代码（即打印 n，然后将 n 加 1）。之后又重复执行以上 while 循环，重新判断条件表达式是否成立。就这样一直循环，直到条件表达式不成立时，停止循环，开始执行 while 循环下面的代码"print（'结束'）"代码。

注意：While 及下面缩进部分语句都为 while 循环的组成部分。冒号别丢掉。

代码运行结果如下。

```
1
2
3
4
5
6
7
8
9
结束
```

2.5.4　break 语句

如果想从 while 循环或 for 循环中立即退出，不再运行循环中余下的代码，也不管条件表达式是否成立，那么可以使用 break 语句。break 语句用于控制程序的流程，可使用它来控制哪些代码将执行，哪些代码不执行，从而让 Python 执行想要执行的代码。

break 语句的用法如下所示。

```python
n=1
while n<10:
    if n>5:
        break
    print(n)
    n=n+1
print('结束')
```

代码中 while 及下面缩进部分语句都为 while 循环语句。while 循环中嵌套了 if 条件语句。这两句为 if 条件语句，用来检测 n 是否大于 5，如果 n 大于 5 就执行 break 语句，退出循环。

代码运行结果如下。

```
1
2
3
4
5
结束
```

注意：在任何 Python 循环中都可以使用 break 语句来退出循环。

2.5.5　continue 语句

在循环过程中，也可以通过 continue 语句跳过当前的这次循环，直接开始下一次循环。即 continue 语句可以返回到循环开头，重新执行循环，进行条件测试。

continue 语句的使用方法如下所示。

```
n=1
while n<10:
    n=n+1
    if n%2==0:
        continue
    print(n)
```

代码中 while 及下面缩进部分语句都为 while 循环语句。循环中嵌套了 if 条件语句。这两句为 if 条件语句，用来检测 n 除以 2 的余数是否等于 0（即判断是否为偶数）。如果求余的结果等于 0，就执行 continue 语句，跳到 while 循环开头，开始下一次循环。

代码运行结果如下。

```
1
3
5
7
9
```

2.6 列表

列表（List）是 Python 中使用最频繁的数据类型，它由一系列按特定顺序排列的元素组成。它的元素可以是字符、数字、字符串，甚至可以包含列表（即嵌套）。在 Python 中，用方括号（[ ]）来表示列表，并用逗号（,）来分隔其中的元素。

2.6.1 列表的创建和删除

1. 使用赋值运算符直接创建列表

同 Python 的变量一样，创建列表时，可以使用赋值运算符"="直接将一个列表赋值给变量，如下所示。

```
classmates=['Michael','Bob','Tracy']
```

代码中，classmates 就是一个列表。列表的名称通常采用复数表示。另外，Python 对列表中的元素和个数没有限制，如下所示也是一个合法的列表。

```
untitle=['Michael',26,'列表元素',['Bob','Tracy']]
```

另外，一个列表的元素还可以包含另一个列表，如下所示。

```
classmates1=['小明','小花','小白']
classmates=['Michael','Bob',classmates1,'Tracy']
```

2. 创建空列表

在 Python 中，也可以创建空的列表，如下所示的 students 为一个空列表。

```
students=[]
```

3. 创建数值列表

在 Python 中，数值列表很常用。可以使用 list( ) 函数直接将 range( ) 函数循环出来的结果转换为列表，如下所示。

```
list(range(8))
```

上面代码运行后的结果如下。

```
[0,1,2,3,4,5,6,7]
```

4. 删除列表

对于已经创建的列表，可以使用 del 语句将其删除，如下所示为删除之前创建的 classmates 列表。

```
del classmates
```

2.6.2 访问列表元素

1. 通过指定索引访问元素

列表中的元素是从 0 开始索引的，即第一个元素的索引为 0，第二个元素的索引为 1。如下所示为访问列表的第一个元素。

```
classmates=['Michael','Bob','Tracy']
print(classmates[0])
```

上述代码中 classmates［0］表示第一个元素，如果要访问列表第 2 个元素，应该将程序第二句修改为"print（classmates［1］）"。注意，列表的索引从 0 开始，所以第二个元素的索引是 1，而不是 2。如果要访问列表最后一个元素，可以使用特殊语法"print（classmates［-1］）"来实现。上述代码的输出结果如下。

```
Michael
```

可以看到输出了列表的第一个元素，并且不包括方括号和引号。这就是访问列表元素的方法。

2. 通过指定两个索引访问元素

如下所示为指定两个索引作为边界来访问元素。

```
letters=['A','B','C','D','E','F']
print(letters[0:3 ])
```

［0：3］说明指定了第一个索引是列表的第一个元素；第二个索引是列表的第四个元素，但第二个索引不包含在切片内，所以输出了列表的第一、二、三个元素。

3. 只指定第一个索引来访问元素

如下所示为只指定第一个索引作为边界来访问元素。

```
letters=['A','B','C','D','E','F']
print(letters[2: ])
```

［2:］说明指定了第一个索引是列表的第三个元素；没有指定第二个索引，那么 Python 会一直提取到列表末尾的元素，所以输出了列表的第三、四、五、六个元素。

4. 只指定第二个索引来访问元素

如下所示为只指定第二个索引作为边界来访问元素。

```
letters=['A','B','C','D','E','F']
print(letters[:4 ])
```

［：4］说明没有指定第一个索引，那么 Python 会从头开始提取；第二个索引是列表的第五个元素（不包含在切片内），所以输出了列表的第一、二、三、四个元素。

5. 指定列表倒数元素索引来访问元素

如下所示为指定列表倒数元素的索引作为边界来访问元素。

```
letters=['A','B','C','D','E','F']
print(letters[-3: ])
```

［-3:］说明指定了第一个索引是列表的倒数第三个元素；没有指定第二个索引，那么 Python 会一直提取到列表末尾的元素，所以输出了列表的最后三个元素。

2.7　元组

元组（tuple）是 Python 中另一个重要的序列结构，其与列表相似，也是由一系列元素组成的，但它是不可变序列。因此元组元素不能修改（也称为不可变的列表）。元组所有元素都放在一对小括号"（）"中，两个元素间使用逗号（,）分隔。通常情况下，元组用于保存程序中不可修改的内容。

2.7.1　元组的创建和删除

1. 使用赋值运算符直接创建元组

同 Python 的变量一样，创建元组时，可以使用赋值运算符"＝"直接将一个元组赋值给变量，如下所示。

```
tup=('Michael','Bob','Tracy')
```

代码中，tup 就是一个元组。另外，Python 对元组中的元素和个数没有限制，如下所示也是一个合法的元组。

```
untitle=('Michael',26,'列表元素',('Bob','Tracy'))
```

另外，一个元组的元素还可以包含另一个元组，如下所示。

```
verse1=('小明','小花','小白')
verse2=('Michael','Bob',verse1,'Tracy')
```

2. 创建空元组

在 Python 中，也可以创建空的元组，如下所示的 empty 为一个空元组。

```
empty=()
```

3. 创建数值元组

在 Python 中，数值元组很常用。可以使用 tuple( )函数直接将 range( )函数循环出来的结果转换为元组，如下所示。

```
tuple(range(2,14,2))
```

上面代码运行后的结果如下。

```
(2,4,6,8,10,12)
```

4. 删除元组

对于已经创建的元组，可以使用 del 语句将其删除，如下所示为删除之前创建的 tup 元组。

```
del tup
```

2.7.2 访问元组元素

1. 通过指定索引访问元组元素

与列表一样，元组中的元素也是从 0 开始索引的，即第一个元素的索引为 0。如下所示为访问元组的第一个元素。

```
tup=('Michael','Bob','Tracy')
print(tup([1])
```

上述代码中 tup［1］表示第二个元素，如果要访问元组第 3 个元素，应该将程序第二句修改为"print（tup［2］）"。如果要访问元组最后一个元素，可以使用特殊语法"print（tup［-1］）"来实现。上述代码的输出结果如下。

```
Bob
```

可以看到输出了元组的第二个元素，并且不包括方括号和引号。这就是访问元组元素的方法。

2. 通过指定两个索引访问元素

如下所示为指定两个索引作为边界来访问元素。

```
coffee=('蓝山','卡布奇诺','摩卡','拿铁','哥伦比亚','曼特宁')
print(coffee[0:3])
```

［0：3］说明指定了第一个索引是元组的第一个元素；第二个索引是元组的第四个元素，但第二

个索引不包含在切片内，所以输出了元组的第一、二、三个元素。

3. 只指定第一个索引来访问元素

如下所示为只指定第一个索引作为边界来访问元素。

```
coffee=('蓝山','卡布奇诺','摩卡','拿铁','哥伦比亚','曼特宁')
print(coffee[2:])
```

[2:] 说明指定了第一个索引是元组的第三个元素；没有指定第二个索引，那么 Python 会一直提取到元组末尾的元素，所以输出了元组的第三、四、五、六个元素。

4. 只指定第二个索引来访问元素

如下所示为只指定第二个索引作为边界来访问元素。

```
coffee=('蓝山','卡布奇诺','摩卡','拿铁','哥伦比亚','曼特宁')
print(coffee[:4])
```

[：4] 说明没有指定第一个索引，那么 Python 会从头开始提取；第二个索引是元组的第五个元素（不包含在切片内），所以输出了元组的第一、二、三、四个元素。

5. 指定元组倒数元素索引来访问元素

如下所示为指定元组倒数元素的索引作为边界来访问元素。

```
coffee=('蓝山','卡布奇诺','摩卡','拿铁','哥伦比亚','曼特宁')
print(coffee[-3:])
```

[-3:] 说明指定了第一个索引是元组的倒数第三个元素；没有指定第二个索引，那么 Python 会一直提取到元组末尾的元素，所以输出了元组的最后三个元素。

2.8 字典

在 Python 中，字典是一系列键-值对。每个键都与一个值相关联，用户可以使用键来访问与之相关联的值。与键相关联的值可以是数字、字符串、列表乃至字典。总之，字典可以存储任何类型的对象。如下所示为一个学生分数的字典。

```
fractions={'张三':520,'李明':480,'王红':548,'赵四':600,'刘前进':425}
```

在 Python 中，字典用放在花括号 {} 中的一系列键-值对表示。每个键-值对之间用逗号（,）分割。

注意：在字典中键是唯一的，不允许同一个键出现两次。创建时如果同一个键被赋值两次，后一个值会被记住。键必须不可变，所以可以用数字、字符串或元组充当，但不能用列表。

2.8.1 字典的创建

1. 创建空字典

在 Python 中，可以直接创建空的字典，如下所示的 dictionary 为一个空字典。

```
dictionary={}
```

也可以通过 dict( )函数来创建一个空字典，如下所示。

```
dictionary1=dict()
```

2. 通过映射函数创建字典

通过映射函数创建字典的方法如下。

```
dictionary2=dict(zip(list1,list2))
```

zip( )函数用于将多个列表或元组对应位置的元素组合为元组，并返回包含这些内容的 zip 对象。其中，list1 用于指定要生成字典的键，list2 用于指定要生成字典的值。如果 list1 和 list2 长度不同，则与最短的列表长度相同。如下所示为通过映射函数创建的字典。

```
name=['小张', '小李', '小米', '小王']
score=[98,87,82,78]
dictionary=dict(zip(name,score))
```

程序执行后的输出结果如下。

```
{'小张': 98, '小李': 87, '小米': 82, '小王': 78}
```

可以看到创建了一个字典。

3. 通过给定的关键字参数创建字典

通过给定的关键字参数创建字典的语法如下。

```
dictionary=dict(key1=value1,key2=value2,…,keyn=valuen,)
```

key1、key2、keyn 等表示参数名，必须是唯一的。value1、value2、valuen 等表示参数值，可以是任何数据类型。

2.8.2 通过键值访问字典

要获取字典中与键相关联的值，可依次指定字典名和放在方括号内的键，如下所示。

```
fractions={'张三': 520, '李明':480, '王红': 548, '赵四':600, '刘前进': 425}
fractions['李明']
```

上述程序运行后，会直接输出 480。

2.9 函数

函数一词来源于数学，但编程中的"函数"概念与数学中的函数有很大不同，它是指将一组语句的集合通过一个名字（函数名）封装起来，要想执行这个函数，只需调用其函数名即可。

为什么要使用函数呢？因为函数可以简化程序，能提高应用的模块性和代码的重复利用率。

2.9.1 创建一个函数

创建函数也叫定义函数。Python 程序提供了许多内建函数，比如 print( )。不过 Python 也允许用户自己创建函数，并在程序中调用它。

定义函数使用 def 关键字，后面是函数名，然后是圆括号和冒号。冒号下面缩进部分为函数的内容，如下所示。注意，函数名不能重复。

```
def test():
   print('你好,我们在测试')
```

上面代码中定义了一个函数 test( )。注意：定义函数时，不要忘了"( )"和"："。第二行缩进部分的代码为函数的内容。

2.9.2 调用函数

调用函数也就是执行函数。如果把创建函数理解为创建一个具有某种用途的工具，那么调用函数就相当于使用该工具。调用函数时，首先将创建的函数程序保存，然后运行此程序，之后就可以调用了。如下所示为调用之前创建的 test( )函数。

```
>>>test()
你好,我们在测试
```

运行函数的程序后，在 IDLE 直接输入"test( )"即可调用此函数。输出"你好，我们在测试"。

也可以在函数所在的程序中直接进行调用，如下所示。

```
def test():                        #创建的函数
  print('你好,我们在测试')
test()                             #调用函数
```

2.9.3 实参和形参

如果在定义函数的时候，在括号中增加一个变量（如"name"），这样 Python 就会在用户调用函数的时候，要求用户给变量 name 指定一个值。如下所示，在定义函数时，括号中添加了一个变量 name。

```
def test(name):                    #定义函数
  print(name+',你好,我们在测试')
test('燕子')                        #调用函数
```

调用函数时，需要给括号中的变量指定一个值。如果不指定，就会提示出错。

上面实例中的变量 name 实际上是函数 test( )的一个参数，称为形参。形参在整个函数体内都可以使用，离开该函数则不能使用。

调用函数时"test（'燕子'）"，中的'燕子'也是一个参数，称为实参。实参是调用函数时传递给函数的信息。在调用函数时，将把实参的值传送给被调函数的形参。上面的程序中，Python 会将实参的值（即'燕子'）传递给形参 name。这时，name 的值变为'燕子'。因此执行"print（name+'，你好，我们在测试'）"语句时就会打印输出"燕子，你好，我们在测试"。

2.9.4 函数返回值

顾名思义，返回值就是指函数执行完毕后返回的值。为什么要有返回值呢？是因为在这个函数操作完之后，它的结果在后面的程序里面需要用到。返回值能够将程序的大部分繁重工作移到函数中去完成，从而简化程序。

在函数中，可以使用 return 语句将值返回到调用函数的代码行，return 是一个函数结束的标识，函数内可以有多个 return，但只要执行一次，整个函数就会结束运行。如下所示为定义函数 calc（），将 c，x，y 的值返回到函数调用行。

```
def calc(x,y):              #定义函数
    c = x* y
    return c,x,y
res = calc(5,6)             #调用函数
print(res)
```

上述代码中，调用返回值的函数时，需要提供一个变量，用于存储返回的值。在这里，将返回值存储在了变量 res 中。

每个函数都有返回值，如果没有在函数里面指定返回值，则函数在执行完之后，默认会返回一个 None。函数也可以有多个返回值，如果有多个返回值，会把返回值都放到一个元组中，返回的是一个元组。

程序运行结果如下。

```
(30,5,6)
```

第3章 报表自动化基本操作—— 对报表文件和工作表的自动化操作

实际工作中，批量处理报表工作簿文件及工作表（如批量复制工作表等）等操作是非常单调且费时的。结合 Python 来自动处理这些工作，可以大大提高工作效率。本章将通过大量的实战案例讲解批量处理报表工作簿文件和工作表的方法和经验。

3.1 用 Python 对 Excel 报表文件进行自动化处理

3.1.1 必看知识点：Excel 工作簿文件的基本操作方法

在编写操作 Excel 工作簿文件的自动化程序时，通常会遇到新建工作簿文件、保存工作簿文件、打开工作簿文件、关闭工作簿文件等操作。下面总结一下操作 Excel 工作簿文件的基本方法。

1. 导入 xlwings 模块

由于要使用 xlwings 模块来处理 Excel 程序，因此在使用 xlwings 模块之前要在程序代码最前面先导入 xlwings 模块，否则无法使用 xlwings 模块中的函数。导入 xlwings 模块的方法如下。

```
import  xlwings as xw
```

代码的意思是导入 xlwings 模块，并指定模块的别名为 "xw"。即在下面的编程中 "xw" 就代表 "xlwings"。在 Python 中导入模块要使用 import 函数，"as" 用来指定模块的别名。

2. 如何启动 Excel 程序

在对 Excel 文件进行操作前，需要先启动 Excel 程序。启动 Excel 程序的代码如下。

```
app = xw.App(visible = True, add_book = False)
```

代码中，小写的 "app" 是新定义的变量，用来存储启动的 Excel 程序；"xw" 指的是 xlwings 模块，大写 A 开头的 "App" 是 xlwings 模块中的方法（即函数），其作用是启动 Excel 程序。它右侧括号中的内容为其参数，用来设置启动的 Excel 程序。

其中，"visible" 参数用来设置启动的 Excel 程序是否可见，"True" 表示可见（默认），"False" 表示不可见。参数 "add_book" 用来设置启动 Excel 时是否自动创建新工作簿，"True" 表示自动创建（默认），"False" 表示不创建。注意，"True" 和 "False" 首字母要大写。

3. 退出 Excel 程序

Excel 工作簿文件操作完成后，在结束操作前，要退出 Excel 程序，具体代码如下。

```
app.quit()
```

代码中的"app"指启动的 Excel 程序,"quit( )"方法(即函数)的作用是退出 Excel 程序。

4. 如何新建 Excel 新工作簿文件

新建一个 Excel 新工作簿文件的具体代码如下。

```
wb = app.books.add()
```

代码中,"wb"为新定义的一个变量,用来保存新建的工作簿文件;"app"为步骤 2 中定义的变量,存储的是启动的 Excel 程序;"books. add( )"方法(即函数)的作用是新建一个工作簿文件。

5. 如何保存新建的 Excel 工作簿文件

新建的工作簿文件并没有进行保存,需要给新工作簿文件起一个名称并保存。保存 Excel 工作簿文件的代码如下。

```
wb.save('e:\\测试.xlsx')
```

代码中,"wb"为步骤 4 中定义的变量,存储的是新建的 Excel 工作簿文件。"save(' e:\\测试. xlsx')"方法用来保存工作簿文件,即将工作簿文件保存到 E 盘中,名称为"测试. xlsx"。注意:括号中为其参数,作用是设置所保存工作簿文件的名称和路径;路径中需用双斜杠,如果使用单斜杠,还需要在路径前面加 r(转义符),如 wb. save(r' e:\测试. xlsx')。

6. 打开 Excel 工作簿文件

打开已有工作簿文件的代码如下。

```
wb1= app.books.open('e:\\报表.xlsx')
```

"wb1"为新定义的变量,用来存储打开的工作簿文件。"app"为步骤 2 中定义的变量,存储的是启动的 Excel 程序。"books. open( )"方法用来打开工作簿文件,括号中"' e:\\报表. xlsx'"为其参数,即要打开的工作簿文件名称和路径。这里要写全工作簿文件的详细路径。注意:路径中用了双反斜杠,这样能避免使用单反斜杠产生歧义(单反斜杠有换行的功能);也可以用转义符 r,如果在 e 前面用了转义符 r,路径中就可以使用单反斜杠,如 open(r' e:\报表. xlsx')。

7. 保存修改后的 Excel 工作簿文件

保存已存在的工作簿的方法如下。

```
wb1.save()
```

代码中,"wb1"为步骤 6 中定义的变量,存储的是打开的"报表"工作簿文件。"save( )"方法用来保存工作簿文件。

8. 关闭 Excel 工作簿文件

关闭打开或新建的工作簿的代码如下。

```
wb.close()
```

代码中,"wb"为步骤 4 中定义的变量,存储的是新建的 Excel 工作簿文件。"close( )"方法用来关闭 Excel 工作簿文件。如果要关闭步骤 6 打开的工作簿文件,则代码为"wb1. close( )"。

3.1.2 案例 1：批量创建多个 Excel 新报表文件

在职场工作中，有时根据工作要求需要新建上百甚至上千个 Excel 工作簿文件，手动新建这么多文件，会非常耗时耗力，而通过 Python 程序自动创建则可以在非常短的时间内完成。

接下来讲解如何自动批量新建 Excel 工作簿文件，且每个工作簿文件使用不同的名称，如图 3-1 所示。

图 3-1　批量新建工作簿文件

1. 代码实现

如下所示为批量新建多个 Excel 报表文件的程序代码。

```
01  import xlwings as xw                              #导入 xlwings 模块
02  names=['小鹏','大李','晓晓','张盒','荷马', '新德']    #新建 names 列表
03  app=xw.App(visible=True,add_book=False)          #启动 Excel 程序
04  for i in range(6):                               #for 循环实现批量处理
05      wb=app.books.add()                           #新建工作簿
06      wb.save(f'e:\\财务\\绩效考核\\{names[i]}.xlsx')  #保存工作簿
07      wb.close()                                   #关闭工作簿
08  app.quit()                                       #退出 Excel 程序
```

2. 代码解析

第 01 行代码：作用是导入 xlwings 模块，并指定模块的别名为 "xw"。

第 02 行代码：作用是新建一个列表 names，保存用户姓名。

第 03 行代码：作用是启动 Excel 程序，代码中，"app" 是新定义的变量，用来存储启动的 Excel 程序；"App()" 方法用来启动 Excel 程序，括号中的 "visible" 参数用来设置 Excel 程序是否可见，True 为可见，False 为不可见；"add_book" 参数用来设置启动 Excel 时是否自动创建新工作簿，True 为自动创建，False 为不创建。

第 04 行~07 行代码为一个 for 循环语句。

第 04 行代码：为 for 循环语句，"i" 为循环变量，"range(6)" 函数用于生成一系列连续整数的列表，这里生成从 0 到 5 的 6 个整数的列表，即 [0，1，2，3，4，5]。

当第一次 for 循环时，for 循环会访问列表中的第一个元素 "0"，并将 "0" 存在 "i" 循环变量中，然后运行 for 循环中的缩进部分代码（循环体部分），即第 05~07 行代码；执行完后，返回执行第

04 行代码，开始第二次 for 循环，访问列表中的第二个元素"1"，并将"1"存在"i"循环变量中，然后运行 for 循环中的缩进部分代码，即第 05~07 行代码；就这样一直反复循环，直到最后一次循环完成后，跳出 for 循环，执行第 08 行代码。

第 05 行代码：作用是新建一个 Excel 工作簿文件。代码中，"wb"为定义的新变量，用来存储新建的 Excel 工作簿文件；"app"为启动的 Excel 程序，"books. add( )"方法用来新建一个 Excel 工作簿文件。

第 06 行代码：作用是保存新建的 Excel 工作簿文件。代码中，"wb"是指新建的工作簿文件；"save( )"方法用来保存工作簿文件，其参数"f'e:\\财务\\绩效考核\\{names[i]}. xlsx'"用来设置所保存 Excel 工作簿文件的名称。

"f"的作用是将不同类型的数据拼接成字符串。即以 f 开头时，字符串中大括号内的数据无须转换数据类型，就能被拼接成字符串。"e:\\财务\\绩效考核\\"是 Excel 工作簿文件的保存路径。"{names [i]}. xlsx"为 Excel 工作簿文件的文件名，可以根据实际需求更改。其中的".xlsx"是文件名中的固定部分（扩展名），而"{names [i]}"则是可变部分，运行时会被替换为"i"中存储的值，然后从列表 names 中取出列表元素。第一次 for 循环时"i"的值为 0，names [0] 就表示从 names 列表中取第一个元素，即"小鹏"，因此文件名为"小鹏. xlsx"。最后一次循环时"i"值为"5"，就从列表中取出第六个元素，文件名为"新德. xlsx"。

提示：如果想创建名称有规律的工作簿文件，"save( )"方法的参数可以修改为："f'e:\\财务\\报表{i}. xlsx'"，这样创建的工作簿文件名称就为"报表1""报表2"等。

第 07 行代码：作用是关闭新建的 Excel 工作簿文件。

第 08 行代码：作用是退出 Excel 程序。

3. **案例应用解析**

在实际工作中，新建多个 Excel 工作簿文件时，可以通过修改第 2 行代码中的列表元素（即文件名称）来创建自己需要的工作簿文件。

同时可根据创建的工作簿文件的数量，修改第 4 行代码中"range(6)"的参数，如果想创建 20 个，就修改为"range（20）"。

另外，还需修改第 6 行代码中工作簿文件保存的路径，比如保存在 D 盘的"客户"文件夹中，可以将代码中文件路径部分修改为"f'd:\\客户\\{names[i]}. xlsx'"。

如果想创建有规律的工作簿文件名称，如"客户1""客户2"等，可以将第 6 行代码中的文件路径修改为："f'd:\\客户\\客户{i}. xlsx'"。（注意，创建有规律名称的工作簿时，不需要第 2 行代码，可以删除第 2 行代码）。

3. 1. 3 案例 2：批量重命名多个 Excel 报表文件

在工作中，如果需要批量修改多个 Excel 工作簿文件的名称，可以通过 Python 程序自动完成，省时省力。比如将 E 盘中"财务"文件夹下的所有 Excel 工作簿文件名称中的"报表"修改为"财务报表"，如图 3-2 所示。

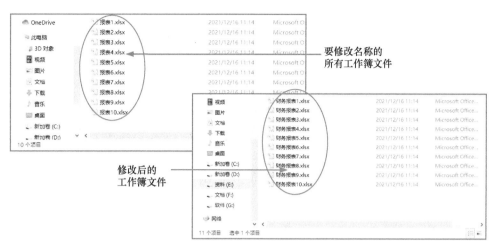

图 3-2　重命名 Excel 工作簿文件名称

1. 代码实现

如下所示为批量重命名多个 Excel 报表文件的程序代码。

```
01  from pathlib import Path                        #导入 Pathlib 模块中的 Path 类
02  folder_path=Path('e:\\财务\\')                  #指定重命名工作簿文件所在文件夹路径
03  file_list=folder_path.glob('报表* .xlsx')
        #获取指定文件夹下文件主名以"报表"开头的所有工作簿文件名称的列表
04  for i in file_list:                             #用 for 循环实现批量处理
05      old_file_name=i.name                        #提取工作簿文件的名称
06      new_file_name=old_file_name.replace('报表','财务报表')
                                                    #在文件名中查找"报表",并替换为"财务报表"新文件名
07      new_file_path=i.with_name(new_file_name)    #用新的文件名构造新的文件路径
08      i.rename(new_file_path)                     # 执行重命名操作
```

2. 代码解析

第 01 行代码：作用是导入 Pathlib 模块中的 Path 类。在 Python 中导入模块中的类要使用"from…import"函数。Pathlib 模块提供表示文件系统路径的类（如 Path 类），可以实现对路径的操作。

第 02 行代码：作用是指定重命名工作簿文件所在文件夹路径。"folder_path"为新定义的变量，用来存储路径。"Path('e:\\财务\\')"用来指定要处理的工作簿文件所在文件夹路径。

第 03 行代码：作用是获取指定文件夹下文件主名以"报表"开头的所有工作簿文件名称的列表（带路径）。"flie_list"为新定义的变量，用来存储以"报表"开头的所有工作簿文件的路径（见图 3-3）；"folder_path"为重命名工作簿文件所在文件夹路径；"glob（'报表 * .xlsx'）"方法用来返回

['报表1.xlsx', '报表10.xlsx', '报表2.xlsx', '报表3.xlsx', '报表4.xlsx', '报表5.xlsx',
'报表6.xlsx', '报表7.xlsx', '报表8.xlsx', '报表9.xlsx', '绩效考核']

图 3-3　"flie_list"中存储的内容

指定路径下所有匹配的文件名称的列表，括号中为其参数，用来指定匹配的文件名称的字符串；"报表＊.xlsx"的意思是以"报表"开头的所有扩展名为".xlsx"的字符串，如"＊.jpg"表示所有 jpg 格式文件名称。

第 04 行~08 行代码为一个 for 循环语句，用来实现批量修改文件名称。

第 04 行代码：为 for 循环，"i"为循环变量，"file_list"为第 03 行代码中定义的变量，存储的是以"报表"开头的所有工作簿文件名称的列表（带路径）。缩进部分代码（第05~08 行代码）为 for 循环的循环体。

for 循环运行时，会遍历"file_list"列表。当第一次 for 循环时，for 循环会访问列表中的第一个元素"e:\\财务\\报表 1.xlsx"，并将"e:\\财务\\报表 1.xlsx"保存在"i"循环变量中，然后运行 for 循环中的缩进部分代码（循环体部分），即第05~08 行代码；执行完后，返回执行第 04 行代码，开始第二次 for 循环，访问列表中的第二个元素"e:\\财务\\报表 10.xlsx"，并将"e:\\财务\\报表 10.xlsx"保存在"i"循环变量中，然后运行 for 循环中的缩进部分代码，即第05~08 行代码；就这样一直反复循环，直到最后一次循环完成后，跳出 for 循环。

第 05 行代码：作用是提取 Excel 工作簿文件的名称。"old_file_name"为新定义的变量，用来存储提取的文件名称；"i.name"用来提取 Excel 工作簿文件的名称，当"i"中存储的是"e:\财务\报表 1.xlsx"时，"i.name"得到的结果就为"报表 1.xlsx"。

第 06 行代码：作用是在文件名中查找"报表"，并替换为"财务报表"新文件名。代码中，"new_file_name"为新定义的变量，用来存储修改后的文件名称；"old_file_name"为提取的文件名称；"replace ('报表','财务报表')"方法的作用是将参数中的"报表"字符串替换成"财务报表"字符串。

第 07 行代码：作用是用新的文件名构造新路径的文件名。代码中，"new_file_path"为新定义的变量，用来存储新路径的文件名；"i"中存储的是原先路径的文件名；"with_name( )"函数用于替代原路径中的文件名，其参数"new_file_name"为要修改的文件名。构造后的新路径的文件名如"e:\\财务\\财务报表 1.xlsx"。

第 08 行代码：作用是执行重命名操作。代码中"i"用于指定要进行重命名的文件和文件夹（"i"中存储的是原先路径的文件名）；rename( )函数用来重命名文件或文件夹，如果源路径和目标路径所在的文件夹不同，还可以达到移动文件或文件夹的效果。括号中的参数"new_file_path"用于指定重命名后的文件和文件夹（其为第07 行定义的变量）。

3. 案例应用解析

在实际工作中，批量修改 Excel 工作簿文件时，可以通过修改本例的代码来完成。

首先修改第 2 行代码中的 Excel 工作簿文件所在的路径，即修改"' e:\\财务\\'"。

然后修改第 3 行代码中的"报表"为修改名称时要查找的字符，注意代码中"＊"表示所有字符，如果要修改的文件名称为"1 店销量""2 店销量"等，就将代码中"'报表＊.xlsx'"修改为"'＊销量.xlsx'"。

最后要修改第 6 行代码中的"'报表''财务报表'"，比如将其替换为"'销量''销售额'"，就是将文件名中的"销量"修改为"销售额"。

3.1.4 案例3：批量打开多个 Excel 报表文件

在工作中，如果需要批量打开多个 Excel 工作簿文件，可以通过 Python 程序来自动完成。比如打开 E 盘中"财务"文件夹下的所有 Excel 工作簿文件，如图 3-4 所示。

图 3-4　要批量打开的工作簿文件

1. 代码实现

如下所示为批量打开多个 Excel 报表文件的程序代码。

```
01  import os                               #导入 OS 模块
02  import xlwings as xw                     #导入 xlwings 模块
03  file_path='e:\\财务'                      #指定文件所在文件夹的路径
04  file_list=os.listdir(file_path)          #提取所有文件和文件夹的名称
05  app=xw.App(visible=True,add_book=False)  #启动 Excel 程序
06  for i in file_list:                      #遍历列表 file_list 中的元素
07    if os.path.splitext(i)[1]=='.xlsx':    #判断文件夹下是否有".xlsx"文件
08      app.books.open(file_path+'\'+i)       #打开".xlsx"文件
```

2. 代码解析

第 01 行代码：作用是导入 OS 模块。

第 02 行代码：作用是导入 xlwings 模块，并指定模块的别名为"xw"。

第 03 行代码：作用是指定文件所在文件夹的路径。"file_path"为新定义的变量，用来存储路径。"="右侧为要处理的文件夹的路径。

第 04 行代码：作用是返回指定文件夹中的文件和文件夹名称的列表。代码中，"file_list"变量用来存储返回的名称列表；"listdir( )"函数用于返回指定文件夹中的文件和文件夹名称的列表，括号中的参数为指定的文件夹路径，如图 3-5 所示。

['报表1.xlsx', '报表10.xlsx', '报表2.xlsx', '报表3.xlsx', '报表4.xlsx', '报表5.xlsx', '报表6.xlsx', '报表7.xlsx', '报表8.xlsx', '报表9.xlsx', '绩效考核']

图 3-5　程序执行后"file_list"列表中存储的数据

Python+Excel 报表自动化实战

第05行代码：作用是启动 Excel 程序。代码中，"app"是新定义的变量，用来存储启动的 Excel 程序；"App()"方法用来启动 Excel 程序，括号中的"visible"参数用来设置 Excel 程序是否可见，True 为可见，False 为不可见；"add_book"参数用来设置启动 Excel 时是否自动创建新工作簿，True 为自动创建，False 为不创建。

第06~08行代码为一个 for 循环语句，用来遍历"file_list"变量中存储的列表中的元素，并在每次循环时将遍历的元素存储在"i"循环变量中。

第06行代码：为 for 循环，"i"为循环变量，第07~08行缩进部分代码为循环体。当第一次 for 循环时，for 循环会访问"file_list"中的第一个元素"报表1. xlsx"，并将其保存在"i"循环变量中，然后运行 for 循环中的缩进部分代码（循环体部分），即第07~08行代码；执行完后，返回执行第06行代码，开始第二次 for 循环，访问列表中的第二个元素"报表10. xlsx"，并将其保存在"i"循环变量中，然后运行 for 循环中的缩进部分代码，即第07~08行代码。就这样一直反复循环，直到最后一次循环完成后，结束 for 循环。

第07行代码：作用是用 if 条件语句判断"i"中存储的文件名是否为". xlsx"格式文件。其中，"os. path. splitext (i)[1] = ='. xlsx'"为 if 语句的条件，如果条件为真，即文件的扩展名为". xlsx"，则执行缩进部分代码（即第08行代码）；如果条件为假，即文件的扩展名不是". xlsx"，则跳过缩进部分代码。

代码中，"splitext()"函数用于分离文件名与扩展名，默认返回文件名和扩展名组成的一个元组，其参数为文件名路径。"os. path. splitext(i)"的意思就是分离"i"中存储文件的文件名和扩展名，分离后保存在元组；"os. path. splitext(i)[1]"的意思是取出元组中的第二个元素，即扩展名。

第08行代码：作用是打开"i"中存储的工作簿文科。代码中，"app"为 Excel 程序，"books. open()"方法用于打开 Excel 工作簿文件，其参数"file_path+'\\'+i"为要打开的文件名的路径。

3. 案例应用解析

在实际工作中，批量修改 Excel 工作簿文件时，可以通过修改本例的代码来完成。主要修改第2行代码中的 Excel 工作簿文件所在的路径，即修改"'e:\\财务\\'"。

3.2 用 Python 对 Excel 报表中的工作表进行自动化操作

3.2.1 必看知识点：操作 Excel 工作簿文件中的工作表

1. 插入新工作表

假设想在打开的工作簿中新插入一个工作表，工作表名为"销量"。具体代码如下：

```
sht = wb.sheets.add('销量')
```

代码中，"sht"为新定义的一个变量，用来保存新建的工作表；"wb"为3.1.1小节中定义的变量，存储的是打开或新建的工作簿文件；"sheets. add ('销量')"方法（即函数）用来新建一个工作表，括号中的"'销量'"为其参数，用来设置新建的工作表的名称。

2. 选中已存在的工作表

如果想在打开的工作簿中对已存在的"销量"工作表进行操作，需要先选中此工作表。具体代码如下：

```
sht = wb.sheets('销量')
```

代码中，"sht"为新定义的一个变量，用来保存选择的工作表；"wb"为3.1.1小节中定义的变量，存储的是打开或新建的工作簿文件；"sheets ('销量')"方法用来选择一个工作表，括号中的"'销量'"为其参数，用来设置选择的工作表的名称。

3. 选中第1个工作表

如果想在打开工作簿中的第一个工作表中进行操作，直接选中第一个工作表即可。具体代码如下：

```
sht = wb.sheets[0]
```

代码中，"sht"为新定义的一个变量，用来保存选择的工作表；"wb"为3.1.1小节中定义的变量，存储的是打开或新建的工作簿文件；"sheets [0]"方法用来选择一个工作表，括号中的"[0]"为其参数，用来设置选择的工作表的序号。注意：0表示第一个工作表，1表示第二个工作表。

4. 获取工作簿中工作表的个数

要想了解打开的工作簿中有几个工作表，直接对工作表数量进行计数即可。具体代码如下：

```
sht = wb.sheets.count
```

代码中，"sht"为新定义的一个变量，用来保存选择的工作表；"wb"为3.1.1小节中定义的变量，存储的是打开或新建的工作簿文件；"sheets. count"方法用来计数一个工作簿中的所有工作表。

5. 删除工作表

如果想删除打开的工作簿中的"销量"工作表，需要使用delete()方法。具体代码如下：

```
wb.sheets('销量').delete()
```

代码中，"wb"为3.1.1小节中定义的变量，存储的是打开或新建的工作簿文件；"sheets ('销量')"方法用来选择要删除的工作表；"delete()"方法用来删除选择的工作表。

3.2.2 案例1：在一个 Excel 报表文件中批量新建工作表

在工作中，如果需要在一个 Excel 工作簿文件中批量新建很多工作表，可以使用 Python 程序来自动新建。比如，在"财务"文件夹下"财务报表2022. xlsx"文件中自动批量新建各个月份报表的工作表，如图3-6所示。

1. 代码实现

如下所示为在一个 Excel 报表文件中批量新建工作表的程序代码。

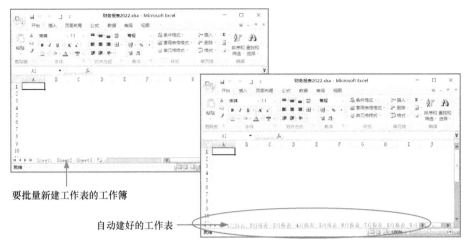

要批量新建工作表的工作簿

自动建好的工作表

图 3-6　批量新建工作表

```
01  import xlwings as xw                       #导入 xlwings 模块
02  app=xw.App(visible=True,add_book=False)    #启动 Excel 程序
03  wb=app.books.open('e:\\财务\\财务报表2022.xlsx')  #打开 Excel 工作簿文件
04  for i in range(12):                        #for 循环
05      wb.sheets.add(f'{12-i}月报表')           #新建工作表
06  wb.save()                                  #保存 Excel 工作簿文件
07  wb.close()                                 #关闭 Excel 工作簿文件
08  app.quit()                                 #退出 Excel 程序
```

2. 代码解析

第 01 行代码：作用是导入 xlwings 模块，并指定模块的别名为"xw"。

第 02 行代码：作用是启动 Excel 程序，代码中，"app"是新定义的变量，用来存储启动的 Excel 程序；"App()"方法用来启动 Excel 程序，括号中的"visible"参数用来设置 Excel 程序是否可见，True 为可见，False 为不可见；"add_book"参数用来设置启动 Excel 时是否自动创建新工作簿，True 为自动创建，False 为不创建。

第 03 行代码：作用是打开已有的 Excel 工作簿文件。"wb"为新定义的变量，用来存储打开的 Excel 工作簿文件；"app"为启动的 Excel 程序；"books.open()"方法用来打开 Excel 工作簿文件，括号中的参数为要打开的 Excel 工作簿文件名称和路径。

第 04 行~05 行代码为一个 for 循环语句。

第 04 行代码：为 for 循环，"i"为循环变量，"range(12)"函数用于生成一系列连续整数的列表，此处会生成从 0 到 11 的 12 个整数的列表。即 [0，1，2，3，4，5，6，7，8，9，10，11]。

当第一次 for 循环时，会访问列表中的第一个元素"0"，并将"0"保存在"i"循环变量中，然后运行 for 循环中的缩进部分代码（循环体部分），即第 05 行代码；执行完后，返回执行第 04 行代码，开始第二次 for 循环，访问列表中的第二个元素"1"，并将"1"保存在"i"循环变量中，然后运行 for 循环中的缩进部分代码，即第 05 行代码。就这样一直反复循环，直到最后一次循环完成后，跳出 for 循环，执行第 06 行代码。

第 05 行代码：作用是新建一个工作表。代码中，"wb"为打开的 Excel 工作簿文件；"sheets. add (f'{12-i} 月报表')"方法用来新建一个工作表，其参数"f'{12-i} 月报表'"为新工作表的名称。"f"的作用是将不同类型的数据拼接成字符串，即以 f 开头时，字符串中 {} 内的数据无须转换数据类型，就能被拼接成字符串；"{12-i}"计算的值为月份，当"i"为 0 时，"{12-i}"的值为 12，即工作表的名称为"12 月报表"。

第 06 行代码：作用是保存第 3 行代码中打开的 Excel 工作簿文件。代码中，"wb"为打开的工作簿文件；"save( )"方法用来保存工作簿文件。

第 07 行代码：作用是关闭当前打开的 Excel 工作簿文件。

第 08 行代码：作用是退出 Excel 程序。

3. 案例应用解析

在实际工作中，如要批量新建多个工作表，可以通过修改本例的代码来完成。将第 3 行代码中要打开的 Excel 工作簿文件的路径修改为自己的工作簿文件名和路径，并将第 5 行代码中新工作簿文件名称修改为自己需要的名称即可。

3.2.3　案例 2：在多个 Excel 报表文件中批量新建工作表

工作中有时需要在很多个 Excel 工作簿文件中批量新建工作表，比如在"绩效考核"文件夹下的所有 Excel 工作簿文件中都新建一个"考核汇总"的工作表，如图 3-7 所示。下面编写一个 Python 程序来自动完成此项工作。

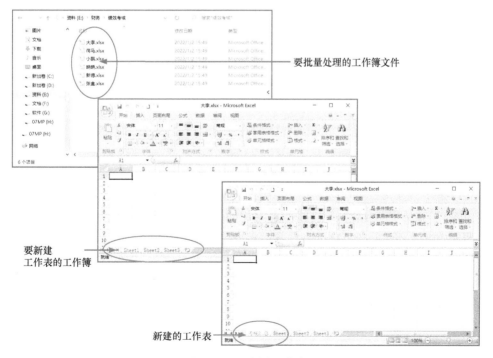

图 3-7　批量创建工作表

1. 代码实现

如下所示为在多个 Excel 报表文件中批量新建工作表的程序代码。

```
01  import os                              #导入 os 模块
02  import xlwings as xw                   #导入 xlwings 模块
03  file_path='e:\财务\绩效考核'          #指定修改的文件所在文件夹的路径
04  file_list=os.listdir(file_path)        #提取所有文件和文件夹的名称
05  app=xw.App(visible=True,add_book=False) #启动 Excel 程序
06  for i in file_list:                    #遍历列表 file_list 中的元素
07    if i.startswith('~$'):               #判断文件名称是否有以"~$"开头的临时文件
08      continue                           #跳过本次循环
09    wb=app.books.open(file_path+'\'+i)   #打开 Excel 工作簿
10    sheet_name_list=[]                   #新建列表
11    for x in wb.sheets:                  #遍历工作表名称序列
12      sheet_name_list.append(x.name)     #将工作表名称加入列表
13    if '考核汇总' not in sheet_name_list:  #判断新建的工作表是否存在
14      wb.sheets.add('考核汇总')           #新建工作表
15      wb.save()                          #保存工作簿
16  app.quit()                             #退出 Excel 程序
```

2. 代码解析

第 01 行代码：作用是导入 os 模块。

第 02 行代码：作用是导入 xlwings 模块，并指定模块的别名为 "xw"。

第 03 行代码：作用是指定文件所在文件夹的路径。"file_path" 为新定义的变量，用来存储路径；"=" 右侧为要处理的文件夹的路径。

第 04 行代码：作用是返回指定文件夹中的文件和文件夹名称的列表。代码中，"file_list" 变量用来存储返回的名称列表；"listdir( )" 函数用于返回指定文件夹中的文件和文件夹名称的列表，括号中的参数为指定的文件夹路径，如图 3-8 所示。

['大李.xlsx', '小鹏.xlsx', '张盒.xlsx', '新德.xlsx', '晓晓.xlsx', '荷马.xlsx']

图 3-8　程序执行后 "file_list" 列表中存储的数据

第 05 行代码：作用是启动 Excel 程序，代码中，"app" 是新定义的变量，用来存储启动的 Excel 程序；"App( )" 方法用来启动 Excel 程序，括号中的 "visible" 参数用来设置 Excel 程序是否可见，True 为可见，False 为不可见；"add_book" 参数用来设置启动 Excel 时是否自动创建新工作簿，True 为自动创建，False 为不创建。

第 06 行~15 行代码为一个 for 循环语句，用来遍历列表 "file_list" 中的元素，并在每次循环时将遍历的元素存储在 "i" 循环变量中。

第 06 行代码：为 for 循环，"i" 为循环变量，第 07~15 行缩进部分代码为循环体。当第一次 for 循环时，for 循环会访问 "file_list" 列表中的第一个元素（大李 .xlsx），并将其保存在 "i" 循环变量中，然后运行 for 循环中的缩进部分代码（循环体部分），即第 07~15 行代码；执行完后，返回执行第

06 行代码，开始第二次 for 循环，访问列表中的第二个元素（小鹏.xlsx），并将其保存在"i"循环变量中，然后运行 for 循环中的缩进部分代码，即第 07～15 行代码；就这样一直反复循环，直到最后一次循环完成后，结束 for 循环，执行第 16 行代码。

第 07 行代码：作用是用 if 条件语句判断文件夹下的文件名称是否有以"～$"开头的临时文件。如果条件成立，执行第 08 行代码。如果条件不成立，执行第 09 行代码。

代码中，"i.startswith('～$')"为 if 条件语句的条件，"i.startswith（～$）"函数用于判断"i"中存储的字符串是否以指定的"～$"开头，如果是以"～$"开头，则输出 True。

第 08 行代码：作用是跳过本次 for 循环，直接执行下一次 for 循环。

第 09 行代码：作用是打开与"i"中存储的文件名相对应的工作簿文件。代码中，"wb"为新定义的变量，用来存储打开的 Excel 工作簿；"app"为启动的 Excel 程序；"books.open（）"方法用来打开工作簿，其参数"file_path+'\\'+i"为要打开的 Excel 工作簿路径和文件名。

第 10 行代码：作用是新建一个 sheet_name_list 空列表，准备存储工作表名称。

第 11 行代码：作用是遍历所处理工作簿中的所有工作表，即要依次处理每个工作表。

由于这个 for 循环在第 06 行代码的 for 循环的循环体中，因此这是一个嵌套 for 循环。为了便于区分，称第 06 行的 for 循环为第一个 for 循环，第 11 行的 for 循环为第二个 for 循环。嵌套 for 循环的特点是：第一个 for 循环每循环一次，第二个 for 循环会运行一遍所有循环。

代码中，"x"为循环变量，用来存储遍历的列表中的元素；"wb.sheets"可以获得当前打开的工作簿中所有工作表名称的列表。

接下来看第二个 for 循环是如何运行的。第一次 for 循环时，访问列表的第一个元素，并将其存储在"x"变量中，然后执行一遍缩进部分的代码（第 12 行代码）；执行完之后，返回再次执行第 11 行代码，开始第二次 for 循环，访问列表中第二个元素，并将其存储在"x"变量中，然后再次执行缩进部分的代码。就这样一直循环，直到遍历完最后一个列表的元素，执行完缩进部分代码后，第二个 for 循环结束，这时返回到第 06 行代码，开始继续第一个 for 循环的下一次循环。

第 12 行代码：作用是将"x"中存储的工作表名称加入"sheet_name_list"列表中。代码中，"append（）"方法用来将元素添加到列表，其参数"x.name"是工作表名称字符串。

第 13 行代码：作用是用 if 语句判断打开的工作簿中是否已经有"考核汇总"工作表。代码中，"'考核汇总' not in sheet_name_list"为 if 条件语句的条件，"not in"用于检查元素是否不包含在列表中，此条件的意思是"sheet_name_list"列表不包含"考核汇总"。如果 if 语句的条件成立，则执行 if 语句缩进部分代码（第 14 和 15 行代码）；如果条件不成立，则跳过缩进部分代码。如果工作簿中已经含有要插入的工作表，这条代码可以解决出错问题。

第 14 行代码：作用是在打开的工作簿中新建"考核汇总"工作表。代码中，"wb"为第 09 行代码中打开的工作簿文件，"sheets.add（'考核汇总'）"方法用来新建一个工作表，其参数"考核汇总"为新工作表的名称。

第 15 行代码：作用是保存第 09 行代码中打开的工作簿。

第 16 行代码：作用是退出 Excel 程序。

3. 案例应用解析

在实际工作中，如果要在多个 Excel 工作簿文件中批量新建同一个工作表，可以通过修改本例的代码来完成。

将第 3 行代码中要处理的 Excel 工作簿文件的路径修改为自己需要的路径，并将第 13 和 14 行代码中工作表的名称"考核汇总"修改为自己需要的工作表名称即可。

3.2.4 案例 3：批量删除多个 Excel 报表文件中的工作表

在日常工作中，当需要批量删除很多个 Excel 工作簿文件中的某个工作表时，可以通过 Python 程序来自动完成。例如，批量自动删除 E 盘"财务"文件夹中的所有 Excel 工作簿文件中的"Sheet1"工作表，如图 3-9 所示。

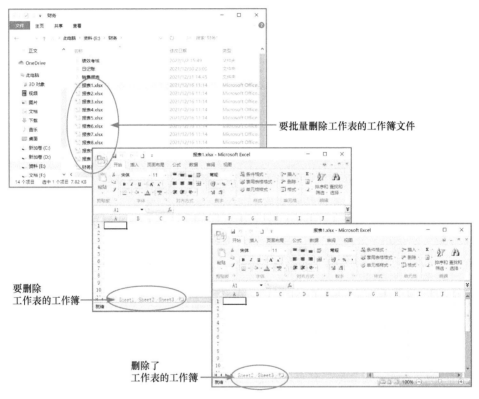

图 3-9 批量删除所有 Excel 工作簿文件中的"Sheet1"工作表

1. 代码实现

如下所示为在多个工作簿中批量删除工作表的程序代码。

```
01  import os                                    #导入 os 模块
02  import xlwings as xw                         #导入 xlwings 模块
03  file_path='e:\\财务'                          #指定修改的文件所在文件夹的路径
04  file_list=os.listdir(file_path)             #提取所有文件和文件夹的名称
05  app=xw.App(visible=True,add_book=False)     #启动 Excel 程序
06  for i in file_list:                          #遍历列表 file_list 中的元素
07    if os.path.splitext(i)[1]=='.xlsx':       #判断文件夹下是否有".xlsx"文件
```

```
08        wb=app.books.open(file_path+'\'+i)    #打开 Excel 工作簿
09        for x in wb.sheets:                    #遍历工作表名称序列
10          if x.name=='Sheet1':                 #判断是否有要删除的工作表
11            x.delete()                          #删除工作表
12            break                               #退出循环
13        wb.save()                               #保存当前工作簿
14        wb.close()                              #关闭当前工作簿
15 app.quit()                                     #退出 Excel 程序
```

2. 代码解析

第 01 行代码：作用是导入 os 模块。

第 02 行代码：作用是导入 xlwings 模块，并指定模块的别名为"xw"。

第 03 行代码：作用是指定文件所在文件夹的路径。"file_path"为新定义的变量，用来存储路径；"="右侧为要处理的文件夹的路径。

第 04 行代码：作用是返回指定文件夹中的文件和文件夹名称的列表。代码中，"file_list"变量用来存储返回的名称列表；"listdir( )"函数用于返回指定文件夹中的文件和文件夹名字的列表，括号中的参数为指定的文件夹路径，如图 3-10 所示。

['报表1.xlsx', '报表10.xlsx', '报表2.xlsx', '报表3.xlsx', '报表4.xlsx', '报表5.xlsx', '报表6.xlsx', '报表7.xlsx', '报表8.xlsx', '报表9.xlsx', '日记账', '绩效考核', '财务报表2022.xlsx', '销售报表']

图 3-10　程序执行后"file_list"列表中存储的数据

第 05 行代码：作用是启动 Excel 程序，代码中，"app"是新定义的变量，用来存储启动的 Excel 程序；"App( )"方法用来启动 Excel 程序，括号中的"visible"参数用来设置 Excel 程序是否可见，True 为可见，False 为不可见；"add_book"参数用来设置启动 Excel 时是否自动创建新工作簿，True 为自动创建，False 为不创建。

第 06～14 行代码为一个 for 循环语句，用来遍历列表"file_list"中的元素，并在每次循环时将遍历的元素存储在"i"循环变量中。

第 06 行代码：为 for 循环，"i"为循环变量，第 07～14 行缩进部分代码为循环体。当第一次 for 循环时，会访问"file_list"列表中的第一个元素（报表 1. xlsx），并将其保存在"i"循环变量中，然后运行 for 循环中的缩进部分代码（循环体部分），即第 07～14 行代码；执行完后，返回执行第 06 行代码，开始第二次 for 循环，访问列表中的第二个元素（报表 10. xlsx），并将其保存在"i"循环变量中，然后运行 for 循环中的缩进部分代码，即第 07～14 行代码；就这样一直反复循环，直到最后一次循环完成后，结束 for 循环，执行第 15 行代码。

第 07 行代码：作用是用 if 条件语句判断第 06 行代码中访问的是否为". xlsx"文件，如果是（即条件成立），就执行下面缩进部分代码（即第 08～14 行代码）；如果不是（即条件不成立），就跳过缩进部分代码，直接进行下一次 for 循环。代码中，"splitext( )"函数用于分离文件名与扩展名，默认返回文件名和扩展名组成的一个元组，其参数为文件名路径。"os. path. splitext(i)"的意思就是分离"i"中存储的文件的文件名和扩展名，分离后保存在元组，"os. path. splitext(i)[1]"的意思是取出元组中的第二个元素，即扩展名。

第 08 行代码：作用是打开与"i"中存储的文件名相对应的工作簿文件。代码中，"wb"为新定义的变量，用来存储打开的 Excel 工作簿；"app"为启动的 Excel 程序；"books. open( )"方法用来打开工作簿，其参数"file_path+'\\'+i"为要打开的 Excel 工作簿路径和文件名。

第 09 行代码：作用是遍历第 08 行代码中打开的 Excel 工作簿文件中的所有工作表。由于这个 for 循环在第 06 行代码的 for 循环的循环体中，因此这是一个嵌套 for 循环。为了便于区分，称第 06 行的 for 循环为第一个 for 循环，第 09 行的 for 循环为第二个 for 循环。嵌套 for 循环的特点是：第一个 for 循环每循环一次，第二个 for 循环也会循环一遍。

代码中，"x"为循环变量，用来存储遍历的列表中的元素；"wb. sheets"可以获得当前打开的 Excel 工作簿文件中所有工作表名称的列表。

接下来看第二个 for 循环是如何运行的。第一次 for 循环时，访问列表的第一个元素，并将其存储在"x"变量中，然后执行一遍缩进部分的代码（第 10~12 行代码）；执行完之后，返回再次执行第 09 行代码，开始第二次 for 循环，访问列表中第二个元素，并将其存储在"x"变量中，然后再次执行缩进部分的代码。就这样一直循环，直到遍历完最后一个列表的元素，执行完缩进部分代码，第二个 for 循环结束，这时返回第 06 行代码，开始继续第一个 for 循环的下一次循环。

第 10 行代码：作用是用 if 语句判断"x"变量中存储的工作表名称是否为"Sheet1"。代码中，"x. name = ='Sheet1'"为 if 语句的条件，"x. name"表示工作表名称字符串，"= ="为比较运算符"等于"。如果工作表的名称为"Sheet1"，则条件为真，执行缩进部分代码（第 11、12 行代码）；如果条件为假，则跳过缩进部分代码，直接执行第 13 行代码。

第 11 行代码：作用是删除"Sheet1"工作表，". delete( )"方法用于删除工作表。

第 12 行代码：作用是退出循环，即退出第 09 行的 for 循环。

第 13 行代码：作用是保存第 08 行打开的 Excel 工作簿文件。

第 14 行代码：作用是关闭第 08 行打开的 Excel 工作簿文件。

第 15 行代码：作用是退出 Excel 程序。

3. 案例应用解析

在实际工作中，如要批量删除多个 Excel 工作簿文件中的工作表，可以通过修改本例的代码来完成。

将第 3 行代码中要删除工作表的 Excel 工作簿文件的路径修改为自己需要的工作簿文件的路径即可。

3.2.5 案例 4：批量重命名 Excel 报表文件中的所有工作表

在日常对 Excel 工作簿的处理中，如果需要批量修改 Excel 工作簿文件中的所有工作表的名称，可以通过 Python 程序来自动修改。例如，自动修改 E 盘中"财务"文件夹下"财务报表 2021. xlsx"工作簿文件中的所有工作表的名称，并将工作表名称中的"报表"修改为"现金流"，如图 3-11 所示。

1. 代码实现

如下所示为批量重命名工作表的程序代码。

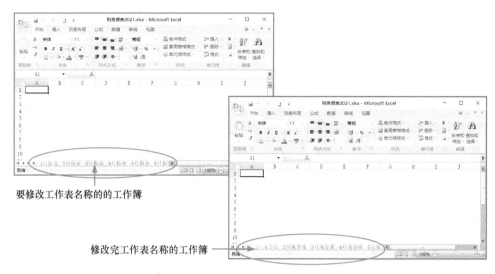

图 3-11　将重命名工作表

```
01  import xlwings as xw                              #导入 xlwings 模块
02  app=xw.App(visible=True,add_book=False)           #启动 Excel 程序
03  wb=app.books.open('e:\\财务\\财务报表2021.xlsx')   #打开 Excel 工作簿
04  for i in wb.sheets:                               #遍历工作表名称列表中的元素
05      i.name=i.name.replace('报表','现金流')         #查找替换工作表名称
06  wb.save()                                         #保存工作簿
07  wb.close()                                        #关闭工作簿
08  app.quit()                                        #退出 Excel 程序
```

2. 代码解析

第 01 行代码：作用是导入 xlwings 模块，并指定模块的别名为 "xw"。

第 02 行代码：作用是启动 Excel 程序，代码中，"app" 是新定义的变量，用来存储启动的 Excel 程序；"App( )" 方法用来启动 Excel 程序，括号中的 "visible" 参数用来设置 Excel 程序是否可见，True 为可见，False 为不可见；"add_book" 参数用来设置启动 Excel 时是否自动创建新工作簿，True 为自动创建，False 为不创建。

第 03 行代码：作用是打开指定的 Excel 工作簿文件。其中 "app. books. open( )" 为 xlwings 模块中的一个方法，用于打开 Excel 工作簿文件，"'e:\\财务\\财务报表 2021. xlsx '" 为此方法的参数，表示要打开的文件的名称和路径。

第 04 行代码：作用是遍历所处理 Excel 工作簿文件中的所有工作表，即要依次处理每个工作表（也就是修改每个工作表的名称），这里用 for 循环来实现。

代码中，"for…in" 为 for 循环，"i" 为循环变量，第 05 行缩进部分代码为循环体，"wb. sheets" 用来生成当前打开的 Excel 工作簿文件中所有工作表名称的列表（见图 3-12）。for 循环运行时，会遍历 "wb. sheets" 所生成的工作表名称列表中的元素，并在每次循环时将遍历的元素存储在 "i" 循环变量中。

```
Sheets([<Sheet [财务报表2021.xlsx]1月报表>, <Sheet [财务报表2021.xlsx]2月报表>,
<Sheet [财务报表2021.xlsx]3月报表>, ...])
```

图 3-12 "wb. sheets"生成的列表

当执行第 04 行代码时，开始第一次 for 循环，访问"wb. sheets"中的第一个元素"1 月报表"，并将其保存在"i"循环变量中，然后运行缩进部分代码（循环体部分），即第 05 行代码；执行完后，返回再次执行第 04 行代码，开始第二次 for 循环，访问列表中的第二个元素"2 月报表"，并将其保存在"i"中，然后运行 for 循环中的缩进部分代码，即第 05 行代码。就这样一直反复循环，直到最后一次循环完成后，结束 for 循环。

第 05 行代码：作用是重命名符合条件的工作表。代码中，"i. name"用于获取工作表名的字符串，其中"i"中存储的是工作表名称，". name"属性用于获取字符串；"replace('报表','现金流')"函数用于在字符串中进行查找和替换，这里将工作表名字中的"报表"替换为"现金流"。注意：如果参数为空白，相当于删除。

第 06 行代码：作用是保存第 03 行打开的 Excel 工作簿文件，

第 07 行代码：作用是关闭第 03 行打开的 Excel 工作簿文件。

第 08 行代码：作用是退出 Excel 程序。

3. 案例应用解析

在实际工作中，如果要在 Excel 工作簿文件中批量修改所有工作表的名称，可以通过修改本例的代码来完成。

将第 3 行代码中要处理的 Excel 工作簿文件的路径修改为自己需要的路径，并将第 5 行代码中查找替换的工作表的名称"报表"和"现金流"修改为自己需要查找替换的工作表名称即可。

3.2.6 案例 5：批量重命名多个 Excel 报表文件中的同名工作表

在日常对 Excel 工作簿的处理中，如果需要批量重命名 Excel 工作簿文件中的所有同名工作表，可以通过 Python 程序来自动修改。例如，自动修改 E 盘中"财务"文件夹"销售报表"子文件夹下所有 Excel 工作簿文件中所有工作表的名称，并将工作表名称中的"Sheet1"修改为"汇总"，如图 3-13 所示。

1. 代码实现

如下所示为批量重命名多个工作簿文件中同名工作表的程序代码：

```
01  import os                                          #导入 os 模块
02  import xlwings as xw                               #导入 xlwings 模块
03  file_path='e:\\财务 \\销售报表'                      #指定修改的文件所在文件夹的路径
04  file_list=os.listdir(file_path)                    #提取所有文件和文件夹的名称
05  app=xw.App(visible=True,add_book=False)            #启动 Excel 程序
06  for i in file_list:                                #遍历列表 file_list 中的元素
07      if os.path.splitext(i)[1]=='.xlsx':            #判断文件夹下是否有".xlsx"文件
08          wb=app.books.open(file_path+'\\'+i)        #打开 Excel 工作簿
```

```
09        for x in wb.sheets:                         #遍历 worksheets 序列中的元素
10            x.name=x.name.replace('Sheet1','汇总')    #查找替换工作表名称
11        wb.save()                                    #保存当前工作簿文件
12        wb.close()                                   #关闭当前工作簿文件
13    app.quit()                                       #退出 Excel 程序
```

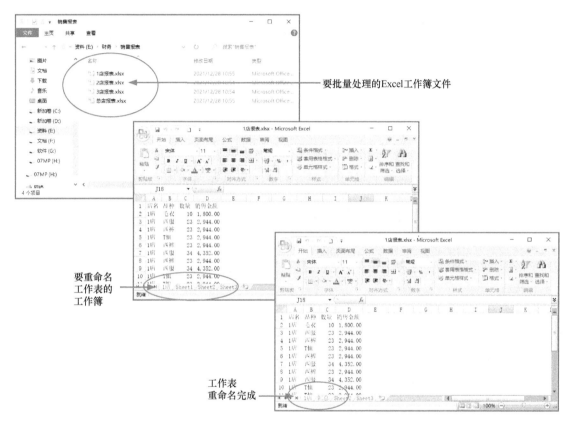

图 3-13　批量重命名工作簿文件中的工作表

2. 代码解析

第 01 行代码：作用是导入 os 模块。

第 02 行代码：作用是导入 xlwings 模块，并指定模块的别名为"xw"。

第 03 行代码：作用是指定文件所在文件夹的路径。"file_path"为新定义的变量，用来存储路径；"="右侧为要处理的文件夹的路径。

第 04 行代码：作用是返回指定文件夹中的文件和文件夹名称的列表。代码中，"file_list"变量用来存储返回的名称列表；"listdir( )"函数用于返回指定文件夹中的文件和文件夹名称的列表，括号中的参数为指定的文件夹路径，如图 3-14 所示。

['1店报表.xlsx', '2店报表.xlsx', '3店报表.xlsx', '总店报表.xlsx']

图 3-14　程序执行后"file_list"列表中存储的数据

第 05 行代码：作用是启动 Excel 程序，代码中，"app" 是新定义的变量，用来存储启动的 Excel 程序；"App( )" 方法用来启动 Excel 程序，括号中的 "visible" 参数用来设置 Excel 程序是否可见，True 为可见，False 为不可见；"add_book" 参数用来设置启动 Excel 时是否自动创建新工作簿，True 为自动创建，False 为不创建。

第 06 ~ 12 行代码为一个 for 循环语句，用来遍历列表 "file_list" 中的元素，并在每次循环时将遍历的元素存储在 "i" 循环变量中。

第 06 行代码：为 for 循环，"i" 为循环变量，第 07 ~ 12 行缩进部分代码为循环体。当第一次 for 循环时，for 循环会访问 "file_list" 列表中的第一个元素（1 店报表 .xlsx），并将其保存在 "i" 循环变量中，然后运行 for 循环中的缩进部分代码（循环体部分），即第 07 ~ 12 行代码；执行完后，返回执行第 06 行代码，开始第二次 for 循环，访问列表中的第二个元素（2 店报表 .xlsx），并将其保存在 "i" 循环变量中，然后运行 for 循环中的缩进部分代码，即第 07 ~ 12 行代码。就这样一直反复循环，直到最后一次循环完成后，结束 for 循环，执行第 13 行代码。

第 07 行代码：作用是用 if 条件语句判断第 06 行代码中访问的是否为 ".xlsx" 文件，如果是（即条件成立），就执行下面缩进部分代码（即第 08 ~ 12 行代码）；如果不是（即条件不成立），就跳过缩进部分代码，直接进行下一次 for 循环。代码中，"splitext( )" 函数用于分离文件名与扩展名，默认返回文件名和扩展名组成的一个元组，其参数为文件名路径。"os. path. splitext(i)" 的意思就是分离 "i" 中存储的文件的文件名和扩展名，分离后保存在元组，"os. path. splitext(i) [1]" 的意思是取出元组中的第二个元素，即扩展名。

第 08 行代码：作用是打开与 "i" 中存储的文件名相对应的工作簿文件。代码中，"wb" 为新定义的变量，用来存储打开的 Excel 工作簿；"app" 为启动的 Excel 程序，"books. open( )" 方法用来打开工作簿，其参数 "file_path+'\\'+i" 为要打开的 Excel 工作簿路径和文件名。

第 09 行代码：作用是遍历第 08 行代码中打开的 Excel 工作簿文件中的所有工作表。由于这个 for 循环在第 06 行代码 for 循环的循环体中，因此这是一个嵌套 for 循环。为了便于区分，称第 06 行的 for 循环为第一个 for 循环，第 09 行的 for 循环为第二个 for 循环。嵌套 for 循环的特点是：第一个 for 循环每循环一次，第二个 for 循环即会循环一遍。

代码中，"x" 为循环变量，用来存储遍历的列表中的元素；"wb. sheets" 可以获得当前打开的 Excel 工作簿文件中所有工作表名称的列表。当第二个 for 循环开始第一次循环时，访问列表的第一个元素，并将其存储在 "x" 变量中，然后执行一遍缩进部分的代码（第 10 行代码）；执行完之后，返回再次执行 09 行代码，开始第二次 for 循环，访问列表中第二个元素，并将其存储在 "x" 变量中，然后再次执行缩进部分的代码。就这样一直循环，直到遍历完最后一个列表的元素，执行完缩进部分代码，第二个 for 循环结束。这时返回到第 06 行代码，开始继续第一个 for 循环的下一次循环。

第 10 行代码：作用是重命名符合条件的工作表。代码中的 "x. name" 用于获取工作表名的字符串，其中 "x" 中存储的是工作表名称，". name" 属性用于获取字符串；"replace(' Sheet1 ','汇总')" 函数用于在字符串中进行查找和替换，这里将工作表名字中的 "Sheet1" 替换为 "汇总"。注意：如果参数为空白，相当于删除。

第 11 行代码：作用是保存之前打开的工作簿。

第 12 行代码：作用是关闭之前打开的工作簿。

第 13 行代码：作用是退出 Excel 程序。

3. 案例应用解析

在实际工作中，如果要在多个 Excel 工作簿文件中批量重命名同名工作表，可以通过修改本例的代码来完成。

将第 03 行代码中要处理的 Excel 工作簿文件的路径修改为自己需要的路径，并将第 10 行代码中查找替换的工作表的名称"Sheet1"和"汇总"修改为自己需要查找替换的工作表名称即可。

3.2.7 案例 6：批量复制 Excel 工作簿中的一个工作表到多个 Excel 报表文件

在日常对 Excel 工作簿文件的处理中，如果需要批量将某个 Excel 工作簿中的一个工作表批量复制到多个 Excel 工作簿文件中，可以通过 Python 程序来自动完成。例如，将 E 盘中"财务"文件夹下"客户统计 .xlsx"工作簿中的"客户统计"工作表复制到"财务"文件下"单据"子文件夹中的所有 Excel 工作簿文件中，如图 3-15 所示。

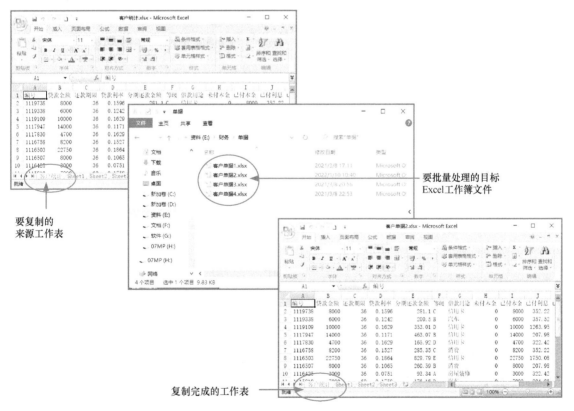

图 3-15　批量复制工作表

1. 代码实现

如下所示为批量复制一个工作表到多个 Excel 工作簿文件的程序代码：

```
01  Import os                                          #导入 os 模块
02  import xlwings as xw                               #导入 xlwings 模块
03  file_path='e:\\财务 \\单据'                         #指定目标工作簿所在文件夹的路径
04  file_list=os.listdir(file_path)
            #将路径下所有文件和文件夹的名称以列表的形式保存在 file_list 列表中
05  app=xw.App(visible=True,add_book=False)            #启动 excel 程序
06  wb1=app.books.open('e:\\财务 \\客户统计.xlsx')      #打开来源 Excel 工作簿文件
07  sht1=wb1.sheets['客户统计']                         #选中指定工作表
08  for i in file_list:                                #遍历列表 file_list 中的元素
09  if os.path.splitext(i)[1]=='.xlsx' or os.path.splitext(i)[1]=='.xls':
            #判断文件夹下是否有扩展名为".xlsx"和".xls"的文件
10      wb2=app.books.open(file_path+'\\'+i)           #打开目标 Excel 文件
11      sht2=wb2.sheets[0]              #选择目标 Excel 工作簿中的第一个工作表
12      sht1.copy(before=sht2)
            #将来源 Excel 工作簿中选择的工作表复制到目标工作簿的第一个工作表之前
13      wb2.save()                                     #保存目标 Excel 工作簿文件
14      wb2.close()                                    #关闭目标 Excel 工作簿文件
15  wb1.close()                                        #关闭源 Excel 工作簿文件
16  app.quit()                                         #退出 Excel 程序
```

2. 代码解析

第 01 行代码：作用是导入 os 模块。

第 02 行代码：作用是导入 xlwings 模块，并指定模块的别名为"xw"。

第 03 行代码：作用是指定文件所在文件夹的路径。"file_path"为新定义的变量，用来存储路径；"="右侧为要处理的文件夹的路径。

第 04 行代码：作用是返回指定文件夹中的文件和文件夹名称的列表。代码中，"file_list"变量用来存储返回的名称列表；"listdir( )"函数用于返回指定文件夹中的文件和文件夹名称的列表，括号中的参数为指定的文件夹路径，如图 3-16 所示。

['客户单据1.xlsx', '客户单据2.xlsx', '客户单据3.xlsx', '客户单据4.xlsx']

图 3-16　程序执行后"file_list"列表中存储的数据

第 05 行代码：作用是启动 Excel 程序，代码中，"app"是新定义的变量，用来存储启动的 Excel 程序；"App( )"方法用来启动 Excel 程序，括号中的"visible"参数用来设置 Excel 程序是否可见，True 为可见，False 为不可见；"add_book"参数用来设置启动 Excel 时是否自动创建新工作簿，True 为自动创建，False 为不创建。

第 06 行代码：作用是打开来源 Excel 工作簿文件。"wb1"为新定义的变量，用来存储打开的 Excel 工作簿文件；"app"为启动的 Excel 程序，"books. open( )"方法用来打开 Excel 工作簿文件，括号中的参数为要打开的 Excel 工作簿文件名称和路径。

第 07 行代码：作用是选中指定工作表。代码中，"sht1"为新定义的变量，用来存储选择的工作

表；"wb1"为上一行代码打开的工作簿文件；"sheets['客户统计']"表示要选择的工作表，方括号中的"'客户统计'"为要选择的工作表的名称。

第08~14行代码为一个for循环语句，用来遍历列表"file_list"中的元素，并在每次循环时将遍历的元素存储在"i"循环变量中。

第08行代码：为for循环，"i"为循环变量，第09~14行缩进部分代码为循环体。当第一次for循环时，for循环会访问"file_list"列表中的第一个元素（客户单据1. xlsx），并将其保存在"i"循环变量中，然后运行for循环中的缩进部分代码（循环体部分），即第09~14行代码；执行完后，返回执行第08行代码，开始第二次for循环，访问列表中的第二个元素（客户单据2. xlsx），并将其保存在"i"循环变量中，然后运行for循环中的缩进部分代码，即第09~14行代码。就这样一直反复循环，直到最后一次循环完成后，结束for循环，执行第15行代码。

第09行代码：作用是用if条件语句判断第08行代码中访问的是否是以". xlsx"为扩展名的文件或以". xls"为扩展名的文件。如果是（即条件成立），就执行下面缩进部分代码（即第10~14行代码）；如果不是（即条件不成立），就跳过缩进部分代码，直接进行下一次for循环。

代码中，"splitext( )"函数用于分离文件名与扩展名，默认返回文件名和扩展名组成的一个元组，其参数为文件名路径；"os. path. splitext(i)"的意思是分离"i"中存储的文件的文件名和扩展名，分离后保存在元组；"os. path. splitext(i)[1]"的意思是取出元组中的第二个元素，即扩展名。

第10行代码：作用是打开与"i"中存储的文件名相对应的Excel工作簿文件。代码中，"wb2"为新定义的变量，用来存储打开的Excel工作簿；"app"为启动的Excel程序；"books. open( )"方法用来打开工作簿，其参数"file_path+'\\'+i"为要打开的Excel工作簿路径和文件名。

第11行代码：作用是选中指定工作表。代码中，"sht2"为新定义的变量，用来存储选择的工作表；"wb2"为上一行代码打开的工作簿文件；"sheets[0]"表示要选择的工作表，方括号中的0为要选择的工作表的序号，0表示第一个工作表，1表示第二个工作表。

第12行代码：作用是将来源Excel工作簿中选择的工作表复制到目标工作簿的第一个工作表之前。代码中，"sht1"为第07行代码中选择的来源Excel工作簿文件中的"客户统计"工作表，"copy( )"方法为xlwings模块中复制工作表的方法，其参数"before=sht2"用来设置在目标工作表之前放置复制的工作表，如果参数为"after"则表示在目标工作表之后放置复制的工作表。

第13行代码：作用是保存第10行打开的Excel工作簿文件。

第14行代码：作用是关闭第10行打开的Excel工作簿文件。

第15行代码：作用是关闭第06行打开的Excel工作簿文件。

第16行代码：作用是退出Excel程序。

3. 案例应用解析

在实际工作中，如果要将Excel工作簿文件中的一个工作表批量复制到多个工作簿文件中，可以通过修改本例的代码来完成。

将第03行代码中要处理的Excel工作簿文件的路径修改为自己需要的路径；然后将第06行代码中要打开的工作簿文件的路径修改为自己的要处理的工作簿文件路径，并将第07行代码中要复制的工作表的名称修改为自己要复制的工作表的名称。

3.2.8 案例 7：批量保护多个 Excel 报表文件中的多个工作表

在工作中，有些工作簿中某些工作表中的数据只允许查看，不允许修改，这时就需要将这些工作表保护起来，如果要保护的工作表较多，可以用 Python 程序来自动保护工作表，省时省力。例如，将"财务"文件夹下"保护工作表"子文件夹的所有 Excel 工作簿中指定的工作表设置为保护状态，如图 3-17 所示。

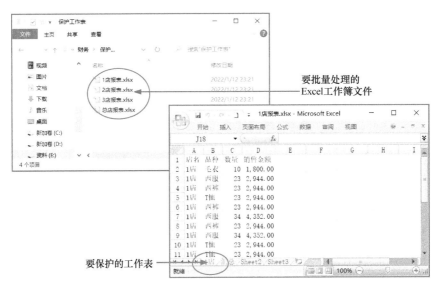

图 3-17　批量保护工作表

1. 代码实现

如下所示为批量保护多个 Excel 文件中指定工作表的程序代码。

```
01  import os                                    #导入 os 模块
02  import xlwings as xw                         #导入 xlwings 模块
03  file_path='e:\\财务\\保护工作表'             #指定修改的文件所在文件夹的路径
04  file_list=os.listdir(file_path)             #提取所有文件和文件夹的名称
05  app=xw.App(visible=True,add_book=False)     #启动 Excel 程序
06  lists=['1店','2店','3店','总店']            #创建含有要保护的工作表名称的列表
07  for i in file_list:                         #遍历列表 file_list 中的元素
08    if i.startswith('~$'):                    #判断文件名称是否有以"~$"开头的临时文件
09      continue                                #跳过当次循环
10    wb=app.books.open(file_path+'\\'+i)       #打开 Excel 工作簿文件
11    for x in wb.sheets:                       #遍历工作簿文件中的工作表
12      if x.name in lists:                     #判断当前工作表名称是否在列表
13        x.api.Protect(Password='323',Contents=True)   #保护工作表
14    wb.save()                                 #保存 Excel 工作簿文件
15    wb.close()                                #关闭 Excel 工作簿文件
16  app.quit()                                  #退出 Excel 程序
```

2. 代码解析

第 01 行代码：作用是导入 os 模块。

第 02 行代码：作用是导入 xlwings 模块，并指定模块的别名为"xw"。

第 03 行代码：作用是指定文件所在文件夹的路径。"file_path"为新定义的变量，用来存储路径；"="右侧为要处理的文件夹的路径。

第 04 行代码：作用是返回指定文件夹中的文件和文件夹名称的列表。代码中，"file_list"变量用来存储返回的名称列表；"listdir( )"函数用于返回指定文件夹中的文件和文件夹名称的列表，括号中的参数为指定的文件夹路径，如图 3-18 所示。

['1店报表.xlsx', '2店报表.xlsx', '3店报表.xlsx', '总店报表.xlsx']

图 3-18　程序执行后"file_list"列表中存储的数据

第 05 行代码：作用是启动 Excel 程序，代码中，"app"是新定义的变量，用来存储启动的 Excel 程序；"App( )"方法用来启动 Excel 程序，括号中的"visible"参数用来设置 Excel 程序是否可见，True 为可见，False 为不可见；"add_book"参数用来设置启动 Excel 时是否自动创建新工作簿，True 为自动创建，False 为不创建。

第 06 行代码：作用是创建含有多个要保护的工作表名称的列表。"lists"为新定义的列表的名称，"['1店','2店','3店','总店']"为要保护的工作表名称的列表。

第 07~15 行代码为一个 for 循环语句，用来遍历列表"file_list"中的元素，并在每次循环时将遍历的元素存储在"i"循环变量中。

第 07 行代码：为 for 循环，"i"为循环变量，第 08~15 行缩进部分代码为循环体。当第一次 for 循环时，for 循环会访问"file_list"列表中的第一个元素（1店报表.xlsx），并将其保存在"i"循环变量中，然后运行 for 循环中的缩进部分代码（循环体部分），即第 08~15 行代码；执行完后，返回执行第 07 行代码，开始第二次 for 循环，访问列表中的第二个元素（2店报表.xlsx），并将其保存在"i"循环变量中，然后运行 for 循环中的缩进部分代码，即第 08~15 行代码。就这样一直反复循环，直到最后一次循环完成后，结束 for 循环，执行第 16 行代码。

第 08 行代码：作用是用 if 条件语句判断文件夹下是否有以"~$"开头的文件（这样的文件是临时文件，不是要处理的文件，处理这样的文件程序会出错）。如果有（即条件成立），就执行第 09 行代码；如果没有（即条件不成立），就执行第 10 行代码。

代码中，"i.startswith('~$')"为 if 条件语句的条件，"i.startswith(~$)"函数用于判断"i"中存储的字符串是否以指定的"~$"开头，如果是以"~$"开头，则输出 True。

第 09 行代码：作用是跳过本次 for 循环，直接进行下一次 for 循环。

第 10 行代码：作用是打开与"i"中存储的文件名相对应的工作簿文件。代码中，"wb"为新定义的变量，用来存储打开的 Excel 工作簿；"app"为启动的 Excel 程序；"books.open( )"方法用来打开工作簿，其参数"file_path+'\\'+i"为要打开的 Excel 工作簿路径和文件名。

第 11 行代码：作用是遍历所处理工作簿中的所有工作表，即用来依次处理每个工作表。由于这个 for 循环在第 07 行代码的 for 循环的循环体中，因此这是一个嵌套 for 循环。为了便于区分，称第 07

行的 for 循环为第一个 for 循环，第 11 行的 for 循环为第二个 for 循环。嵌套 for 循环的特点是：第一个 for 循环每循环一次，第二个 for 循环会循环一遍。

代码中，"x"为循环变量，用来存储遍历的列表中的元素；"wb. sheets"可以获得当前打开的工作簿中所有工作表名称的列表。当进行第二个 for 循环的第一次循环时，访问列表的第一个元素，并将其存储在"x"变量中，然后执行一遍缩进部分的循环体的代码（第 12 ~ 13 行代码）；执行完之后，返回再次执行 11 行代码，开始第二次 for 循环，访问列表中第二个元素，并将其存储在"x"变量中，然后再次执行缩进部分的代码。就这样一直循环，直到遍历完最后一个列表的元素，执行完缩进部分代码，第二个 for 循环结束，这时返回到第 06 行代码，开始继续第一个 for 循环的下一次循环。

第 12 行代码：作用是用 if 语句判断遍历的当前工作表名称是否在"lists"列表中。代码中，"x. name in lists"为 if 条件语句的条件，"x. name"用来获取工作表的名称，"in lists"用于检查元素是否包含在"lists"列表中。如果 if 语句的条件成立，则执行 if 语句缩进部分代码（第 13 行代码）；如果条件不成立，则跳过缩进部分代码。这条代码的作用是只对需要保护的工作表进行保护，其他工作表不进行保护，需要保护的工作表都在列表"lists"中。

第 13 行代码：作用是保护工作表。代码中，"x"为要保护的工作表，"api. Protect (Password = ' 323', Contents = True)"方法用来保护工作表，括号中的"Password = ' 323 '，Contents = True"为其参数，其中"Password = ' 323 '"用来设置保护工作表的密码，"Contents = True"参数用来设置保护的工作表是否能被修改，True 表示不能修改。

第 14 行代码：作用是保存第 10 行代码中打开的 Excel 工作簿文件。

第 15 行代码：作用是关闭第 10 行代码中打开的 Excel 工作簿文件。

第 16 行代码：作用是退出 Excel 程序。

3. 案例应用解析

在实际工作中，如果要批量保护多个工作簿文件中指定的多个工作表，可以通过修改本例的代码来完成。

将第 03 行代码中要处理的 Excel 工作簿文件的路径修改为需要的工作簿文件路径，然后将第 06 行代码中的"[' 1 店',' 2 店',' 3 店',' 总店']"列表修改为要处理的工作表的名称即可。

3.3 用 Python 拆分和合并 Excel 报表

3.3.1 必看知识点：用 Pandas 模块对数据读取和选择的操作方法

1. 读取 Excel 工作簿的数据

用 Pandas 模块导入 Excel 工作簿数据主要使用 read_excel( )函数，如下所示为导入计算机中 e 盘"财务"文件夹下的"销售数据 . xlsx"工作簿。

```
df=pd.read_excel('e:\财务\销售数据.xlsx', sheet_name=None)
```

代码中，"pd"表示导入的 Pandas 模块，"read_excel( )"函数用来读取 Excel 工作簿中的数据，括号中为其参数。第一个参数"'e:\\财务\\销售数据.xlsx'"用来设置要导入的 Excel 数据文件名称和路径;"sheet_name=None"参数用于指定要读取的工作表,"None"表示所有工作表,如果只读取第一个工作表可以设置为"sheet_name=[0]",也可以直接指定工作表的名称;另外"read_excel()"函数还有两个参数:"encoding"参数用于指定文件的编码方式,一般设置为 UTF-8 或 gbk,以避免读取中文文件时出错,一般在读取中文文件时加入此参数(如 encoding='gbk');"index_col"用于设置索引列。

2. 读取 CSV 格式的数据

在 Python 中导入 CSV 格式数据主要使用 read_csv() 函数,如下所示为导入计算机中 e 盘下"财务"文件夹中的"财务日记账.csv"数据文件。

```
df=pd.read_csv('e:\\财务\\财务日记账.csv',encoding='gbk')
```

代码中,"pd"表示导入的 Pandas 模块,"read_csv()"函数用来读取 CSV 格式的数据。括号中为其参数,第一个参数"'e:\\财务\\财务日记账.csv'"用来设置要导入的数据文件名称和路径;"encoding='gbk'"参数用于指定文件的编码方式,一般设置为 UTF-8 或 gbk,以避免读取中文文件时出错。

另外,"read_csv()"函数还有两个参数:"delimiter"用于指定 CSV 文件中数据的分隔符,默认为逗号;"index_col"用于设置索引列。

3. 将数据写入 Excel 文件

将数据写入 Excel 文件主要用 to_excel() 函数,如下所示为将数据写入 e 盘"财务"文件夹下的"销售数据汇总.xlsx"工作簿。

```
df.to_excel(excel_wrter='e:\\财务\\销售数据汇总.xlsx')
```

代码中,"df"表示第 1 步骤中读取的数据,"to_excel()"函数的作用是将数据写入 Excel 工作簿中。括号中为其参数,"excel_wrter='e:\\财务\\销售数据汇总.xlsx'"参数用于设置写入数据的 Excel 文件的名称和路径。

另外,"to_excel()"函数还有几个参数:"sheet_name"用于在 Excel 工作簿中新建一个工作表,如"sheet_name='汇总'"表示新建一个"汇总"工作表;"index=False"参数用来设置数据索引的方式,True 表示写入索引,False 表示不写入索引;"encoding='gbk'"参数用于指定文件的编码方式,一般设置为 UTF-8 或 gbk,以避免读取中文文件时出错;"columns"参数用于指定要写入的列。

4. 将数据写入 CSV 文件

将数据写入 csv 文件主要用 to_csv() 函数,如下所示为将数据写入 e 盘"财务"文件夹下的"销售数据汇总.csv"文件。

```
df.to_csv(path_or_buf='e:\\财务\\销售数据汇总.csv')
```

代码中,"df"表示第 1 步骤中读取的数据,"to_csv()函数"的作用是将数据写入 CSV 格式文件中。括号中为其参数,"path_or_buf ='e:\\财务\\销售数据汇总.csv'"参数用于设置写入数据的 CSV 文件的名称和路径。

另外,"to_csv()"函数还有几个参数:"sep"用于指定要用的分隔符,常用的分隔符有逗号、空格、制表符和分号等;"index=False"参数用来设置数据索引的方式,True 表示写入索引,False 表示不写入索引;"encoding='gbk'"参数用于指定文件的编码方式,一般设置为 UTF-8 或 gbk,以避免读取中文文件时出错;"columns"参数用于指定要写入的列。

5. 选择一列数据

如下所示为"df"中存储的数据,用于在后面选择数据时使用。

	日期	凭证号	摘要	会计科目	金额
0	7 月 5 日	现-0001	购买办公用品	物资采购	250.00
1	7 月 8 日	银-0001	提取现金	银行存款	50,000.00
2	7 月 10 日	现-0002	陈江预支差旅费	应收账款	3,000.00
3	7 月 11 日	银-0002	提取现金	银行存款	60,000.00
4	7 月 11 日	现-0003	刘延预支差旅费	应收账款	2,000.00
5	7 月 14 日	现-0004	出售办公废品	现金	20.00

选择某一列数据的方法如下。

```
df['金额']                          #选择"金额"列的数据
```

6. 选择多列数据

选择某几列数据的方法如下。

```
df[['会计科目','凭证号']]           #选择"会计科目"列和"凭证号"列的数据
```

如下所示,也可以通过指定所选择的列的位置来选择多列数据,默认第一列为 0,第二列为 1。通过列的位置来选择列时,需要用到 iloc 函数。

```
df.iloc[:,[0,2]]                   #选择第 1 列和第 3 列数据
```

代码中,iloc 后的方括号中逗号之前的部分表示要选择的行的位置,只输入一个冒号,表示选择所有行。逗号之后的方括号表示要获取的列的位置。

如果想选择连续几列,则将列号间的逗号改为冒号即可。如 df.iloc[:,0:2]表示选择第一、二、三列。

7. 选择一行数据

选择某一行数据的方法如下。

```
>>> df.loc['7 月 8 日']            #选择行索引为"7 月 8 日"的行数据
```

8. 选择多行数据

选择某几行数据的方法如下。

```
df.loc[['7 月 8 日','7 月 15 日']]  #选择"7 月 8 日"和"7 月 15 日"的行数据
```

如下所示,也可以通过指定所选择的行的位置来选择多行数据,默认第一行为 0,第二行为 1。

```
df.iloc[0]                         #选择第一行的数据
```

如下所示为选择第一行和第三行的数据。

```
df.iloc[[0,2]]                          #选择第一行和第三行的数据
```

如果想选择连续几行，则将行号间的逗号改为冒号即可。如 df. iloc［0：2］表示选择第一、二、三行数据。

9. 选择满足一种条件的行数据

如下所示为"data"中存储的数据，用于在按条件选择数据时使用。

```
    客户姓名  年龄   编号
0    小王     21    101
1    小李     31    102
2    小张     28    103
3    小韩     35    104
4    小米     41    105
```

如果想选择满足某种条件的行，比如选择"年龄"大于30岁的行，如下所示。

```
data[data['年龄']>30]
```

选择"客户姓名"列为"小李"的行数据，如下所示。

```
data[data['客户姓名']=='小李']
```

10. 选择满足多种条件的行数据

选择"年龄"大于30岁、小于40岁的行数据，如下所示。

```
data[(data['年龄']>30) & (data['年龄']<40)]
```

选择"年龄"大于30岁、"编号"小于104的行数据，如下所示。

```
data[(data['年龄']>30) & (data['编号']<104)]
```

11. 选择满足多种条件的行和列数据

选择年龄小于30岁，且只要"姓名"和"编号"列的数据，如下所示。

```
data[data['年龄']<30][['客户姓名','编号']]
```

选择第一行和第三行，且选择第一列和第三列的数据，如下所示。

```
data.iloc[[0,2],[0,2]]
```

12. 选择某日的所有行数据

在按日期选取数据时，要用到 datetime 模块，所以在按日期选择数据时，要先导入 datetime 模块，方法如下。

```
from datetime import datetime
```

如下所示为"df"中存储的数据，用于在按日期选择数据时使用。

	注册日期	客户姓名	年龄	编号
0	2020-01-16	小王	21	101
1	2020-03-06	小李	28	102
2	2020-03-01	小张	28	103
3	2020-03-26	小韩	35	104
4	2020-04-13	小米	28	105

选择日期为 2020-3-1 的所有行数据，方法如下。

```
df[df['注册日期']==datetime(2020,3,1)]          #选择日期为 2020-3-1 的行数据
```

如果"注册日期"列的数据类型不是时间类型，需要先将数据格式转换为时间类型。

13. 选择某日之后的所有行数据

选择日期在 2020-3-1 之后的所有行数据的方法如下。

```
df[df['注册日期']>=datetime(2020,3,1)]
```

14. 选择某一时间段内的所有行数据

选择 2020-3-1—2020-4-1 时间段内的所有行数据的方法如下。

```
>>> df[(df['注册日期']>=datetime(2020,3,1))&(df['注册日期']<datetime(2020,4,1))]
```

15. 转换时间类型

如果数据中的日期不是时间类型，就不能用时间条件来选择数据。要想实现用时间条件来选择数据，就必须先将数据类型转换为时间类型。转换时间类型可以使用 pd. to_datetime( )函数，具体如下。

```
df['日期']=pd.to_datetime(df['日期'])          #将"日期"列数据类型转换为时间类型
```

3.3.2 案例 1：将一个 Excel 报表文件的所有工作表拆分为多个报表文件

工作中，有时需要将一个 Excel 报表工作簿文件中的所有工作表拆分为多个 Excel 工作簿文件。如在"日记账 2021"工作簿文件中，每个月的日记账分别记录在以月份命名的工作表中，如图 3-19 所示。下面复制每个工作表中的数据，分别保存到一个新的工作簿文件中，并以月份来命名，如图 3-20 所示。

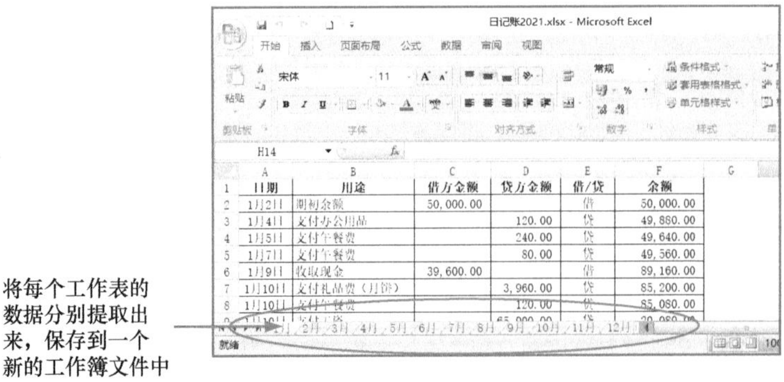

图 3-19　"日记账 2021"工作簿文件中的工作表

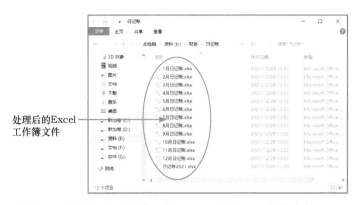

图 3-20   拆分后自动创建的以月日记账命名的工作簿文件

1. 代码实现

如下所示为将一个 Excel 工作簿文件的所有工作表拆分为多个 Excel 工作簿文件的程序代码。

```
01  import xlwings as xw                                      #导入 xlwings 模块
02  app=xw.App(visible=True,add_book=False)                  #启动 Excel 程序
03  wb=app.books.open('e:\\财务\\日记账\\日记账2021.xlsx')    #打开 Excel 工作簿
04  for i in wb.sheets:                                      #遍历工作簿中的工作表
05      new_wb=app.books.add()                               #新建 Excel 工作簿
06      new_sht=new_wb.sheets[0]                             #选择第一个工作表
07      i.copy(before=new_sht)                               #复制工作表
08      new_wb.save('e:\\财务\\日记账\\{}日记账.xlsx'.format(i.name)) #保存工作簿
09      new_wb.close()                                       #关闭 Excel 新工作簿
10  app.quit()                                               #退出 Excel 程序
```

2. 代码解析

第 01 行代码：作用是导入 xlwings 模块，并指定模块的别名为"xw"。

第 02 行代码：作用是启动 Excel 程序，代码中，"app"是新定义的变量，用来存储启动的 Excel 程序；"App()"方法用来启动 Excel 程序，括号中的"visible"参数用来设置 Excel 程序是否可见，True 为可见，False 为不可见；"add_book"参数用来设置启动 Excel 时是否自动创建新工作簿，True 为自动创建，False 为不创建。

第 03 行代码：作用是打开已有的 Excel 工作簿文件。"wb"为新定义的变量，用来存储打开的 Excel 工作簿文件；"app"为启动的 Excel 程序；"books. open()"方法用来打开 Excel 工作簿文件，括号中的参数为要打开的 Excel 工作簿文件名称和路径。

第 04 行代码：作用是遍历所处理 Excel 工作簿文件中的所有工作表。代码中，"for…in"为 for 循环，"i"为循环变量；第 05~09 行缩进部分代码为循环体；"wb. sheets"用来生成当前打开的 Excel 工作簿文件中所有工作表名称的列表（见图 3-21）。

Sheets([<Sheet [日记账2021.xlsx]1月>, <Sheet [日记账2021.xlsx]2月>, <Sheet [日记账2021.xlsx]3月>, …])

图 3-21   "wb. sheets"生成的列表

for 循环运行时，会遍历 "wb. sheets" 所生成的工作表名称的列表中的元素，并在每次循环时将遍历的元素存储在 "i" 循环变量中。当执行第 04 行代码时，开始第一次 for 循环，会访问 "wb. sheets" 生成列表中的第一个元素 "1 月"，并将其保存在 "i" 中，然后运行 for 循环中的缩进部分代码（循环体部分），即第 05~09 行代码；执行完后，返回再次执行第 04 行代码，开始第二次 for 循环，访问列表中的第二个元素 "2 月"，并将其保存在 "i" 循环变量中，然后运行 for 循环中的缩进部分代码，即第 05~09 行代码。就这样一直反复循环，直到最后一次循环完成，结束 for 循环。

第 05 行代码：作用是新建一个 Excel 工作簿文件。代码中，"new_wb" 为定义的新变量，用来存储新建的 Excel 工作簿文件；"app" 为启动的 Excel 程序；"books. add( )" 方法用来新建一个 Excel 工作簿文件。

第 06 行代码：作用是选择工作簿文件中的第一个工作表。代码中，"new_sht" 为新定义的变量，用来存储打开的工作表；"new_wb" 为第 05 行代码中新建的工作簿文件；"sheets[0]" 方法用来选择工作表，括号中为要打开的工作表序号，"[0]" 表示第一个。

第 07 行代码：作用是将 "日记账 2021. xlsx" 工作簿文件中的当前工作表复制到新建 Excel 工作簿文件的第一个工作表之前。代码中，"copy( )" 方法用来复制工作表，其参数 "before = new_sht" 用来设置在目标工作表之前放置复制的工作表，如果参数为 "after" 则表示在目标工作表之后放置复制的工作表。当 "i" 中存储的工作表名称为 "2 月" 时，"i. copy(before = new_sht)" 表示复制 "2 月" 工作表，并放在新工作簿中第一个工作表之前。

第 08 行代码：作用是将新建的工作簿文件保存为 "工作表名称+日记账 . xlsx"，如果工作表名称为 "1 月"，就将工作簿文件保存为 "1 月日记账 . xlsx"。

代码中，"new_wb" 为第 05 行代码中新建的存储新建 Excel 工作簿文件的变量；"save( )" 方法用来保存 Excel 工作簿文件，括号中为其参数，即保存的 Excel 工作簿文件的名称及路径；"' e:\\财务\\日记账\\{}日记账 . xlsx '. format(i. name)" 中 format( ) 函数的功能是格式化字符串，常用于将不同类型的值拼接成字符串。format( ) 函数通常与 "{}" 配合使用，format( ) 函数会用其参数的值（即 "i. name"）替换 "{}"。"i. name" 用来获得 "i" 中存储的元素的名称部分，如果 "i" 中存储的是 "<Sheet [日记账 2021. xlsx] 1 月>"，则 "i. name" 就为 "1 月"。那么新建的 Excel 工作簿文件就会保存为 "1 月日记账 . xlsx"。

第 09 行代码：作用是关闭当前新建的 Excel 工作簿文件。

第 10 行代码：作用是退出 Excel 程序。

3. 案例应用解析

在实际工作中，拆分一个 Excel 工作簿文件中所有工作表为多个工作簿文件时，可以通过修改本例的代码来完成。将第 03 行代码中工作簿文件的路径修改为自己的工作簿文件名和路径，并将第 08 行代码中新工作簿文件保存路径修改为自己的文件保存即可。例如，将新工作簿文件保存在 D 盘的 "客户" 文件夹中，工作簿文件的名称中包含 "客户资料"，可以将代码中文件路径部分修改为 "' d:\\客户\\{}客户资料 . xlsx '. format(i. name)"。

3.3.3 案例 2：将多个 Excel 报表文件合并为一个报表文件

工作中，常常需要将多个 Excel 报表工作簿文件中的工作表合并到一个 Excel 工作簿文件中。下面将 E 盘 "财务" 文件夹下 "销售报表" 中所有 Excel 工作簿文件中的第一个工作表全部复制到一个新的工作簿文件中，如图 3-22 所示。

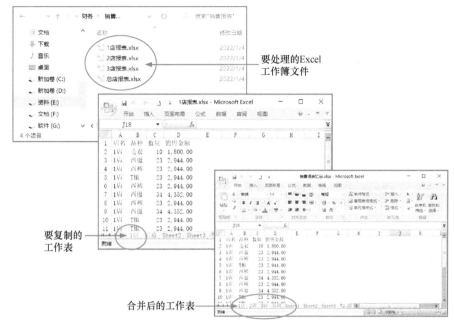

图 3-22 要合并的工作簿文件

1. 代码实现

如下所示为将多个 Excel 工作簿文件合并为一个 Excel 工作簿文件的程序代码。

```
01  import os                                          #导入 os 模块
02  import xlwings as xw                               #导入 xlwings 模块
03  file_path='e:\财务\销售报表'                        #指定文件夹的路径
04  file_list=os.listdir(file_path)                    #返回所有文件和文件夹名称的列表
05  app=xw.App(visible=True,add_book=False)            #启动 Excel 程序
06  wb=app.books.add()                                 #新建 Excel 工作簿
07  sht=wb.sheets[0]                                   #选择第一个工作表
08  for i in file_list:                                #遍历 file_list 中的列表
09      if i.startswith('~$'):                         #判断是否是临时文件
10          continue                                   #跳过当次 for 循环
11      wb2=app.books.open(file_path+'\\'+i)           #打开 i 中存储的 Excel 工作簿
12      sht2=wb2.sheets[0]                             #选择第一个工作表
13      sht2.copy(before=sht)                          #复制工作表
14      wb2.close()                                    #关闭 Excel 工作簿
15  wb.save('e:\财务\销售报表\销售报表汇总.xlsx')       #保存新建的 Excel 工作簿
16  wb.close()                                         #关闭 Excel 工作簿
17  app.quit()                                         #退出 Excel 程序
```

2. 代码解析

第 01 行代码：作用是导入 os 模块。

第 02 行代码：作用是导入 xlwings 模块，并指定模块的别名为"xw"。

第 03 行代码：作用是指定文件所在文件夹的路径。"file_path"为新定义的变量，用来存储路径；

"＝"右侧为要处理的文件夹的路径。

第 04 行代码：作用是返回指定文件夹中的文件和文件夹名称的列表。代码中，"file_list"变量用来存储返回的名称列表；"listdir( )"函数用于返回指定文件夹中的文件和文件夹名称的列表，括号中的参数为指定的文件夹路径，如图 3-23 所示。

['1店报表.xlsx', '2店报表.xlsx', '3店报表.xlsx', '总店报表.xlsx']

图 3-23 "file_list"中存储的内容

第 05 行代码：作用是启动 Excel 程序，代码中，"app"是新定义的变量，用来存储启动的 Excel 程序。"App( )"方法用来启动 Excel 程序，括号中的"visible"参数用来设置 Excel 程序是否可见，True 为可见，False 为不可见；"add_book"参数用来设置启动 Excel 时是否自动创建新工作簿，True 为自动创建，False 为不创建。

第 06 行代码：作用是新建一个 Excel 工作簿文件。代码中，"wb"为定义的新变量，用来存储新建的 Excel 工作簿文件；"app"为启动的 Excel 程序；"books. add( )"方法用来新建一个 Excel 工作簿文件。

第 07 行代码：作用是选中上一行代码新建的工作簿中的第一个工作表。代码中，"sht"为新定义的变量，用来存储选中的工作表；"wb"为上一行代码中新建的 Excel 工作簿文件；"sheets[0]"为选择工作表的方法，方括号中"0"为工作表序号，0 表示第一个工作表，1 表示第二个工作表。

第 08 ~ 14 行代码为一个 for 循环语句，用来遍历列表"file_list"列表中的元素，并在每次循环时将遍历的元素存储在"i"循环变量中。

第 08 行代码：为 for 循环，"i"为循环变量，第 09 ~ 14 行缩进部分代码为循环体。当第一次 for 循环时，for 循环会访问"file_list"列表中的第一个元素（1 店报表 . xlsx），并将其保存在"i"循环变量中，然后运行 for 循环中的缩进部分代码（循环体部分），即第 09 ~ 14 行代码；执行完后，返回执行第 08 行代码，开始第二次 for 循环，访问列表中的第二个元素（2 店报表 . xlsx），并将其保存在"i"循环变量中，然后运行 for 循环中的缩进部分代码，即第 09 ~ 14 行代码。就这样一直反复循环，直到最后一次循环完成后，结束 for 循环，执行第 15 行代码。

第 09 行代码：作用是用 if 条件语句判断文件夹下是否有以"~ $"开头的文件名称（这样的文件是临时文件，不是要处理的文件）。如果有（即条件成立），就执行第 10 行代码；如果没有（即条件不成立），就执行第 11 行代码。

代码中，"i. startswith('~ $')"为 if 条件语句的条件，"i. startswith(~ $)"函数用于判断"i"中存储的字符串是否以指定的"~ $"开头，如果是以"~ $"开头，则输出 True。

第 10 行代码：作用是跳过本次 for 循环，直接进行下一次 for 循环。。

第 11 行代码：作用是打开与"i"中存储的文件名相对应的工作簿文件。代码中，"wb2"为新定义的变量，用来存储打开的 Excel 工作簿；"app"为启动的 Excel 程序，"books. open( )"方法用来打开工作簿，其参数"file_path+'\\'+i"为要打开的 Excel 工作簿路径和文件名。

第 12 行代码：作用是选中当前打开的工作簿文件中的第一个工作表。代码中，"sht2"为新定义的变量，用来存储选中的工作表；"wb2"为打开的 Excel 工作簿文件；"sheets[0]"方法用来选择工作表，方括号中"0"为工作表序号，0 表示第一个工作表。

第 13 行代码：作用是将打开的当前工作簿文件中选择的工作表，复制到第 06 行代码新建 Excel 工作簿文件的第一个工作表之前。代码中，copy( )方法为 xlwings 模块中复制工作表的方法，其参数"before = sht"用来设置在目标工作表之前放置复制的工作表，如果参数为"after"则表示在目标工作表之后放置复制的工作表。当前 for 循环中，"i" 中存储的为 "1 店报表 . xlsx" 工作簿名称时，打开的就是 "1 店报表 . xlsx" 工作簿文件，则此行代码复制的就是 "1 店报表 . xlsx" 工作簿文件中的第一个工作表。

第 14 行代码：作用是关闭当前打开的 Excel 工作簿文件。"wb2" 为第 11 行代码中打开的 Excel 工作簿文件；"close( )" 方法用来关闭 Excel 工作簿文件。

第 15 行代码：作用是保存 Excel 工作簿文件。代码中，"wb" 是指第 06 行代码中新建的工作簿文件；"save( )" 方法用来保存工作簿文件，其参数用来设置文件的路径和名称。

第 16 行代码：作用是关闭上一行代码保存的打开的 Excel 工作簿文件。

第 17 行代码：作用是退出 Excel 程序。

3. 案例应用解析

在实际工作中，合并多个 Excel 工作簿文件为一个工作簿文件时，可以通过修改本例的代码来完成。将第 3 行代码中工作簿文件的路径修改为自己的工作簿文件名和路径，并将第 15 行代码中新工作簿文件保存路径修改为自己的文件保存即可。例如，将新工作簿文件保存在 D 盘的 "客户" 文件夹中，工作簿文件的名称为 "客户资料"，可以将代码中文件路径部分修改为 "'d:\\客户\\客户资料 . xlsx '"。

3.3.4 案例 3：按条件将一个 Excel 工作表拆分为多个 Excel 报表文件

在工作中，如果需要对一个工作表中某一列进行筛选，然后将筛选的数据拆分保存到新的工作簿中，可以使用 Python 程序来自动处理。比如，对 "财务" 文件夹下 "客户统计 . xlsx" 工作簿中的 "客户统计" 工作表按 "借款用途" 列进行筛选，然后将筛选分组后的数据分别存储到新的 Excel 工作簿中，并用 "借款用途" 列中填写的用途名称作为新的 Excel 工作簿文件的名称，如图 3-24 所示。

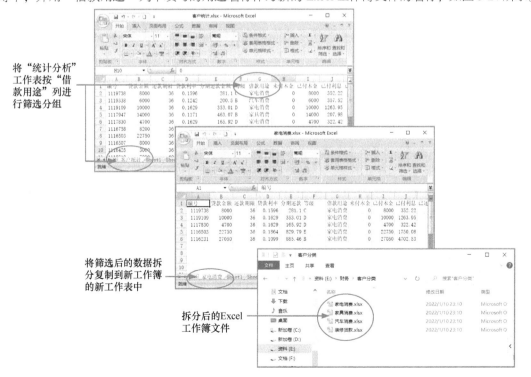

图 3-24 工作表拆分前后

1. 代码实现

如下所示为将工作表拆分为多个 Excel 工作簿文件的程序代码。

```
01  import xlwings as xw                                          #导入 xlwings 模块
02  import pandas as pd                                           #导入 pandas 模块
03  app=xw.App(visible=True,add_book=False)                      #启动 Excel 程序
04  wb=app.books.open('e:\\财务\\客户统计.xlsx')                  #打开待处理工作簿
05  sht=wb.sheets('客户统计')                                     #选择"客户统计"工作表
06  data=sht.range('A1').options(pd.DataFrame,header=1,index=False,expand='table
    ').value                       #将表格内容读取成 pandas 的 DataFrame 形式
07  data2=data.groupby('借款用途')                                #按"借款用途"列将数据分组
08  for name,group in data2:                                      #遍历分组后的数据
09    new_wb=app.books.add()                                      #新建 Excel 工作簿文件
10    new_sht=new_wb.sheets.add(name)                             #用"name"名新建工作表
11    new_sht.range('A1').options(index=False).value=group       #复制分组数据
12    new_wb.save(f'e:\\财务\\客户分类\\{name}.xlsx')              #保存工作簿
13    new_wb.close()                                              #关闭新建的工作簿
14  wb.close()                                                    #关闭工作簿
15  app.quit()                                                    #退出 Excel 程序
```

2. 代码解析

第 01 行代码：作用是导入 xlwings 模块，并指定模块的别名为 "xw"。

第 02 行代码：作用是导入 pandas 模块，并指定模块的别名为 "pd"。

第 03 行代码：作用是启动 Excel 程序，代码中，"app" 是新定义的变量，用来存储启动的 Excel 程序；"App( )" 方法用来启动 Excel 程序，括号中的 "visible" 参数用来设置 Excel 程序是否可见，True 为可见，False 为不可见；"add_book" 参数用来设置启动 Excel 时是否自动创建新工作簿，True 为自动创建，False 为不创建。

第 04 行代码：作用是打开 "客户统计.xlsx" 工作簿文件。"wb" 为新定义的变量，用来存储打开的 Excel 工作簿文件；"app" 为启动的 Excel 程序；"books.open( )" 方法用来打开 Excel 工作簿文件，括号中的参数为要打开的 Excel 工作簿文件名称和路径。

第 05 行代码：作用是选择工作表。代码中，"sht" 为新定义的变量，用来存储选择的工作表；"wb" 为打开的 "客户统计.xlsx" 工作簿文件；"sheets ('客户统计')" 方法用来选择工作表，括号中的参数用来设置要选择的工作表。

第 06 行代码：作用是将工作表中的数据以 DataFrame 格式读取。代码中，"data" 为新定义的变量，用来保存读取的数据；"sht" 为选择的工作表；"range ('A1')" 方法用来设置起始单元格，参数 "'A1'" 表示 A1 单元格；"options( )" 方法用来设置数据读取的类型。其参数 "pd.DataFrame" 的作用是将数据内容读取成 DataFrame 格式；"index=False" 参数用于设置索引，False 表示取消索引，True 表示将第一列作为索引列；"expand='table'" 参数用于扩展到整个表格，"table" 表示向整个表扩展，即选择整个表格，如果设置为 "right" 表示向表的右方扩展，即选择一行，"down" 表示向表的下方扩展，即选择一列；"value" 参数表示工作表数据。如图 3-25 所示为读取的工作表数据。

```
    编号   贷款金额 还款期限  贷款利率  分期还款金额      已付利息 已还费用 逾期天数 逾期类型 贷款状态
0  1119738.0  8000.0 36.0 0.1596 281.10 ...  352.22 0.0 0.0 逾期  完成
1  1119338.0  6000.0 36.0 0.1242 200.50 ...  357.52 0.0 0.0 正常还款 完成
2  1119109.0 10000.0 36.0 0.1629 353.01 ... 1263.95 0.0 0.0 正常还款 完成
3  1117947.0 14000.0 36.0 0.1171 463.07 ...  207.98 0.0 0.0 逾期  完成
4  1117830.0  4700.0 36.0 0.1629 165.92 ...  322.42 0.0 0.0 正常还款 完成
5  1116758.0  8200.0 36.0 0.1527 285.35 ...  352.22 0.0 0.0 正常还款 完成
6  1116503.0 22750.0 36.0 0.1864 829.79 ... 1750.08 0.0 0.0 正常还款 完成
7  1116507.0  8000.0 36.0 0.1065 260.59 ...  207.98 0.0 0.0 正常还款 完成
8  1116425.0  3000.0 36.0 0.0751  93.34 ...  322.42 0.0 0.0 正常还款 完成
9  1115810.0  7000.0 60.0 0.1758 176.16 ...  204.26 0.0 0.0 正常还款 完成
10 1116231.0 27050.0 36.0 0.1099 885.46 ... 4702.53 0.0 0.0 正常还款 完成
11 1119015.0  8000.0 36.0 0.0762 373.94 ... 1397.54 0.0 0.0 正常还款 完成
12 1116638.0  8000.0 36.0 0.0662 368.45 ... 1263.95 0.0 0.0 正常还款 完成

[13 rows x 14 columns]
```

图 3-25　读取的 DataFrame 形式的数据

第 07 行代码：作用是将上一行代码读取的数据（data 中存储的数据）按"借款用途"列进行分组，并将分组后的数据存储到新定义的"data2"变量中。".groupby()"方法用来根据数据中的某一列或多列内容进行分组聚合。比如在图 3-26 中，按"key1"列分组聚合。

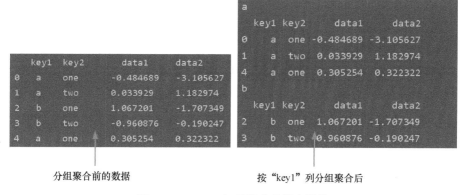

图 3-26　groupby()函数分组聚合结果

第 08 行~13 行代码为一个 for 循环语句，用来遍历分组后"data2"中的数据，并在每次循环时将分组列中的分组名称保存在"name"变量中，将分组后的数据保存在"group"变量中。

第 08 行代码：为 for 循环，"name"和"group"为循环变量，第 09~13 行缩进部分代码为循环体。当第一次 for 循环时，for 循环会访问"data2"中的第一个元素（见图 3-27），并将分组列中分组名称保存在"name"变量中，将分组后的数据保存在"group"变量中。然后运行 for 循环中的缩进部分代码（循环体部分），即第 09~13 行代码；执行完后，返回执行第 08 行代码，开始第二次 for 循环，访问列表中的第二个元素，并将分组列中的分组名称保存在"name"变量中，将分组后的数据保存在"group"变量中，然后运行 for 循环中的缩进部分代码，即第 09~13 行代码。就这样一直反复循环，直到最后一次循环完成后，结束 for 循环，执行第 14 行代码。

图 3-27　分组后数据中的第一个元素

第 09 行代码：作用是新建一个 Excel 工作簿文件。代码中，"new_wb"变量用来存储新建的工作簿；"app"为启动的 Excel 程序；"books. add( )"方法用来新建一个工作簿文件。

第 10 行代码：作用是在新建的 Excel 工作簿文件中新建工作表。代码中，"new_sht"为新定义的变量，用来存储新建的工作表；"new_wb"为新 Excel 工作簿文件；"sheets. add(' name ')"方法用来新建一个工作表，括号中的参数"' name '"用来设置新工作表的名称，即用循环变量"name"中存储的分组名称作为工作表的名称。

第 11 行代码：作用是从 A1 单元格开始写入"group"变量中存储的分组数据。代码中，"new_sht"为上一步新建的工作表；"range(' A1 ')"表示 A1 单元格；"options(index = False)"用来设置数据，其参数"index = False"的作用是取消索引，因为 DataFrame 数据形式会默认将表格的首列作为 DataFrame 的索引，因此就需要表格内容的首列有一个固定的序号列，如果表格中的首列并不是序号，则需要在函数中设置参数忽略索引；"value"表示工作表数据；"="右侧的"group"为要复制的数据。

第 12 行代码：作用是保存第 09 行代码中新建的 Excel 工作簿文件。"save(f ' e : \\财务\\客户分类\\{name}. xlsx ')"方法用来保存 Excel 工作簿文件，括号中的"f ' e : \\财务\\客户分类\\{name}. xlsx '"为文件名称和路径。

其中，"e : \\财务\\客户分类\\"是新建工作簿的保存路径，"{name}. xlsx"为 Excel 工作簿的文件名，可以根据实际需求更改。其中的". xlsx"是文件名中的固定部分，而"{name}"则是可变部分，运行时会被替换为 name 的实际值。这里"f"的作用是将不同类型的数据拼接成字符串，即以 f 开头时，字符串中大括号（{}）内的数据无须转换数据类型，就能被拼接成字符串。

第 13 行代码：作用是关闭第 10 行代码中新建的 Excel 工作簿文件。

第 14 行代码：作用是关闭第 04 行代码中打开的 Excel 工作簿文件

第 15 行代码：作用是退出 Excel 程序。

3. 案例应用解析

在实际工作中，如果要将工作表中某列进行分类筛选，并保存到多个 Excel 工作簿文件中，可以通过修改本例的代码来完成。

将第 04 行代码中要打开的工作簿文件的路径修改为自己的要处理的工作簿文件路径，并将第 05 行代码中要分类筛选的工作表的名称修改为自己要分类筛选的工作表的名称。

将第 07 行代码中要分类筛选的列标题修改为自己要处理的工作簿文件中的列标题，然后将第 12 行中新工作簿文件保存的路径修改为自己想保存的工作簿文件名称路径即可。

3.3.5 案例 4：将 Excel 报表中一个工作表拆分为多个工作表

在工作中，如果需要对一个工作表中的某一列进行筛选，然后将筛选的数据拆分保存到同一工作簿中的不同工作表中，可以使用 Python 程序来自动处理。下面对"财务"文件夹下"客户统计. xlsx"工作簿中的"客户统计"工作表按"借款用途"列进行筛选，然后将筛选分组后的数据分别存储到新的工作表中，并用"借款用途"列中填写的用途名称作为新的工作表的名称，如图 3-28 所示。

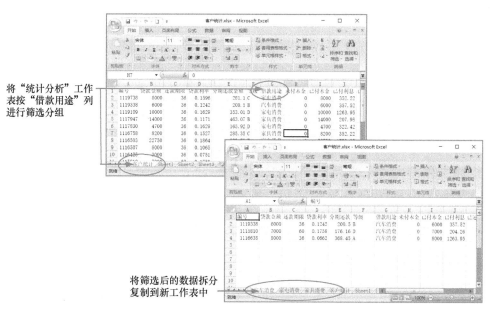

将"统计分析"工作表按"借款用途"列进行筛选分组

将筛选后的数据拆分复制到新工作表中

图 3-28　拆分一个工作表为多个工作表

1. 代码实现

如下所示为将一个工作表内容拆分为多个工作表的程序代码。

```
01  import xlwings as xw                              #导入 xlwings 模块
02  import pandas as pd                               #导入 pandas 模块
03  app=xw.App(visible=True,add_book=False)#启动 Excel 程序
04  wb=app.books.open('e:\\财务\\客户统计.xlsx') #打开待处理 Excel 工作簿文件
05  sht=wb.sheets('客户统计')                        #选择"客户统计"工作表
06  data=sht.range('A1').options(pd.DataFrame,header=1,index=False,expand='table
    ').value                                          #将表格内容读取成 pandas 的 DataFrame 形式
07  data2=data.groupby('借款用途')                   #按"借款用途"将数据分组
08  for name,group in data2:                          #遍历分组后的数据
09      new_sht=wb.sheets.add(name)                   #用"name"名新建工作表
10      new_sht.range('A1').options(index=False).value=group #复制分组数据
11  wb.save()                                         #保存工作簿
12  wb.close()                                        #关闭工作簿
13  app.quit()                                        #退出 Excel 程序
```

2. 代码解析

第 01 行代码：作用是导入 xlwings 模块，并指定模块的别名为"xw"。

第 02 行代码：作用是导入 pandas 模块，并指定模块的别名为"pd"。

第 03 行代码：作用是启动 Excel 程序，代码中，"app"是新定义的变量，用来存储启动的 Excel 程序；"xw"指的是 xlwings 模块；"App"为 xlwings 模块中的方法（即函数），用来启动 Excel 程序的，括号中的"visible"为参数用来设置启动的 Excel 程序是否可见，True 表示可见（默认），False

表示不可见；“add_book”参数用来设置启动 Excel 时是否自动创建新工作簿，True 表示自动创建（默认），False 表示不创建。

第 04 行代码：作用是打开“客户统计.xlsx”工作簿文件。“wb”为新定义的变量，用来存储打开的 Excel 工作簿文件。“app”为启动的 Excel 程序；“books. open( )”方法用来打开 Excel 工作簿文件，括号中的参数为要打开的 Excel 工作簿文件名称和路径。

第 05 行代码：作用是选择“客户统计”工作表。代码中，“sht”为新定义的变量，用来存储选择的工作表；“wb”为第 04 行代码中打开的“客户统计.xlsx”工作簿文件；“sheets（'客户统计'）”方法用于选择工作表，括号中的“'客户统计'”为要选择的工作表名称。

第 06 行代码：作用是将工作表中的数据以 DataFrame 格式读取。代码中，“data”为新定义的变量，用来保存读取的数据；“sht”为选择的工作表；“range(' A1 ')”方法用来设置起始单元格，参数“' A1 '”表示 A1 单元格；“options( )”方法用来设置数据读取的类型。其参数“pd. DataFrame”的作用是将数据内容读取成 DataFrame 格式；“index = False”参数用于设置索引，False 表示取消索引，True 表示将第一列作为索引列；“expand =' table '”参数用于扩展到整个表格，“table”表示向整个表扩展，即选择整个表格，如果设置为“right”表示向表的右方扩展，即选择一行，“down”表示向表的下方扩展，即选择一列；“value”参数表示工作表数据。如图 3-29 所示为读取的工作表数据。

```
      编号    贷款金额 还款期限  贷款利率 分期还款金额 ...  已付利息 已还费用 逾期天数 逾期类型 贷款状态
0  1119738.0  8000.0 36.0 0.1596 281.10 ...  352.22 0.0  0.0   逾期   完成
1  1119338.0  6000.0 36.0 0.1242 200.50 ...  357.52 0.0  0.0 正常还款   完成
2  1119109.0 10000.0 36.0 0.1629 353.01 ... 1263.95 0.0  0.0 正常还款   完成
3  1117947.0 14000.0 36.0 0.1171 463.07 ...  207.98 0.0  0.0   逾期   完成
4  1117830.0  4700.0 36.0 0.1629 165.92 ...  322.42 0.0  0.0 正常还款   完成
5  1116758.0  8200.0 36.0 0.1527 285.35 ...  352.22 0.0  0.0 正常还款   完成
6  1116503.0 22750.0 36.0 0.1864 829.79 ... 1750.08 0.0  0.0 正常还款   完成
7  1116507.0  8000.0 36.0 0.1065 260.59 ...  207.98 0.0  0.0 正常还款   完成
8  1116425.0  3000.0 36.0 0.0751  93.34 ...  322.42 0.0  0.0 正常还款   完成
9  1115810.0  7000.0 60.0 0.1758 176.16 ...  204.26 0.0  0.0 正常还款   完成
10 1116231.0 27050.0 36.0 0.1099 885.46 ... 4702.53 0.0  0.0 正常还款   完成
11 1119015.0  8000.0 36.0 0.0762 373.94 ... 1397.54 0.0  0.0 正常还款   完成
12 1116638.0  8000.0 36.0 0.0662 368.45 ... 1263.95 0.0  0.0 正常还款   完成

[13 rows x 14 columns]
```

图 3-29　读取的 DataFrame 形式的数据

第 07 行代码：作用是将上一行代码读取的数据（data 中存储的数据），按“借款用途”列进行分组。代码中，“data2”变量用来存储分组后的数据；“groupby（'借款用途'）”方法用来将数据按“借款用途”列进行分组聚合。

第 08 ~ 10 行代码为一个 for 循环语句，用来遍历分组后“data2”中的数据，并在每次循环时将分组数据中的分组名称存在“name”中，将分组的数据存在“group”中。

第 08 行代码：为 for 循环，“name”和“group”为循环变量，第 09 ~ 10 行缩进部分代码为循环体。当第一次 for 循环时，会访问“data2”中的第一个元素（见图 3-30），并将分组名称（“家具消费”）保存在“name”中，将分组数据保存在“group”中，然后运行 for 循环的缩进部分代码（循环体部分），即第 09 ~ 10 行代码；执行完后，返回执行第 08 行代码，开始第二次 for 循环，访问列表

分组名称 →
```
家具消费
      编号    贷款金额 还款期限  贷款利率 分期还款金额 ...  已付利息 已还费用 逾期天数 逾期类型 贷款状态
3  1117947.0 14000.0 36.0 0.1171 463.07 ... 207.98 0.0  0.0   逾期   完成
5  1116758.0  8200.0 36.0 0.1527 285.35 ... 352.22 0.0  0.0 正常还款   完成
7  1116507.0  8000.0 36.0 0.1065 260.59 ... 207.98 0.0  0.0 正常还款   完成

[3 rows x 14 columns]
```
数据 {

图 3-30　分组后数据中的第一个元素

中的第二个元素，同样将分组名保存在"name"变量中，将分组数据保存在"group"变量中，然后运行 for 循环中的缩进部分代码，即第 09~10 行代码。就这样一直反复循环，直到最后一次循环完成后，结束 for 循环。

第 09 行代码：作用是在第 04 行代码中打开的 Excel 工作簿文件中新建工作表。代码中，"new_sht"为新定义的变量，用来存储新建的工作表；"wb"为第 04 行代码中打开的 Excel 工作簿文件；"sheets. add('name')"方法的作用是新建一个工作表，括号中的参数"'name'"为新建工作表的名称，即用循环变量"name"中存储的分组名称作为工作表的名称。

第 10 行代码：作用是从 A1 单元格开始写入"group"变量中存储的分组数据。代码中，"new_sht"为上一步新建的工作表；"range('A1')"表示 A1 单元格；"options(index=False)"用来设置数据，其参数"index=False"的作用是取消索引，因为 DataFrame 数据形式会默认将表格的首列作为 DataFrame 的索引，因此需要表格内容的首列有一个固定的序号，如果表格中的首列并不是序号，则需要在函数中设置参数忽略索引；"value"表示工作表数据；"="右侧的"group"为要复制的数据。

第 11 行代码：作用是保存第 04 行打开的 Excel 工作簿文件。

第 12 行代码：作用是关闭第 04 行打开的 Excel 工作簿文件。

第 13 行代码：作用是退出 Excel 程序。

3. 案例应用解析

在实际工作中，拆分 Excel 工作簿文件中的一个工作表为多个工作表时，可以通过修改本例的代码来完成。

首先将第 04 行代码中要打开的工作簿文件的路径修改为要处理的工作簿文件路径，并将第 05 行代码中要分类筛选的工作表的名称修改为要分类筛选的工作表的名称。然后将第 07 行代码中要分类筛选的列标题修改为要处理的工作簿文件中的列标题即可。

3.3.6 案例5：纵向合并报表文件中多个工作表为一个工作表

在工作中，有时需要将多个工作表的内容纵向合并到一个工作表中，比如将"财务"文件夹下"日记账"子文件夹中的"日记账2021.xls"工作簿中的所有工作表全部纵向合并到一个新工作簿的"总表"工作表中，如图3-31所示。

1. 代码实现

如下所示为纵向合并 Excel 报表文件中多个工作表为一个工作表的程序代码。

```
01  import pandas as pd                              #导入 Pandas 模块
02  path='e:\财务\\日记账\\日记账2021.xlsx'           #指定要合并工作表的工作簿文件的路径
03  data=pd.read_excel(path,sheet_name=None)        #读取 Excel 工作簿中所有工作表的数据
04  data_all=pd.concat(data,ignore_index=True)      #将所有工作表的数据纵向拼接在一起
05  new_path='e:\财务\\日记账\\日记账2021汇总.xlsx'
                     #指定写入合并后数据的新 Excel 工作簿文件的路径
06  data_all.to_excel(new_path,sheet_name='总表',index=False)
                     #将合并后的数据写入新 Excel 工作簿的"总表"工作表中
```

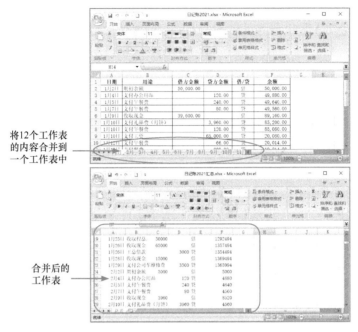

图 3-31　纵向合并多个工作表

2. 代码解析

第 01 行代码：作用是导入 pandas 模块，并指定模块的别名为 "pd"。

第 02 行代码：作用是指定要合并工作表的工作簿文件的路径。代码中，"path" 为新定义的变量，用来存储要合并工作表的 Excel 工作簿文件路径；"'e:\\财务\\日记账\\日记账 2021. xlsx'" 为要合并工作表的 Excel 工作簿文件路径。

第 03 行代码：作用是读取 Excel 工作簿文件中所有工作表的数据。"data" 为新定义的变量，用来存储读取的 Excel 工作簿文件中所有工作表的数据；"pd" 表示 pandas 模块，"read_excel(path, sheet_name = None)" 函数用来读取 Excel 工作簿文件中工作表的数据，括号中的 "path, sheet _name = None" 为其参数，其中第一个参数为要读取的 Excel 工作簿文件，"sheet_name = None" 用来设置所选择的工作表为所有工作表。如图 3-32 所示为 data 中存储的数据（各个工作表数据以字典的形式存储）。

第 04 行代码：作用是将所有工作表的数据纵向拼接在一起。"data _all" 为新定义的变量，用来存储拼接后的数据，"pd" 表示 pandas 模块，"concat(data, ignore_index = True)" 函数用来将数据进行纵向或横向拼接，括号中的第一个参数 "da-ta" 为要拼接的数据，"ignore_index = True" 参数用来设置拼接时处理索引的方式，True 表示忽略原有索引，False 表示保持索引不变。如图 3-33 所示为 data_all 中存储的数据。

```
{'1月':    日期      用途     借方金额  贷方金额 借/贷
余额
0  44198      期初余额   50000.0   NaN  借  50000
1  44200    支付办公用品      NaN  120.0  贷  49880
2  44201     支付午餐费      NaN  240.0  贷  49640
3  44203     支付午餐费      NaN   80.0  贷  49560
4  44205     收取现金   39600.0   NaN  借  89160
5  44206  支付礼品费（月饼）     NaN 3960.0  贷  85200
6  44206     支付午餐费      NaN  120.0  贷  85080
7  44206      支付工资   NaN 65000.0  贷  20080
8  44208     支付午餐费      NaN   66.0  贷  20014
9  44209      支付餐费      NaN  800.0  贷  19214
10 44209     收取现金   58100.0   NaN  借  77314
11 44211    支付差旅费      NaN 5810.0  贷  71504
12 44214     收取现金  700000.0   NaN  借  771504
13 44216    支付广告费      NaN 10000.0  贷  761504
14 44218     收取现金  4860000.0   NaN  借 1247504
15 44219   支付朱华账户      NaN 4860.0  贷 1242644
16 44219     支付午餐费      NaN  150.0  贷 1242494
17 44221  收取程总规金   50000.0   NaN  借 1292494
18 44222    收取现金   65000.0   NaN  借 1357494
19 44222     王总借款      NaN 3000.0  贷 1354494
20 44222    收取现金   15000.0   NaN  借 1369494
21 44225 支付公司车维修费      NaN 3500.0  贷 1365994,
'2月':    日期      用途     借方金额  贷方金额 借/贷
余额
0  44229      期初余额   5000.0   NaN  借  5000
1  44231    支付办公用品      NaN  120.0  贷  4880
2  44232     支付午餐费      NaN  240.0  贷  4640
3  44234     支付午餐费      NaN   80.0  贷  4560
4  44236     收取现金   3960.0   NaN  借  8520
5  44237  支付礼品费（月饼）     NaN 3960.0  贷  4560
```

图 3-32　所示为 data 中存储的部分数据

第 05 行代码：作用是指定写入合并后数据的新 Excel 工作簿文件的路径。代码中，"new_path" 为新定义的变量，用来存储合并后数据的新 Excel 工作簿文件的路径，"' e:\\财务\\日记账\\日记账 2021 汇总.xlsx '" 为新 Excel 工作簿文件的路径。

第 06 行代码：作用是将合并后的数据写入新 Excel 工作簿的"总表"工作表中。代码中，"data_all" 为第 04 行代码中拼接后的数据；"to_excel(new_path,

	日期	用途	借方金额	贷方金额	借/贷	余额
0	44198	期初余额	50000.0	NaN	借	50000
1	44200	支付办公用品	NaN	120.0	贷	49880
2	44201	支付午餐费	NaN	240.0	贷	49640
3	44203	支付午餐费	NaN	80.0	贷	49560
4	44205	收取现金	39600.0	NaN	借	89160
...						
248	44221	收取程总现金	50000.0	NaN	借	1276854
249	44222	收取现金	65000.0	NaN	借	1341854
250	44222	王总借款	NaN	3000.0	贷	1338854
251	44224	收取现金	15000.0	NaN	借	1353854
252	44225	支付公司车维修费	NaN	3500.0	贷	1350354

[253 rows x 6 columns]

图 3-33　data_all 中存储的数据

sheet_name='总表'，index=False)" 函数为写入 Excel 数据的函数，括号中的第一个参数 "new_path" 为第 05 行代码中存储的需要写入的新工作簿文件的路径；"sheet_name='总表'" 参数用来设置数据写入的工作表，如果没有此工作表就新建一个工作表；"index=False" 用来设置数据索引的方式，True 表示写入索引，False 表示不写入索引。

3. 案例应用解析

在实际工作中，如果要将一个 Excel 工作簿文件中的所有工作表纵向合并到一个新工作簿的工作表中，可以通过修改本例的代码来完成。

首先将第 02 行代码中要处理的 Excel 工作簿文件的路径修改为自己的工作簿文件路径，然后将第 05 行代码中新工作簿文件保存路径修改为自己的文件路径，最后将第 06 行代码中的"总表"修改为自己想要创建的工作表的名称即可。

3.3.7　案例6：横向合并报表文件多个工作表为一个工作表

在工作中，如果需要将多个工作表的内容横向合并到一个工作表，比如将"财务"文件夹中的"销售明细表 2021.xls"工作簿中的所有工作表中的"日期"和"总金额"两列数据全部横向合并到一个新工作簿的"金额总表"工作表中，可以通过 Python 来完成，如图 3-34 所示。

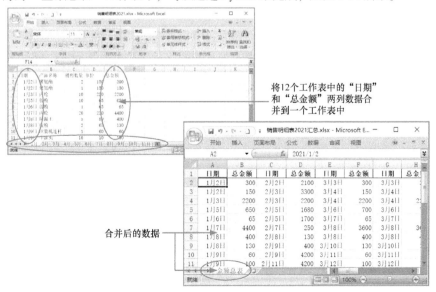

图 3-34　横向合并多个工作表数据

1. 代码实现

如下所示为横向合并 Excel 报表文件多个工作表为一个工作表的程序代码。

```
01 import pandas as pd                            #导入 pandas 模块
02 path='e:\\财务\\销售明细表2021.xlsx'             #指定要合并工作表的工作簿文件的路径
03 data=pd.read_excel(path,sheet_name=None)       #读取 Excel 工作簿中所有工作表的数据
04 data_all=data['1月'][['日期','总金额']]
                          #选择"1月"工作表中"日期"和"总金额"两列的数据
05 for i in data:                                 #遍历获取的工作表数据
06   col=data[i].iloc[:,[0,4]]                    #选择当前工作表第1列和第5列数据
07   if i! ='1月':                                #判断 i 中是不是1月工作表的数据
08 data_all=pd.concat([data_all,col] ,axis=1)
                          #将第一个工作表与其他工作表选择的列数据横向拼接在一起
09 new_path='e:\\财务\\销售明细表2021汇总.xlsx'
                          #指定写入合并后数据的新 Excel 工作簿文件的路径
10 data_all.to_excel(new_path,sheet_name='金额总表',index=False)
                          #将合并后的数据写入新 Excel 工作簿的"金额总表"工作表中
```

2. 代码解析

第 01 行代码：作用是导入 pandas 模块，并指定模块的别名为 “pd”。

第 02 行代码：作用是指定要合并工作表的工作簿文件的路径。代码中，“path” 为新定义的变量，用来存储要合并工作表的 Excel 工作簿文件路径；“'e:\\财务\\销售明细表 2021. xlsx'” 为要合并工作表的 Excel 工作簿文件路径。

第 03 行代码：作用是读取 Excel 工作簿文件中所有工作表的数据。“data” 为新定义的变量，用来存储读取的 Excel 工作簿文件中所有工作表的数据，“pd” 表示 pandas 模块，“read_excel（path，sheet_name=None）” 函数用来读取 Excel 工作簿文件中工作表的数据，括号中第一个参数为要读取的 Excel 工作簿文件，“sheet_name=None” 用来设置所选择的工作表为所有工作表。如图 3-35 所示为 data 中存储的数据。

```
{'1月':     日期  产品名称 销售数量  单价   总金额
0  44198   聚氨酯    2  150   300
1  44198   聚氨酯    1  150   150
2  44199    丙纶   10  220  2200
3  44201    胶粉   10   65   650
4  44202    胶粉    1   65    65
5  44203    丙纶   20  220  4400
6  44204   堵漏王    5   80   400
7  44204    胶粉    2   65   130
8  44205 注浆机连杆    1   60    60
9  44205   牛油头   10   10   100
10 44207    开关    2   40    80
11 44209   SBS   25   95  2375
12 44211   注浆液   12  220  2640
13 44213  止水针头    1 1000  1000
14 44213    涤纶   18  450  8100
15 44216  三元乙丙 4000    9 36000
16 44217 水性聚氨酯   20  150  3000
17 44222    丙纶   35  220  7700
18 44223    胶粉   10   65   650
19 44224    丙纶   15  220  3300
20 44225    胶粉    1   65    65,'2月':     日期 产品
名称 销售数量  单价   总金额
0  44229  涤纶   10 210  2100
1  44230  丙纶   10 330  3300
2  44230  丙纶   10 220  2200
3  44232  丙纶    6 280  1680
4  44232 SBS   20  85  1700
5  44234  底油    5  50   250
```

图 3-35　所示为 data 中存储的部分数据

第 04 行代码：作用是选择 “1 月” 工作表中 “日期” 和 “总金额” 两列的数据。“data_all” 为新定义的变量，用来存储选择的数据，“data” 为上一行代码读取的 Excel 工作簿中所有工作表的数据，“data ['1 月'][['日期','总金额']]” 表示选择总数据中 “1 月” 工作表中的 “日期” 和 “总金额” 两列数据。注意左侧方括号用来选择工作表，右侧两个方括号嵌套表示选择多列，如果选择一列，就为 “['日期']”。

第 05~08 行代码为一个 for 循环语句，用来遍历之前读取的 Excel 总数据（“data” 中的数据），并在每次循环时将其中一个工作表的数据保存在 “i” 变量中。

第 05 行代码：为 for 循环，“i” 为循环变量，第 06 ~ 08 行缩进部分代码为循环体。当第一次 for 循环时，会访问“data”中的第一个元素（即第一个工作表的数据），并将工作表名称保存在“i”循环变量中（由于工作表的数据使用字典形式存储的，所以会将字典的键，即“1 月”保存在“i”中）。然后运行 for 循环中的缩进部分代码（循环体部分），即第 06 ~ 08 行代码；执行完后，返回执行第 05 行代码，开始第二次 for 循环，访问列表中的第二个元素（即第二个工作表数据），并将数据保存在“i”变量中，然后运行 for 循环中的缩进部分代码，即第 06 ~ 08 行代码。就这样一直反复循环，直到最后一次循环完成后，结束 for 循环，执行第 09 行代码。

第 06 行代码：作用是选择当前工作表第一列和第五列的数据。代码中，“col”为新定义的变量，用来存储从当前工作表选择的列数据；“data[i]”表示选择当前工作表的数据（图 3-36 所示为第一次循环时“data[i]”的数据），如果“i”中存储的是“1 月”，“data[i]”就为“data['1 月']”，表示选择“1 月”工作表的数据。“iloc[:,[0,4]]”表示选择数据中的第一列和第五列数据（图 3-37 所示为第一次循环时 col 中存储的数据）。

	日期	产品名称	销售数量	单价	总金额
0	44198	聚氨酯	2	150	300
1	44198	聚氨酯	1	150	150
2	44199	丙纶	10	220	2200
3	44201	胶粉	10	65	650
4	44202	胶粉	1	65	65
5	44203	丙纶	20	220	4400
6	44204	堵漏王	5	80	400
7	44204	胶粉	2	65	130
8	44205	注浆机连杆	1	60	60
9	44205	牛油头	10	10	100
10	44207	开关	2	40	80
11	44209	SBS	25	95	2375
12	44211	注浆液	12	220	2640
13	44213	止水针头	1	1000	1000
14	44213	涤纶	18	450	8100
15	44216	三元乙丙	4000	9	36000
16	44217	水性聚氨酯	20	150	3000
17	44222	丙纶	35	220	7700
18	44223	胶粉	10	65	650
19	44224	丙纶	15	220	3300
20	44225	胶粉	1	65	65

图 3-36 data[i]中存储的数据

	日期	总金额
0	44198	300
1	44198	150
2	44199	2200
3	44201	650
4	44202	65
5	44203	4400
6	44204	400
7	44204	130
8	44205	60
9	44205	100
10	44207	80
11	44209	2375
12	44211	2640
13	44213	1000
14	44213	8100
15	44216	36000
16	44217	3000
17	44222	7700
18	44223	650
19	44224	3300
20	44225	65

图 3-37 col 中存储的数据

第 07 行代码：作用是用 if 条件语句判断“i”中是不是“1 月”，以此来判断第 06 行代码选择的是不是“1 月”工作表的数据。“i! ='1 月'”为 if 条件语句的条件，即判断“i”中存储的内容不等于“1 月”。如果“i”中存储的是“2 月”，则条件成立，就执行 if 条件语句的缩进部分代码（即第 08 行代码），如果“i”中存储的是“1 月”，则条件不成立，就会跳过第 08 行代码。这行代码的作用是在下面拼接数据时，避免将 1 月的数据重复拼接。

第 08 行代码：作用是将第一个工作表与其他工作表选择的列数据横向拼接在一起。“data_all”为新定义的变量，用来存储拼接后的数据，“pd”表示 pandas 模块，“concat([data_all, col], axis=1)”函数用于将数据进行纵向或横向拼接，括号中的第一个参数“[data_all, col]”为要拼接的数据（即将“data_all”中存储的数据与“col”中存储的数据进行拼接）。“axis=1”参数用来设置拼接轴，如果值为 1 表示横向拼接，如果值为 0 表示纵向拼接。如图 3-38 所示为 data_all 中存储的数据。

第 09 行代码：作用是指定写入合并后数据的新 Excel 工作簿文件的路径。代码中，“new_path”为新定义的变量，用来存储合并后数据的新 Excel 工作簿文件的路径，“'e:\\财务\\销售明细表 2021

汇总 . xlsx '” 为新 Excel 工作簿文件的路径。

第 10 行代码：作用是将合并后的数据写入新 Excel 工作簿的“总表”工作表中。代码中，“data_all”为第 04 行代码中拼接后的数据；“to_excel（new_path，sheet_name='总表'，index=False）”函数为写入 Excel 数据的函数，括号中的第一个参数“new_path”为第 05 行代码中存储的需要写入的新工作簿文件的路径；“sheet_name='总表'”参数用来在写入数据的 Excel 工作簿文件中新建一个工作表，命名为“总表”；“index=False”用来设置数据索引的方式，True 表示写入索引，False 表示不写入索引。

	日期	总金额	日期	总金额	日期		
0	44198.0	300.0	44229	2100	44258	...	3
1	44198.0	150.0	44230	3300	44259	...	1
2	44199.0	2200.0	44230	2200	44259	...	2
3	44201.0	650.0	44232	1680	44261	...	7
4	44202.0	65.0	44232	1700	44262	...	6
5	44203.0	4400.0	44234	250	44263	...	3
6	44204.0	400.0	44235	130	44263	...	4
7	44204.0	130.0	44236	400	44265	...	1
8	44205.0	60.0	44236	4200	44266	...	6
9	44205.0	100.0	44238	4200	44267	...	1
10	44207.0	80.0	44238	2550	44268	...	
11	44209.0	2375.0	44239	1260	44268	...	
12	44211.0	2640.0	44241	1100	44271	...	
13	44213.0	1000.0	44242	4250	44272	...	
14	44213.0	8100.0	44244	840	44273	...	8
15	44216.0	36000.0	44244	3800	44273	...	
16	44217.0	3000.0	44246	3500	44275	...	
17	44222.0	7700.0	44247	5400	44276	...	
18	44223.0	650.0	44248	400	44277	...	6
19	44224.0	3300.0	44249	4200	44277	...	
20	44225.0	65.0	44249	30400	44280	...	
21	NaN	NaN	44252	250	44281	...	40
22	NaN	NaN	44253	130	44281	...	13
23	NaN	NaN	44254	400	44282	...	6
24	NaN	NaN	44254	4200	44284	...	1
25	NaN	NaN	44255	3800	44285	...	8

[26 rows x 24 columns]

图 3-38　data_all 中存储的数据

3. 案例应用解析

在实际工作中，如果要将一个 Excel 工作簿文件中所有工作表横向合并到一个新工作簿的工作表中，可以通过修改本例的代码来完成。

首先将第 02 行代码中要处理的 Excel 工作簿文件的路径修改为自己的工作簿文件路径，然后将第 03 行代码中的“1 月”修改为自己要处理的工作表的名称，将“日期”和“总金额”修改为要处理的列数据名称。

接着将第 06 行中的“［0，4］”修改为要处理的列数据的序号，0 表示第 1 列，1 表示第 2 列。

再将第 07 行代码中的“1 月”修改为自己要处理的工作簿文件中第一个工作表的名称。

接下来将第 09 行代码中的新工作簿文件的路径修改为自己的新工作簿文件路径。

最后将第 10 行代码中的“金额总表”修改为自己想要创建的工作表的名称即可。

第4章 报表自动化基本操作—— 对报表的数据及格式的自动化操作

Excel 工作表是由行和列组成的，因此在处理报表时，肯定会涉及处理行和列的操作，如读取行数据、向列中写入数据、删除行数据等。接下来本章将通过大量的实操案例讲解批量处理 Excel 报表工作表中的行数据、列数据，设置行和列数据格式的方法和经验。

4.1 用 Python 自动设置 Excel 报表的单元格字体格式

4.1.1 必看知识点：读取/写入/删除单元格中的数据

在编写操作 Excel 工作簿文件中的数据及格式程序时，通常涉及读取数据、写入数据、删除数据等操作代码，下面总结一下操作工作表数据的基本方法。

首先先导入 xlwings 模块，启动 Excel 程序，打开"数据.xlsx"工作簿文件，然后选择第一个工作表，以配合下面内容的讲解，代码如下。

```
import xlwings as xw                         #导入 xlwings 模块
app=xw.App(visible=True,add_book=False)      #启动 Excel 程序
wb=app.books.open('e:\\数据.xlsx')           #打开"数据.xlsx"工作簿文件
sht=wb.sheets[0]                             #选择第一个工作表
```

1. 单元格数据读取

要读取某个单元格的数据时，需要将单元格坐标写在参数中，具体代码如下。

```
data=sht.range('A1').value                   #选择 A1 单元格数据
```

代码中，"data"为新定义的变量，用来存储选择的数据。"sht"为选择的第一个工作表，"range('A1')"用来选择"A1"单元格，"value"表示单元格中的数据。

2. 读取多个单元格区域数据

如果想读取多个单元格区域中的数据，则需将单元格区域坐标写在参数中，具体代码如下。

```
data1=sht.range('A1:B8').value               #读取 A1:B8 单元格区域中的数据
data2=sht.range('A1:F1').value               #读取 A1:F1 单元格区域中的数据
```

代码中，"data1"和"data2"为新定义的两个变量，用来存储选择的数据。"sht"为选择的第一个工作表，"range('A1:B8')"用来选择"A1"到"B8"区间的单元格，"range('A1:F1')"用来选择"A1"到"F1"区间的单元格，"value"表示单元格中的数据。

3. 读取整行的数据

如果想读取某行表格中的数据，如读取第一行的数据，具体代码如下。

```
data1=sht.range('A1').expand('right').value        #读取 A1 单元格所在行的数据
data2=sht.range('2:2').value                       #读取第二行整行的数据
```

代码中，"data1"和"data2"为新定义的两个变量，用来存储选择的数据。"sht"为选择的第一个工作表；"range('A1')"用来选择"A1"单元格；"expand('right')"函数的作用是扩展选择范围，其参数"right"表示向表的右方扩展，它有 3 个参数：table、right、down。参数"table"表示向整个表扩展，"down"表示向表的下方扩展；"range('2:2')"用来选择第二行整行单元格；"value"表示单元格中的数据。

4. 读取整列的数据

如果想读取某列表格中的数据，如读取第 B 列的数据，具体代码如下。

```
data1=sht.range('A1').expand('down').value         #读取 A1 单元格所在行的数据
data2=sht.range('B:B').value                       #读取第 B 列整列的数据
```

代码中，"data1"和"data2"为新定义的两个变量，用来存储选择的数据。"sht"为选择的第一个工作表；"range('A1')"用来选择"A1"单元格；"expand('down')"函数的作用是扩展选择范围，其参数"down"表示向表的下方扩展；"range('B:B')"用来选择 B 列整列单元格，"value"表示单元格中的数据。如果换为"range('B:D')"，则表示 B 列到 D 列的单元格。

5. 读全部表格的数据

读取全部表格数据的方法如下。

```
data=sht.range('A1').expand('table').value         #读取 A1 单元格所在行的数据
```

代码中，"data"为新定义的变量，用来存储选择的数据。"sht"为选择的第一个工作表；"range('A1')"用来选择"A1"单元格，"expand('table')"函数的作用扩展选择范围，其参数"table"表示向整个表扩展；"value"表示单元格中的数据。

6. 向单个单元格写入数据

向单个单元格写入数据的方法如下。

```
sht.range('A1').value='销售金额'                    #向 A1 单元格写入"销售金额"
```

代码中，"sht"为选择的第一个工作表，"range('A1')"用来选择"A1"单元格，"value"表示单元格中的数据；等号右侧的"销售金额"为要写入的数据。

7. 获取工作表中数据区行数

获取工作表中数据区行数的方法如下。

```
sht.used_range.last_cell.row
```

代码中，"sht"为选择的第一个工作表，"used_range"用来选择数据区单元格，"last_cell. row"表示最后一行行数。

8. 获取工作表中数据区列数

获取工作表中数据区列数的方法如下。

```
sht.used_range.last_cell.column
```

代码中,"sht"为选择的第一个工作表,"used_range"用来选择数据区单元格,"last_cell. column"表示最后一列列数。

9. 向多个单元格横向写入数据

向多个单元格横向写入数据的方法如下。

```
data3 = ['北京', '上海', '广州', '深圳', '香港', '澳门', '台湾']        #定义数据列表
sht.range('A2').value=data3                                        #从 A2 开始横向写入数据
sht.range('A2').value = ['北京', '上海', '广州', '深圳', '香港', '澳门', '台湾']
```

代码中,"data3"为新定义的数据列表;"sht"为选择的第一个工作表;"range('A2')"用来选择"A2"单元格;"value"表示单元格中的数据;等号右侧的"data3"为要写入的数据。如果将"data3"列表数据换成之前一节中读取的数据"data",就可以将读取的数据复制到此处。

10. 向多个单元格纵向写入数据

向多个单元格纵向写入数据的方法如下。

```
data3 = ['北京', '上海', '广州', '深圳', '香港', '澳门', '台湾']   #定义数据列表
sht.range('A2') .options(transpose=True).value=data3   #从 A2 开始纵向写入数据
sht.range('A2') .options(transpose=True).value = ['北京', '上海', '广州', '深圳', '香港', '澳门', '台湾']                                #从 A2 开始纵向写入数据
```

代码中,"data3"为新定义的数据列表;"sht"为选择的第一个工作表;"range('A2')"用来选择"A2"单元格;"options(transpose=True)"是设置选项,其参数"transpose=True"的意思是转换位置,即纵向写入;"value"表示单元格中的数据;等号右侧的"data3"为要写入的数据。

11. 向范围内多个单元格写入数据

向范围内多个单元格写入数据的方法如下。

```
sht.range('A1') .options(expand='table').value=[[1,2,3], [4,5,6]]  #从 A1 开始写入数据
```

代码中,"sht"为选择的第一个工作表;"range('A1')"用来选择"A1"单元格;"options (expand='table')"是设置选项,其参数"expand='table'"的意思是扩展到全表;"value"表示单元格中的数据;等号右侧的列表为要写入的数据。

12. 向单元格写入公式

向单元格写入公式的方法如下。向 B2 单元格写入求和公式:SUM(A1,A2),具体代码如下。

```
sht.range('B2').formula ='=SUM(A1:A8)'            #在 B2 单元格写入公式
```

代码中,"sht"为选择的第一个工作表;"range('B2')"用来选择"B2"单元格;"formula"函数用来向单元格写入公式;等号右侧的内容为要写入的公式。

13. 删除指定单元格中的数据

删除指定单元格中数据的方法如下。

```
sht.range('A1').clear()                    #删除 A1 单元格中数据
```

代码中，"sht"为选择的第一个工作表；"range('A1')"用来选择"A1"单元格，"clear()"用来删除数据。

14. 删除工作表中的全部数据

删除工作表全部数据的方法如下。

```
sht.clear()                                #删除工作表全部数据
```

代码中，"sht"为选择的第一个工作表；"clear()"用来删除数据。

4.1.2 案例1：自动在 Excel 报表的单元格中批量填入内容

工作中，如果需要向 Excel 工作簿文件的工作表中填入数据，可以使用 Python 程序自动填入。比如新建一个 Excel 工作簿文件，并新建一个"工资转账统计"工作表，然后将转账信息自动填入此工作表中，如图 4-1 所示。

1. 代码实现

如下所示为批量在工作表填入数据的程序代码。

图 4-1 向工作表中填入数据

```
01  import xlwings as xw                              #导入 xlwings 模块
02  app=xw.App(visible=True,add_book=False)          #启动 Excel 程序
03  wb=app.books.add()                               #新建 Excel 工作簿文件
04  sht=wb.sheets.add('工资转账统计')                  #新建"工作转账统计"工作表
05  sht.range('A1').value=[['编号','姓名','转账金额','状态'],[7645,'闫虎',7632,'转账成功'],
    [6378,'乔玲',6789,'转账成功'],[5917,'董军',5867,'转账成功'],[5635,'郝凌云',5560,'转账
    成功'],[5645,'张雪',8008,'转账成功']]              #在单元格内填入内容
06  wb.save('e:\财务\\工资转账统计.xlsx')               #保存 Excel 工作簿文件
07  wb.close()                                       #关闭 Excel 工作簿文件
08  app.quit()                                       #退出 Excel 程序
```

2. 代码解析

第 01 行代码：作用是导入 xlwings 模块，并指定模块的别名为"xw"。

第 02 行代码：作用是启动 Excel 程序，代码中，"app"是新定义的变量，用来存储启动的 Excel 程序；"App()"方法用来启动 Excel 程序，括号中的"visible"参数用来设置 Excel 程序是否可见，True 为可见，False 为不可见；"add_book"参数用来设置启动 Excel 时是否自动创建新工作簿，True 为自动创建，False 为不创建。

第 03 行代码：作用是新建一个 Excel 工作簿文件。代码中，"wb"为定义的新变量，用来存储新建的 Excel 工作簿文件；"app"为启动的 Excel 程序；"books.add()"方法用来新建一个 Excel 工作簿文件（这里"方法"即"函数"）。

第 04 行代码：作用是新建一个工作表。代码中，"sht"为定义的新变量，用来存储新建工作表。

"wb"为第03行用来存储打开的工作簿文件的变量; "sheets. add('工资转账统计')"方法用来新建一个工作表, 其参数"'工资转账统计'"为新工作表的名称。

第05行代码: 作用是在单元格内填入内容。代码中, "sht"为上一行新建的工作表; "range ('A1')"表示"A1"单元格, "range ('A1') .value"表示从A1单元格填入数据; 等号右侧的列表为要填入的数据。

第06行代码: 作用是保存新建的Excel工作簿文件, 括号中参数为文件保存路径名称。

第07行代码: 作用是关闭新建的Excel工作簿文件

第08行代码: 作用是退出Excel程序。

3. 案例应用解析

在实际工作中, 当向一个Excel工作簿文件中填入数据时, 可以通过修改本例的代码来完成。首先将第04行代码中的工作表名称"工资转账统计"修改为自己需要的工作表名称, 然后将第05行代码中等号右侧列表中的内容修改为自己要填入的内容, 最后将第06行代码中保存工作簿的名称路径修改为自己需要的文件名称路径即可。

4.1.3 案例2: 自动设置Excel报表的单元格数据的字体格式

在日常对Excel工作簿文件的处理中, 如果想设置Excel工作簿文件的工作表中某些单元格数据的字体格式, 可以使用Python程序自动完成, 如在E盘中"财务"文件夹下的"销售明细表2021. xlsx" Excel工作簿文件中的第一个工作表中, 设置表头的字体格式及数据部分的字体格式, 如图4-2所示。

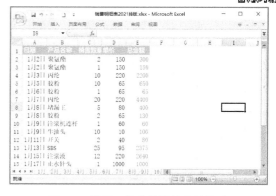

图4-2 设置工作表数据的字体格式

1. 代码实现

如下所示为批量设置字体格式的程序代码。

```
01  import xlwings as xw                                    #导入xlwings模块
02  app=xw.App(visible=True,add_book=False)                 #启动Excel程序
03  wb=app.books.open('e:\财务\销售明细表2021.xlsx')         #打开Excel工作簿文件
04  sht=wb.sheets[0]                                        #选择第一个工作表
05  sht.range('A1:E1').api.Font.Name='微软雅黑'             #设置表头字体
06  sht.range('A1:E1').api.Font.Size=12                     #设置表头字号大小
07  sht.range('A1:E1').api.Font.Bold=True                   #设置表头字形加粗
08  sht.range('A1:E1').api.Font.Color=xw.utils.rgb_to_int((255,255,0))  #设置表头字体颜色
09  sht.range('E2:E22').api.Font.Color=xw.utils.rgb_to_int((255,0,0))   #设置E列字体颜色
10  sht.range('A1:E1').color=xw.utils.rgb_to_int((150,150,255))
                                                            #设置表头单元格填充颜色
11  sht.range('A2').expand('table').api.Font.Name='宋体'    #设置数据部分字体
12  sht.range('A2').expand('table').api.Font.Size=11        #设置数据部分字号
```

```
13  wb.save('e:\\财务\\销售明细表2021排版.xlsx')        #另存Excel工作簿文件
14  wb.close()                                         #关闭Excel工作簿文件
15  app.quit()                                         #退出Excel程序
```

2. 代码解析

第 01 行代码：作用是导入 xlwings 模块，并指定模块的别名为"xw"。

第 02 行代码：作用是启动 Excel 程序，代码中，"app"是新定义的变量，用来存储启动的 Excel 程序；"App()"方法用来启动 Excel 程序，括号中的"visible"参数用来设置 Excel 程序是否可见，True 为可见，False 为不可见；"add_book"参数用来设置启动 Excel 时是否自动创建新工作簿，True 为自动创建，False 为不创建。

第 03 行代码：作用是打开已有的 Excel 工作簿文件。"wb"为新定义的变量，用来存储打开的 Excel 工作簿文件；"app"为启动的 Excel 程序；"books.open()"方法用来打开 Excel 工作簿文件，括号中的参数为要打开的 Excel 工作簿文件名称和路径。

第 04 行代码：作用是选择第一个工作表。代码中，"sht"为定义的新变量，用来存储选择的工作表；"wb"为打开的工作簿文件；"sheets[0]"方法用来选择一个工作表，其参数"[0]"为所选工作表的序号，0 表示第一个，1 表示第二个。

第 05 行代码：作用是设置表头单元格字体为"微软雅黑"。代码中"sht"为选择的工作表，"range ('A1：E1')"表示选择 A1 到 E1 区间单元格；"api.Font.Name"的作用是设置字体；等号右侧为字体名称。

第 06 行代码：作用是设置表头单元格字体大小（字号）为"12"号字。代码中，"api.Font.Size"的作用是设置字号；等号右侧数字为字号大小。

第 07 行代码：作用是设置表头单元格字形加粗。代码中，"api.Font.Bold"的作用是设置字形加粗；等号右侧的 True 表示设置有效。

第 08 行代码：作用是设置表头单元格字体颜色。代码中，"api.Font.Color"的作用是设置字体颜色；"xw.utils.rgb_to_int((255，255，0))"为具体颜色选择，"255，255，0"表示黄色。

第 09 行代码：作用是设置 E2：E22 区域单元格字体颜色。代码中，"range('E2：E22')"表示选择 E2 到 E22 区间单元格，"255，0，0"表示红色。

第 10 行代码：作用是设置表头单元格填充颜色。代码中，"color"的作用是设置填充颜色，"xw.utils.rgb_to_int((150，150，255))"为具体颜色选择，"150，150，255"表示紫色。

第 11 行代码：作用是设置数据部分字体为"宋体"。代码中，"range('A2')"表示选择 A2 单元格；"expand ('table')"方法的作用是扩展选择范围，它的参数"table"表示向整个表扩展，即选择整个表格，还可设置为"right"表示向表的右方扩展，即选择一行，"down"表示向表的下方扩展，即选择一列；"api.Font.Name"作用是设置字体，等号右侧为字体名称。

第 12 行代码：作用是设置数据部分字号为"11"号字。代码中，"api.Font.Size"的作用是设置字号；等号右侧数字为字号大小。

第 13 行代码：作用是另存第 03 行代码中打开的 Excel 工作簿文件。括号中的"'e:\\财务\\销售明细表 2021 排版.xlsx'"为文件保存名称和路径。

第 14 行代码：作用是关闭新建的 Excel 工作簿文件。

第 15 行代码：作用是退出 Excel 程序。

3. 案例应用解析

在实际工作中，如果要自动设置工作表中的字体格式，可以通过修改本例的代码来完成。首先将第 03 行代码中要打开的工作簿文件名称路径修改为自己的文件名称，然后将第 04 行代码中的"[0]"修改为要排版的工作表的序号，如果是第二个工作表就修改为"[1]"。接下来将第 05～12 行代码中"range( )"方法的参数修改为要设置字体格式的单元格，最后将第 13 行代码中保存工作簿的名称路径修改为自己需要的文件名称路径即可。

4.1.4 案例 3：批量设置多个 Excel 报表内所有工作表的单元格数据的字体格式

在日常对 Excel 工作簿文件的处理中，如果想批量自动设置多个 Excel 工作簿文件的工作表中某些单元格数据的字体格式，可以使用 Python 程序批量自动完成。如设置 E 盘中"财务"文件夹下"排版"子文件夹中，所有 Excel 工作簿文件内第一个工作表中的表头的字体格式及数据部分的字体格式，如图 4-3 所示。

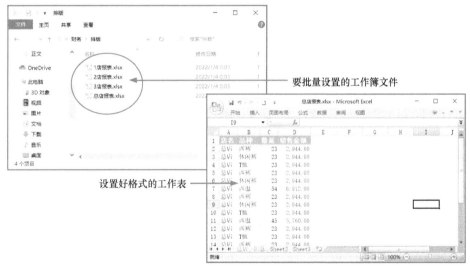

图 4-3　设置多个 Excel 工作簿文件字体格式

1. 代码实现

如下所示为批量设置多个 Excel 报表文件所有工作表字体格式的程序代码。

```
01  import xlwings as xw                        #导入 xlwings 模块
02  import os                                    #导入 os 模块
03  file_path='e:\财务\排版'                      #指定修改的文件所在文件夹的路径
04  file_list=os.listdir(file_path)              #提取所有文件和文件夹的名称
05  app=xw.App(visible=True,add_book=False)      #启动 Excel 程序
06  for i in file_list:                          #遍历列表 file_list 中的元素
07    if i.startswith('~$'):                     #判断文件名称是否有以"~$"开头的临时文件
08      continue                                 #跳过当次循环
```

```
09    wb=app.books.open(file_path+'\\'+i)          #打开"i"中存储的 Excel 工作簿文件
10    sht=wb.sheets[0]                             #选择第一个工作表
11    sht.range('A1:D1').api.Font.Name='黑体'      #设置表头字体
12    sht.range('A1:D1').api.Font.Size=12          #设置表头字号
13    sht.range('A1:D1').api.Font.Bold=True        #设置表头字形加粗
14    sht.range('A1:D1').api.Font.Color=xw.utils.rgb_to_int((255,255,255))
                                                   #设置表头字体颜色
15    sht.range('D2:D20').api.Font.Color=xw.utils.rgb_to_int((0,0,255))
                                                   #设置 D 列单元格字体颜色
16    sht.range('A1:D1').color=xw.utils.rgb_to_int((150,150,255))
                                                   #设置表头单元格填充颜色
17    sht.range('A2').expand('table').api.Font.Name='宋体'   #设置数据部分字体
18    sht.range('A2').expand('table').api.Font.Size=11      #设置数据部分字号
19    wb.save()                                    #保存 Excel 工作簿文件
20    wb.close()                                   #关闭 Excel 工作簿文件
21  app.quit()                                     #退出 Excel 程序
```

2. 代码解析

第 01 行代码：作用是导入 xlwings 模块，并指定模块的别名为"xw"。

第 02 行代码：作用是导入 os 模块。

第 03 行代码：作用是指定文件所在文件夹的路径。"file_path"为新定义的变量，用来存储路径；"＝"右侧为要处理的文件夹的路径。

第 04 行代码：作用是返回指定文件夹中的文件和文件夹名称的列表。代码中，"file_list"变量用来存储返回的名称列表；"listdir( )"函数用于返回指定文件夹中的文件和文件夹名称的列表，括号中的参数为指定的文件夹路径，如图 4-4 所示。

['1店报表.xlsx', '2店报表.xlsx', '3店报表.xlsx', '总店报表.xlsx']

图 4-4　程序执行后"file_list"列表中存储的数据

第 05 行代码：作用是启动 Excel 程序，代码中，"app"是新定义的变量，用来存储启动的 Excel 程序；"App( )"方法用来启动 Excel 程序，括号中的"visible"参数用来设置 Excel 程序是否可见，True 为可见，False 为不可见；"add_book"参数用来设置启动 Excel 时是否自动创建新工作簿，True 为自动创建，False 为不创建。

第 06~20 行代码为一个 for 循环语句，用来遍历列表"file_list"列表中的元素，并在每次循环时将遍历的元素存储在"i"循环变量中。

第 06 行代码中：为 for 循环，"i"为循环变量，第 07~20 行缩进部分代码为循环体。当第一次 for 循环时，for 循环会访问"file_list"列表中的第一个元素（1 店报表 .xlsx），并将其保存在"i"循环变量中，然后运行 for 循环中的缩进部分代码（循环体部分），即第 07~20 行代码；执行完后，返回执行第 06 行代码，开始第二次 for 循环，访问列表中的第二个元素（2 店报表 .xlsx），并将其保存在"i"循环变量中，然后运行 for 循环中的缩进部分代码，即第 07~20 行代码。就这样一直反复循环，直到最后一次循环完成后，结束 for 循环，执行第 21 行代码。

第 07 行代码：作用是用 if 条件语句判断文件夹下的文件名称是否有以 "~$" 开头的临时文件。如果条件成立，执行第 08 行代码。如果条件不成立，执行第 09 行代码。

代码中，"i. startswith('~$')" 为 if 条件语句的条件，"i. startswith(~$)" 函数用于判断 "i" 中存储的字符串是否以指定的 "~$" 开头，如果是以 "~$" 开头，则输出 True。

第 08 行代码：作用是跳过本次 for 循环，直接进行下一次 for 循环。

第 09 行代码：作用是打开与 "i" 中存储的文件名相对应的工作簿文件。代码中，"wb" 为新定义的变量，用来存储打开的 Excel 工作簿；"app" 为启动的 Excel 程序；"books. open( )" 方法用来打开工作簿，其参数 "file_path+'\ \ '+i" 为要打开的 Excel 工作簿路径和文件名。

第 10 行代码：作用是选中当前打开的工作簿文件中的第一个工作表。代码中，"sht" 为新定义的变量，用来存储选中的工作表；"wb" 为上一行代码中打开的 Excel 工作簿文件；"sheets[0]" 为选择工作表的方法，方括号中 "0" 为工作表序号，0 表示第一个工作表。

第 11 行代码：作用是设置表头单元格字体为 "黑体"。代码中 "sht" 为选择的工作表，"range('A1:D1')" 表示选择 A1 到 D1 区间单元格，"api. Font. Name" 的作用是设置字体；等号右侧为字体名称。

第 12 行代码：作用是设置表头单元格字体大小（字号）为 "12" 号字。代码中，"api. Font. Size" 的作用是设置字号；等号右侧数字为字号大小。

第 13 行代码：作用是设置表头单元格字形加粗。代码中 "sht" 为选择的工作表，"range('A1:D1')" 表示选择 A1 到 D1 区间单元格，"api. Font. Bold" 的作用是设置字形加粗，等号右侧的 True 表示设置有效。

第 14 行代码：作用是设置表头单元格字体颜色。代码中，"api. Font. Color" 的作用是设置字体颜色，"xw. utils. rgb_to_int((255，255，255))" 为具体颜色选择，"255，255，255" 表示白色。

第 15 行代码：作用是设置 D2：D20 区域单元格字体颜色。代码中，"range('D2：D20')" 表示选择 D2 到 D20 区间单元格，"0，0，255" 表示蓝色。

第 16 行代码：作用是设置表头单元格填充颜色。代码中，"color" 的作用是设置填充颜色，"xw. utils. rgb_to_int((150，150，255))" 为具体颜色选择，"150，150，255" 表示紫色。

第 17 行代码：作用是设置数据部分字体为 "宋体"。代码中，"expand('table')" 方法的作用是扩展选择范围，它的参数还可以设置为 "right" 或 "down"。"table" 表示向整个表扩展，即选择整个表格。"right" 表示向表的右方扩展，即选择一行。"down" 表示向表的下方扩展，即选择一列；"api. Font. Name" 的作用是设置字体，等号右侧为字体名称。

第 18 行代码：作用是设置数据部分字号为 "11" 号。代码中，"api. Font. Size" 的作用是设置字号；等号右侧数字为字号大小。

第 19 行代码：作用是保存第 09 行代码中打开的 Excel 工作簿文件。

第 20 行代码：作用是关闭第 09 行代码中打开的 Excel 工作簿文件

第 21 行代码：作用是退出 Excel 程序。

3. 案例应用解析

在实际工作中，如果想批量自动设置多个 Excel 工作簿文件的格式，可以通过修改本例的代码来完成。将第 03 行代码中工作簿文件所在文件夹的路径修改为自己的工作簿文件所在文件夹的路径，然后将第 10 行代码中的"[0]"修改为要排版的工作表的序号，如果是第二个工作表就修改为"[1]"。接下来将第 11~18 行代码中"range()"方法的参数修改为要设置字体格式的单元格，同时修改相应的字体、字号等，如将"黑体"修改为"楷体"。

4.2 用 Python 自动设置 Excel 报表对齐格式和数字格式

4.2.1 案例 1：批量合并 Excel 报表所有工作表中的连续单元格并设置对齐方式

在日常对 Excel 工作簿文件的处理中，如果想合并 Excel 工作簿文件的所有工作表的某些单元格，可以使用 Python 程序自动完成，如在 E 盘"财务"文件夹中的"销售明细表 2022.xlsx"工作簿文件中的所有工作表中合并标题行，并设置标题行和表头的字体格式，如图 4-5 所示。

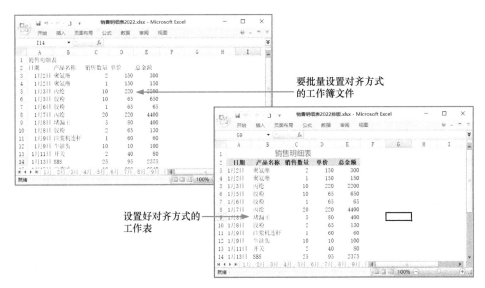

图 4-5 批量合并 Excel 报表中的连续单元格

1. 代码实现

如下所示为批量合并 Excel 报表文件工作表单元格的程序代码。

```
01  import xlwings as xw                                        #导入 xlwings 模块
02  app=xw.App(visible=True,add_book=False)                    #启动 Excel 程序
03  wb=app.books.open('e:\\财务\\销售明细表 2022.xlsx')        #打开 Excel 工作簿文件
04  for i in wb.sheets:                                        #遍历所有工作表
05  i.range('A1:E1').merge()                                   #合并单元格
06  i.range('A1:E1').api.Font.Name='微软雅黑'                  #设置标题字体
07  i.range('A1:E1').api.Font.Size=14                          #设置标题字号
08  i.range('A1:E1').api.Font.Color=xw.utils.rgb_to_int((0,0,255))   #设置标题字体颜色
09  i.range('A1:E2').api.HorizontalAlignment=-4108             #设置指定单元格水平对齐方式
```

```
10  i.range('A1:E2').api.VerticalAlignment=-4107        #设置指定单元格垂直对齐方式
11  i.range('A2:E2').api.Font.Bold=True                 #设置表头字体加粗
12  i.range('A2:E2').color=xw.utils.rgb_to_int((180,180,180))
                                                        #设置表头单元格填充颜色
13  i.range('A3').expand('down').api.HorizontalAlignment=-4131
                                                        #设置数据部分水平对齐方式
14  wb.save('e:\\财务\\销售明细表2022排版.xlsx')          #另存Excel工作簿文件
15  wb.close()                                          #关闭Excel工作簿文件
16  app.quit()                                          #退出Excel程序
```

2. 代码解析

第01行代码：作用是导入 xlwings 模块，并指定模块的别名为 "xw"。

第02行代码：作用是启动 Excel 程序，代码中，"app" 是新定义的变量，用来存储启动的 Excel 程序；"App()" 方法用来启动 Excel 程序，括号中的 "visible" 参数用来设置 Excel 程序是否可见，True 为可见，False 为不可见；"add_book" 参数用来设置启动 Excel 时是否自动创建新工作簿，True 为自动创建，False 为不创建。

第03行代码：作用是打开已有的 Excel 工作簿文件。"wb" 为新定义的变量，用来存储打开的 Excel 工作簿文件；"app" 为启动的 Excel 程序；"books.open()" 方法用来打开 Excel 工作簿文件，括号中的参数为要打开的 Excel 工作簿文件名称和路径。

第04行代码：作用是遍历所处理 Excel 工作簿文件中的所有工作表，即要依次处理每个工作表，这里用 for 循环来实现。

代码中，"for…in" 为 for 循环，"i" 为循环变量，第05～13行缩进部分代码为循环体，"wb.sheets" 用来生成当前打开的 Excel 工作簿文件中所有工作表名称的列表（见图4-6）。

Sheets([<Sheet [销售明细表2022.xlsx]1月>, <Sheet [销售明细表2022.xlsx]2月>, <Sheet [销售明细表2022.xlsx]3月>, ...])

图4-6　"wb.sheets" 生成的列表

for 循环运行时，会遍历 "wb.sheets" 所生成的工作表名称的列表中的元素，并在每次循环时将遍历的元素存储在 "i" 循环变量中。当执行第04行代码时，开始第一次 for 循环，会访问 "wb.sheets" 中的第一个元素 "1月"，并将其保存在 "i" 循环变量中，然后运行 for 循环中的缩进部分代码（循环体部分），即第05～13行代码；执行完后，返回再次执行第04行代码，开始第二次 for 循环，访问列表中的第二个元素 "2月"，并将其保存在 "i" 循环变量中，然后运行 for 循环中的缩进部分代码，即第05～13行代码。就这样一直反复循环，直到最后一次循环完成后，结束 for 循环。

第05行代码：作用是合并 A1 到 E1 的区间单元格。代码中，"i" 为循环变量，存储的是工作表，如果存储的是 "1月" 就表示 "1月" 工作表；"range('A1:E1')" 表示选择 A1 到 E1 区间单元格；"merge()" 方法用来合并单元格。

第06行代码：作用是设置标题单元格字体为 "微软雅黑"。代码中，"api.Font.Name" 的作用是设置字体；等号右侧为字体名称。

第07行代码：作用是设置标题单元格字体大小（字号）为 "14" 号。代码中，"api.Font.Size"

的作用是设置字号，等号右侧数字为字号大小。

第 08 行代码：作用是设置标题单元格字体颜色。代码中，"api. Font. Color"的作用是设置字体颜色，"xw. utils. rgb_to_int((0，0，255))"为具体颜色选择，"0，0，255"表示蓝色。

第 09 行代码：作用是设置 A1：E2 区间单元格水平对齐方式为水平居中。代码中，"api. Horizontal-Alignment"表示水平对齐方式，"-4108"表示水平居中。另外还有其他对齐方式，见表 4-1。

表 4-1 对齐方式

代　　码		对 齐 方 式
水平对齐方式	-4108	水平居中
	-4131	靠左
	-4152	靠右
垂直对齐方式	-4108	垂直居中（默认）
	-4160	靠上
	-4107	靠下
	-4130	自动换行对齐

第 10 行代码：作用是设置 A1：E2 区间单元格垂直对齐方式为靠下。代码中，"api. VerticalAlignment"表示垂直对齐方式，"-4107"表示靠下。其他对齐方式参考表 4-1。

第 11 行代码：作用是设置表头单元格字形加粗。代码中，"sht"为选择的工作表，"range(' A2：E2')"表示选择 A2 到 E2 区间单元格，"api. Font. Bold"的作用是设置字形加粗；等号右侧的 True 表示设置有效。

第 12 行代码：作用是设置表头单元格填充颜色。代码中，"color"的作用是设置填充颜色，"xw. utils. rgb_to_int((180，180，180))"为具体颜色选择，"180，180，180"表示灰色。

第 13 行代码：作用是设置 A3 单元格开始扩展到右下角的表格区域（即数据部分），水平对齐方式为水平居中。

第 14 行代码：作用是另存第 03 行代码中打开的 Excel 工作簿文件，代码中，"wb"为第 03 行代码打开的 Excel 工作簿文件，括号中的参数为另外的文件名和路径。

第 15 行代码：作用是关闭第 03 行代码中打开的 Excel 工作簿文件。

第 16 行代码：作用是退出 Excel 程序。

3. 案例应用解析

在实际工作中，如果想批量自动设置 Excel 工作簿文件中所有工作表的对齐方式，可以通过修改本例的代码来完成。首先将第 03 行代码中要打开的工作簿文件名称路径修改为自己的工作簿文件名和路径，然后将第 05～13 行代码中"range()"方法的参数修改为要设置字体格式的单元格。最后将第 14 行代码中保存工作簿的名称路径修改为自己需要的文件名称路径即可。

4. 2. 2　案例 2：批量合并多个 Excel 报表所有工作表中连续单元格并设置对齐方式

在日常对 Excel 工作簿文件的处理中，如果想批量合并多个 Excel 工作簿文件的所有工作表的某些单元格，可以使用 Python 程序批量自动完成。如在 E 盘"财务"文件夹中"对齐排版"子文件夹下的所有 Excel 工作簿文件中，对所有工作表进行合并标题行操作，并设置标题行和表头的字体格式，如图 4-7 所示。

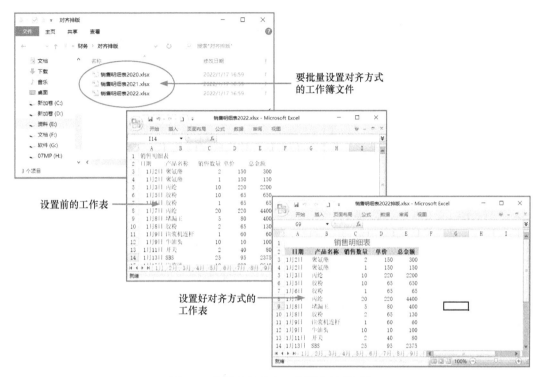

图 4-7　批量合并多个工作簿中的单元格

1. 代码实现

如下所示为批量合并多个 Excel 报表文件工作表的程序代码。

```
01  import xlwings as xw                                #导入 xlwings 模块
02  import os                                           #导入 os 模块
03  file_path='e:\财务\对齐排版'                          #指定修改的文件所在文件夹的路径
04  file_list=os.listdir(file_path)                     #提取所有文件和文件夹的名称
05  app=xw.App(visible=True,add_book=False)             #启动 Excel 程序
06  for x in file_list:                                 #遍历文件夹中所有 Excel 文件
07    if x.startswith('~$'):                            #判断文件名称是否有以"~$"开头的临时文件
08        continue                                      #跳过当次循环
09    wb=app.books.open(file_path+'\\'+x)               #打开 x 中存储的 Excel 工作簿文件
10  for i in wb.sheets:                                 #遍历所有工作表
11  i.range('A1:E1').merge()                            #合并单元格
12  i.range('A1:E1').api.Font.Name='微软雅黑'            #设置标题字体
13  i.range('A1:E1').api.Font.Size=14                   #设置标题字号
14  i.range('A1:E1').api.Font.Color=xw.utils.rgb_to_int((0,0,255))
                                                        #设置标题字体颜色
```

```
15  i.range('A1:E2').api.HorizontalAlignment=-4108
                                                    #设置指定单元格水平对齐方式
16  i.range('A1:E2').api.VerticalAlignment=-4107    #设置指定单元格垂直对齐方式
17  i.range('A2:E2').api.Font.Bold=True             #设置表头字体加粗
18  i.range('A2:E2').color=xw.utils.rgb_to_int((180,180,180))
                                                    #设置表头单元格填充颜色
19  i.range('A3').expand('down').api.HorizontalAlignment=-4131
                                                    #设置数据部分水平对齐方式
20  wb.save('e:\\财务\\销售明细表2022排版.xlsx')    #另存 Excel 工作簿文件
21  wb.close()                                      #关闭 Excel 工作簿文件
22  app.quit()                                      #退出 Excel 程序
```

2. 代码解析

第 01 行代码：作用是导入 xlwings 模块，并指定模块的别名为“xw”。

第 02 行代码：作用是导入 os 模块。

第 03 行代码：作用是指定文件所在文件夹的路径。“file_path”为新定义的变量，用来存储路径；“=”右侧为要处理的文件夹的路径。

第 04 行代码：作用是返回指定文件夹中的文件和文件夹名称的列表。代码中，“file_list”变量用来存储返回的名称列表；“listdir( )”函数用于返回指定文件夹中的文件和文件夹名称的列表，括号中的参数为指定的文件夹路径，如图 4-8 所示。

> ['销售明细表2020.xlsx', '销售明细表2021.xlsx', '销售明细表2022.xlsx']

图 4-8　程序执行后“file_list”列表中存储的数据

第 05 行代码：作用是启动 Excel 程序，代码中，“app”是新定义的变量，用来存储启动的 Excel 程序；“App( )”方法用来启动 Excel 程序，括号中的“visible”参数用来设置 Excel 程序是否可见，True 为可见，False 为不可见；“add_book”参数用来设置启动 Excel 时是否自动创建新工作簿，True 为自动创建，False 为不创建。

第 06~19 行代码为一个 for 循环语句，用来遍历列表“file_list”列表中的元素，并在每次循环时将遍历的元素存储在“x”循环变量中。

第 06 行代码中的“for…in”为 for 循环，“x”为循环变量，第 07~19 行缩进部分代码为循环体。当第一次 for 循环时，会访问“file_list”列表中的第一个元素（销售明细表 2020.xlsx），并将其保存在“x”循环变量中，然后运行 for 循环中的缩进部分代码（循环体部分），即第 07~19 行代码；执行完后，返回执行第 06 行代码，开始第二次 for 循环，访问列表中的第二个元素（销售明细表 2021.xlsx），并将其保存在“x”循环变量中，然后运行 for 循环中的缩进部分代码，即第 07~19 行代码。就这样一直反复循环，直到最后一次循环完成后，结束 for 循环，执行第 20 行代码。

第 07 行代码：作用是用 if 条件语句判断文件夹下的文件名称是否有以“~$”开头的临时文件。如果条件成立，执行第 08 行代码；如果条件不成立，执行第 09 行代码。

代码中，“i.startswith('~$')”为 if 条件语句的条件，“i.startswith(~$)”函数用于判断“i”中

存储的字符串是否以指定的"~＄"开头，如果是以"~＄"开头，则输出 True。

第 08 行代码：作用是跳过本次 for 循环，直接进行下一次 for 循环。

第 09 行代码：作用是打开与"i"中存储的文件名相对应的工作簿文件。代码中，"wb"为新定义的变量，用来存储打开的 Excel 工作簿；"app"为启动的 Excel 程序；"books.open( )"方法用来打开工作簿，其参数"file_path+'\ \ '+i"为要打开的 Excel 工作簿路径和文件名。

第 10 行代码：作用是遍历所处理工作簿中的所有工作表，即要依次处理每个工作表。由于这个 for 循环在第 06 行代码的 for 循环的循环体中，因此这是一个嵌套 for 循环。为了便于区分，称第 06 行的 for 循环为第一个 for 循环，第 10 行的 for 循环为第二个 for 循环。嵌套 for 循环的特点是：第一个 for 循环每循环一次，第二个 for 循环就会循环一遍。

代码中，"i"为循环变量，用来存储遍历的列表中的元素；"wb.sheets"可以获得当前打开的工作簿中所有工作表名称的列表。当第二个 for 循环进行第一次循环时，访问列表的第一个元素（即第一个工作表），并将其存储在"i"变量中，然后执行一遍缩进部分的代码（第 11～19 行代码）；执行完之后，返回再次执行第 10 行代码，开始第二次 for 循环，访问列表中第二个元素（即第二个工作表），并将其存储在"i"变量中，然后再次执行缩进部分的代码（第 11～19 行代码）。就这样一直循环，直到遍历完最后一个列表的元素，执行完缩进部分代码，第二个 for 循环结束，这时返回到第 06 行代码，开始继续第一个 for 循环的下一次循环。

第 11 行代码：作用是合并 A1 到 E1 的区间单元格。代码中，"i"为循环变量，存储的是工作表，如果存储的是"1 月"就表示"1 月"工作表；"range('A1：E1')"表示选择 A1 到 E1 区间单元格；"merge( )"方法用来合并单元格。

第 12 行代码：作用是设置标题单元格字体为"微软雅黑"。代码中，"api.Font.Name"的作用是设置字体；等号右侧为字体名称。

第 13 行代码：作用是设置标题单元格字体大小（字号）为"14"号。代码中，"api.Font.Size"的作用是设置字号，等号右侧数字为字号大小。

第 14 行代码：作用是设置标题单元格字体颜色。代码中，"api.Font.Color"的作用是设置字体颜色，"xw.utils.rgb_to_int((0，0，255))"为具体颜色选择，"0，0，255"表示蓝色。

第 15 行代码：作用是设置 A1：E2 区间单元格水平对齐方式为水平居中。代码中，"api.Horizontal-Alignment"表示水平对齐方式，"-4108"表示水平居中。

第 16 行代码：作用是设置 A1：E2 区间单元格垂直对齐方式为靠下。代码中，"api.VerticalAlignment"表示垂直对齐方式，"-4107"表示靠下。

第 17 行代码：作用是设置表头单元格字形加粗。代码中"sht"为选择的工作表，"range('A2：E2')"表示选择 A2 到 E2 区间单元格，"api.Font.Bold"的作用是设置字形加粗；等号右侧的 True 表示设置有效。

第 18 行代码：作用是设置表头单元格填充颜色。代码中，"color"的作用是设置填充颜色，"xw.utils.rgb_to_int((180，180，180))"为具体颜色选择，"180，180，180"表示灰色。

第 19 行代码：作用是设置 A3 单元格开始扩展到右下角的表格区域（即数据部分），水平对齐方式为水平居中。

第 20 行代码：作用是保存第 09 行代码中打开的 Excel 工作簿文件。

第 21 行代码：作用是关闭第 09 行代码中打开的 Excel 工作簿文件。

第 22 行代码：作用是退出 Excel 程序。

3. 案例应用解析

在实际工作中，如果想批量自动设置 Excel 工作簿文件中所有工作表的对齐方式，可以通过修改本例的代码来完成。首先将第 03 行代码中工作簿文件所在文件夹的路径修改为自己的工作簿文件所在文件夹的路径，然后将第 11～19 行代码中 "range( )" 方法的参数修改为要设置字体格式的单元格，最后将第 20 行代码中保存工作簿文件的名称路径修改为自已需要的文件名称路径即可。

4.2.3 案例 3：批量设置 Excel 报表所有工作表的边框线条

在日常对 Excel 工作簿文件的处理中，如果想批量设置 Excel 工作簿文件的所有工作表的边框线条，可以使用 Python 程序自动完成，如批量设置 E 盘 "财务" 文件夹 "客户还款记录 . xlsx" 工作簿文件中的所有工作表的边框线条，如图 4-9 所示。

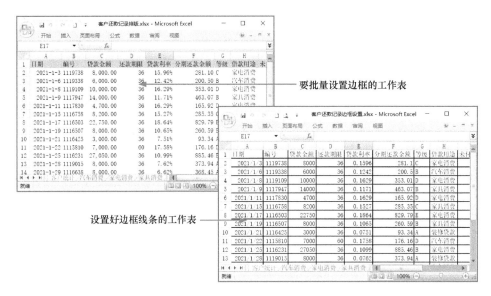

图 4-9 批量设置工作表的边框线条

1. 代码实现

如下所示为批量设置 Excel 报表文件所有工作表边框线条的程序代码。

```
01  import xlwings as xw                                        #导入 xlwings 模块
02  app=xw.App(visible=True,add_book=False)                     #启动 Excel 程序
03  wb=app.books.open('e:\\财务\\客户还款记录.xlsx')              #打开 Excel 工作簿文件
04  for i in wb.sheets:                                         #遍历所有工作表
05    for x in range(7,13):                                     #遍历数字列表
06      i.range('A1').expand('table').api.Borders(x).LineStyle = 1   #设置边框线型
07      i.range('A1').expand('table').api.Borders(x).Weight =3       #设置线条粗细
```

```
08  wb.save('e:\\财务\\客户还款记录边框设置.xlsx')          #另外 Excel 工作簿文件
09  wb.close()                                              #关闭 Excel 工作簿文件
10  app.quit()                                              #退出 Excel 程序
```

2. 代码解析

第 01 行代码：作用是导入 xlwings 模块，并指定模块的别名为"xw"。

第 02 行代码：作用是启动 Excel 程序，代码中，"app"是新定义的变量，用来存储启动的 Excel 程序；"App()"方法用来启动 Excel 程序，括号中的"visible"参数用来设置 Excel 程序是否可见，True 为可见，False 为不可见；"add_book"参数用来设置启动 Excel 时是否自动创建新工作簿，True 为自动创建，False 为不创建。

第 03 行代码：作用是打开已有的 Excel 工作簿文件。"wb"为新定义的变量，用来存储打开的 Excel 工作簿文件；"app"为启动的 Excel 程序；"books. open()"方法用来打开 Excel 工作簿文件，括号中的参数为要打开的 Excel 工作簿文件名称和路径。

第 04~07 行代码为一个 for 循环，用来依次处理工作簿中的所有工作表。

第 04 行代码：为 for 循环，"i"为循环变量，第 05~07 行缩进部分代码为循环体。当第一次 for 循环时，会访问"wb. sheets"生成的列表中的第一个元素（即第一个工作表），并将其保存在"i"循环变量中，然后运行 for 循环中的缩进部分代码（循环体部分），即第05~07 行代码；执行完后，返回执行第 04 行代码，开始第二次 for 循环，访问列表中的第二个元素（即第二个工作表），并将其保存在"i"循环变量中，然后运行 for 循环中的缩进部分代码，即第05~07 行代码。就这样一直反复循环，直到最后一次循环完成后，结束 for 循环，执行第 08 行代码。

第 05 行代码：作用是遍历"range()"函数生成的数字列表。代码中的"for…in"为 for 循环，"x"为循环变量，"range(7, 13)"函数会生成"[7, 8, 9, 10, 11, 12]"的列表，第 06~07 行缩进部分代码为循环体。

由于这个 for 循环在第 04 行代码的 for 循环的循环体中，因此这是一个嵌套 for 循环。为了便于区分，第 04 行的 for 循环为第一个 for 循环，第 05 行的 for 循环为第二个 for 循环。嵌套 for 循环的特点是：第一个 for 循环每循环一次，第二个 for 循环会循环一遍。

当第二个 for 循环进行第一次循环时，访问列表的第一个元素（数字"7"），并将其存储在"x"变量中，然后执行一遍缩进部分的代码（第 06~07 行代码）；执行完之后，返回再次执行 05 行代码，开始第二次 for 循环，访问列表中第二个元素（数字"8"），并将其存储在"x"变量中，然后再次执行缩进部分的代码（第 06~07 行代码）。就这样一直循环，直到遍历完最后一个列表的元素，执行完缩进部分代码，第二个 for 循环结束，这时返回到第 04 行代码，开始继续第一个 for 循环的下一次循环。

第 06 行代码：作用是设置边框线条类型。代码中"Borders(y). LineStyle"的作用是设置边框线型，如果 y=7，则 Borders(7)为设置左边框。"LineStyle = 1"的作用是设置线型为直线。设置边框和线型的代码见表 4-2。

表 4-2　设置边框和线型

代　码	设置边框	代　码	设置线型
Borders（7）	左边框	LineStyle＝1	直线
Borders（8）	顶部边框	LineStyle＝2	虚线

（续）

代　　码	设　置　边　框	代　　码	设　置　线　型
Borders（9）	底部边框	LineStyle＝4	点画线
Borders（10）	右边框	LineStyle＝5	双点画线
Borders（11）	内部垂直边线		
Borders（12）	内部水平边线		

第 07 行代码：作用是设置边框粗细。"Borders（y）. Weight"表示设置边框粗细，如果 y＝7，则 Borders（7）. Weight 为设置左边框的粗细。

第 08 行代码：作用是另存第 03 行代码中打开的 Excel 工作簿文件。代码中，"wb"为第 03 行代码打开的 Excel 工作簿文件，"save（'e:\\财务\\客户还款记录边框设置. xlsx'）"方法用来保存工作簿文件，括号中参数为另外的文件名和路径。

第 09 行代码：作用是关闭第 03 行代码中打开的 Excel 工作簿文件。

第 10 行代码：作用是退出 Excel 程序。

3. 案例应用解析

在实际工作中，如果想批量自动设置 Excel 工作簿文件中所有工作表的边框，可以通过修改本例的代码来完成。首先将第 03 行代码中要打开的工作簿文件名称和路径修改为自己的工作簿文件名和路径，然后将第 06 和 07 行代码中等号右侧的数字修改为要设置的线型和线条粗细的代码。最后将第 08 行代码中保存工作簿的名称路径修改为自己需要的文件名称路径即可。

4.2.4　案例4：批量设置 Excel 报表中所有工作表的数字格式

在日常对 Excel 工作簿文件的处理中，如果想批量设置 Excel 工作簿文件的所有工作表中指定单元格的数字格式，可以使用 Python 程序自动完成。如批量设置 E 盘"财务"文件夹"客户还款记录. xlsx"工作簿文件中的所有工作表指定单元格的数字格式，如图 4-10 所示。

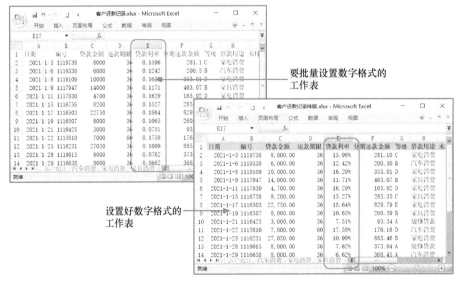

图 4-10　批量设置工作表的数字格式

1. 代码实现

如下所示为批量设置 Excel 报表文件所有工作表数字格式的程序代码。

```
01  import xlwings as xw                                        #导入 xlwings 模块
02  app=xw.App(visible=True,add_book=False)                     #启动 Excel 程序
03  wb=app.books.open('e:\\财务\\客户还款记录.xlsx')              #打开 Excel 工作簿文件
04  for i in wb.sheets:                                         #遍历所有工作表
05    i.range('A1:O1').color=xw.utils.rgb_to_int((180,180,180)) #设置单元格填充颜色
06    row=i.range('A1').expand('table').last_cell.row
                                          #获取工作表数据区域最后一行行号
07    i.range(f'A2:A{row}').api.NumberFormat='yyyy-m-d'
                                          #设置所选单元格数字格式为日期
08    i.range(f'B2:B{row}').api.NumberFormat='@'  #设置所选单元格数字格式为文本
09    i.range(f'C2:C{row}').api.NumberFormat='#,##0.00'
                                          #设置所选单元格数字格式为千分位保留两位小数
10    i.range(f'E2:E{row}').api.NumberFormat='0.00%'
                                          #设置所选单元格数字格式为百分比保留两位小数
11    i.range(f'F2:F{row}').api.NumberFormat='#,##0.00'
                                          #设置所选单元格数字格式为千分位保留两位小数
12  wb.save('e:\\财务\\客户还款记录排版.xlsx')  #另存 Excel 工作簿文件
13  wb.close()                                  #关闭 Excel 工作簿文件
14  app.quit()                                  #退出 Excel 程序
```

2. 代码解析

第 01 行代码：作用是导入 xlwings 模块，并指定模块的别名为"xw"。

第 02 行代码：作用是启动 Excel 程序，代码中，"app"是新定义的变量，用来存储启动的 Excel 程序；"App( )"方法用来启动 Excel 程序，括号中的"visible"参数用来设置 Excel 程序是否可见，True 为可见，False 为不可见；"add_book"参数用来设置启动 Excel 时是否自动创建新工作簿，True 为自动创建，False 为不创建。

第 03 行代码：作用是打开已有的 Excel 工作簿文件。"wb"为新定义的变量，用来存储打开的 Excel 工作簿文件；"app"为启动的 Excel 程序；"books. open( )"方法用来打开 Excel 工作簿文件，括号中的参数为要打开的 Excel 工作簿文件名称和路径。

第 04 行代码：作用是遍历 Excel 工作簿中的所有工作表，即要依次处理每个工作表。

代码中，"for…in"为 for 循环，"i"为循环变量；第 05 ~ 11 行缩进部分代码为循环体；"wb. sheets"用来生成当前打开的 Excel 工作簿文件中所有工作表名称的列表。

for 循环运行时，会遍历"wb. sheets"所生成的工作表名称列表中的元素，并在每次循环时将遍历的元素存储在"i"循环变量中。当执行第 04 行代码时，开始第一次 for 循环，for 循环会访问"wb. sheets"中的第一个元素（即第一个工作表），并将其保存在"i"循环变量中，然后运行 for 循环中的缩进部分代码（循环体部分），即第 05 ~ 11 行代码；执行完后，返回再次执行第 04 行代码，开始第二次 for 循环，访问列表中的第二个元素（即第二个工作表），并将其保存在"i"循环变量中，然后运行 for 循环中的缩进部分代码，即第 05 ~ 11 行代码；就这样一直反复循环，直到最后一次循环完

成后，结束 for 循环。

第 05 行代码：作用是设置 A1 到 O1 的区间单元格填充颜色。代码中"i"为当次循环时存储的工作表，"range('A1：O1')"表示选择 A1 到 O1 区间单元格，"color"的作用是设置填充颜色，"xw.utils.rgb_to_int((180，180，180))"为具体颜色选择，"180，180，180"表示灰色。

第 06 行代码：作用是获取工作表数据区域最后一行行号。代码中，"row"为新定义的变量，用来存储获取的最后一行行号；"range('A1')"表示选择 A1 单元格，"expand('table')"方法的作用是扩展选择范围，它的参数"table"表示向整个表扩展，即"range('A1').expand('table')"表示选择整个数据区域表格；"last_cell.row"方法用来选择最后一行行号。

第 07 行代码：作用是设置 A 列数据部分单元格数字格式为"年-月-日"格式。代码中，"range(f'A2:A{row}')"表示选择 A2 到 A 列最后一行的区间单元格，这里"f'"的作用是将不同类型的数据拼接成字符串，即以 f 开头时，字符串中大括号内的数据无须转换数据类型，就能被拼接成字符串。"row"为上一行存储的最后一行的行号；"api.NumberFormat"方法用来设置单元格数字格式，"'yyyy-m-d'"表示数字格式为"年-月-日"格式。常用的数字格式符号见表 4-3。

表 4-3　数字格式符号

格 式 类 型	符　　号
数值	0
数值（2 位小数位）	0.00
数值（2 位小数位且用千分位）	#,##0.00
百分比	0%
百分比（两位小数位）	0.00%
科学计数	0.00E+00
货币（千分位）	¥#,##0
货币（千分位+两位小数位）	¥#,##0.00
日期（年月）	yyyy"年"m"月"
日期（月日）	m"月"d"日"
日期（年月日）	yyyy-m-d
日期（年月日）	yyyy"年"m"月"d"日"
日期+时间	yyyy-m-d h：mm
时间	h：mm
时间	h：mm AM/PM
文本	@

第 08 行代码：作用是设置 B 列数据部分单元格数字格式为文本。代码中，"range(f'B2:B{row}')"表示选择 B2 到 B 列最后一行区间单元格，"'@'"表示数字格式为文本格式。

第 09 行代码：作用是设置 C 列数据部分单元格数字格式为千分位保留两位小数。代码中，"range(f'C2:C{row}')"表示选择 C2 到 C 列最后一行区间单元格，"'#,##0.00'"表示数字格式为千分位保留两位小数。

第 10 行代码：作用是设置 E 列数据部分单元格数字格式为百分比保留两位小数。代码中，"range

（f'E2:E{row}'）"表示选择 E2 到 E 列最后一行区间单元格，"'0.00%'"表示数字格式为百分比保留两位小数。

第 11 行代码：作用是设置 F 列数据部分单元格数字格式为千分位保留两位小数。代码中，"range（f'F2:F{row}'）"表示选择 F2 到 F 列最后一行区间单元格，"'#,##0.00'"表示数字格式为千分位保留两位小数。

第 12 行代码：作用是另存第 03 行代码中打开的 Excel 工作簿文件，代码中，"wb"为第 03 行代码打开的 Excel 工作簿文件，括号中参数为另存的文件名和路径。

第 13 行代码：作用是关闭第 03 行代码中打开的 Excel 工作簿文件。

第 14 行代码：作用是退出 Excel 程序。

3. 案例应用解析

在实际工作中，如果想批量自动设置 Excel 工作簿文件中所有工作表的部分单元格的数字格式，可以通过修改本例的代码来完成。首先将第 03 行代码中要打开的工作簿文件名称和路径修改为自己的工作簿文件名和路径，然后将第 07~11 行代码中 "range（）"方法的参数修改为自己要设置数字格式的单元格代号，并修改等号右侧的数字格式的代号，最后将第 12 行代码中保存工作簿的名称路径修改为自己需要的文件名称路径即可。

4.3 用 Python 自动设置 Excel 报表的行和列

4.3.1 案例 1：批量精确调整 Excel 报表中所有工作表的行高和列宽

在日常对 Excel 工作簿文件的处理中，如果想批量精确调整 Excel 报表中所有工作表的行高和列宽，可以使用 Python 程序自动处理。如批量设置 E 盘 "财务" 文件夹中的 "客户还款记录边框设置.xlsx" 工作簿文件中的所有工作表的行高和列宽，如图 4-11 所示。

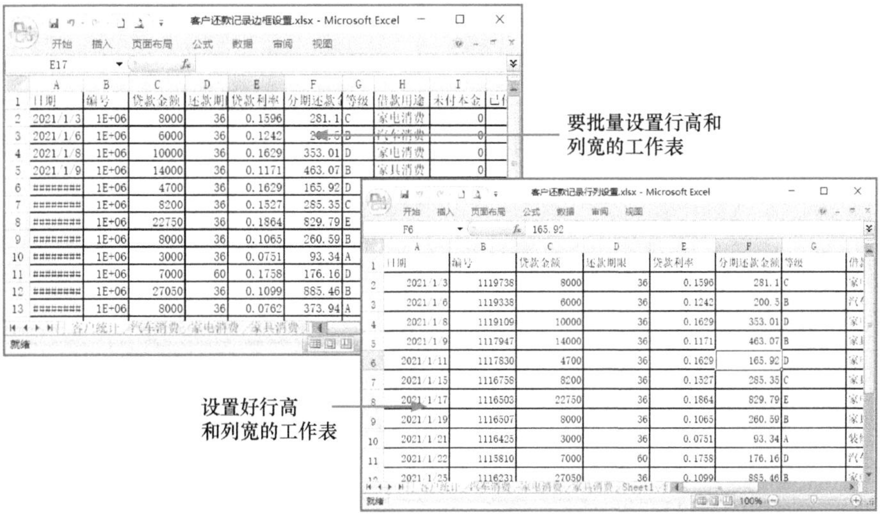

图 4-11　批量调整所有工作表的行高和列宽

1. 代码实现

如下所示为批量精确调整 Excel 报表文件所有工作表的行高和列宽的程序代码。

```
01  import xlwings as xw                              #导入 xlwings 模块
02  app=xw.App(visible=True,add_book=False)           #启动 Excel 程序
03  wb=app.books.open('e:\财务\客户还款记录边框设置.xlsx')   #打开 Excel 工作簿文件
04  for i in wb.sheets:                               #遍历所有工作表
05    i.range('A1').expand('table').column_width=12   #设置所选单元格列宽
06    i.range('A1').expand('table').row_height=20     #设置所选单元格行高
07  wb.save('e:\财务\客户还款记录行列设置.xlsx')            #另存 Excel 工作簿文件
08  wb.close()                                        #关闭 Excel 工作簿文件
09  app.quit()                                        #退出 Excel 程序
```

2. 代码解析

第 01 行代码：作用是导入 xlwings 模块，并指定模块的别名为 "xw"。

第 02 行代码：作用是启动 Excel 程序，代码中，"app" 是新定义的变量，用来存储启动的 Excel 程序；"App( )" 方法用来启动 Excel 程序，括号中的 "visible" 参数用来设置 Excel 程序是否可见，True 为可见，False 为不可见；"add_book" 参数用来设置启动 Excel 时是否自动创建新工作簿，True 为自动创建，False 为不创建。

第 03 行代码：作用是打开已有的 Excel 工作簿文件。"wb" 为新定义的变量，用来存储打开的 Excel 工作簿文件；"app" 为启动的 Excel 程序；"books. open( )" 方法用来打开 Excel 工作簿文件，括号中的参数为要打开的 Excel 工作簿文件名称和路径。

第 04 行代码：作用是遍历 Excel 工作簿中的所有工作表，即要依次处理每个工作表。

代码中，"for…in" 为 for 循环，"i" 为循环变量；第 05～06 行缩进部分代码为循环体；"wb. sheets" 用来生成当前打开的 Excel 工作簿文件中所有工作表名称的列表。

for 循环运行时，会遍历 "wb. sheets" 所生成的工作表名称的列表中的元素，并在每次循环时将遍历的元素存储在 "i" 循环变量中。当执行第 04 行代码时，开始第一次 for 循环，会访问 "wb. sheets" 中的第一个元素（即第一个工作表），并将其保存在 "i" 循环变量中，然后运行 for 循环中的缩进部分代码（循环体部分），即第 05～06 行代码；执行完后，返回再次执行第 04 行代码，开始第二次 for 循环，访问列表中的第二个元素（即第二个工作表），并将其保存在 "i" 循环变量中，然后运行 for 循环中的缩进部分代码，即第 05～06 行代码。就这样一直反复循环，直到最后一次循环完成后，结束 for 循环。

第 05 行代码：作用是设置数据区所有表格的列宽为 "12"。代码中，"i" 为当次循环时存储的工作表；"range('A1')" 表示选择 A1 单元格；"expand('table')" 方法的作用是扩展选择范围，它的参数 "table" 表示向整个表扩展，即 "range('A1'). expand('table')" 表示选择整个数据区域表格；"column_width" 方法的作用是设置列宽，等号右侧的数值为所设置的列宽。

第 06 行代码：作用是设置数据区所有表格的行高为 "20"。代码中 "row_height" 的作用是设置行高，等号右侧的数值为所设置的行高。

第 07 行代码：作用是另存第 03 行代码中打开的 Excel 工作簿文件，代码中，"wb" 为第 03 行代

码打开的 Excel 工作簿文件，括号中参数为另存的文件名和路径。

第08 行代码：作用是关闭第03 行代码中打开的 Excel 工作簿文件。

第09 行代码：作用是退出 Excel 程序。

3. 案例应用解析

在实际工作中，如果想批量设置 Excel 工作簿文件中所有工作表的行高和列宽，可以通过修改本例的代码来完成。首先将第03 行代码中要打开的工作簿文件名称和路径修改为自己的工作簿文件名和路径，然后将第05~06 行代码中等号右侧的列宽和行号数值修改为需要的数值，最后将第07 行代码中保存工作簿的名称路径修改为自己需要的文件名称路径即可。

4.3.2　案例2：批量自动调整多个 Excel 报表文件所有工作表的行高和列宽

在日常对 Excel 工作簿文件的处理中，如果想批量自动调整多个 Excel 报表中所有工作表的行高和列宽，可以使用 Python 程序自动处理。如批量设置 E 盘 "财务" 文件夹中 "排版" 子文件夹下的所有 Excel 工作簿文件中的所有工作表的行高和列宽，如图4-12 所示。

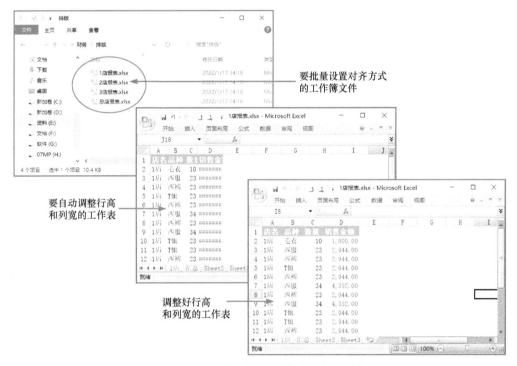

图 4-12　批量自动调整工作表行高和列宽

1. 代码实现

如下所示为批量自动调整多个 Excel 报表文件所有工作表的程序代码。

```
01   import xlwings as xw                      #导入 xlwings 模块
02   import os                                 #导入 os 模块
03   file_path='e:\财务 \排版'                  #指定修改的文件所在文件夹的路径
```

```
04   file_list=os.listdir(file_path)                 #提取所有文件和文件夹的名称
05   app=xw.App(visible=True,add_book=False)         #启动 Excel 程序
06   for i in file_list:                             #遍历列表 file_list 中的元素
07     if i.startswith('~$'):                        #判断文件名称是否有以"~$"开头的临时文件
08       continue                                    #跳过当次循环
09     wb=app.books.open(file_path+'\\'+i)           #打开"i"中存储的 Excel 工作簿文件
10     for x in wb.sheets:                           #遍历打开工作簿中所有工作表
11       x.autofit()                                 #自动设置工作表的行高和列宽
12     wb.save()                                     #保存 Excel 工作簿文件
13     wb.close()                                    #关闭 Excel 工作簿文件
14   app.quit()                                      #退出 Excel 程序
```

2. 代码解析

第 01 行代码：作用是导入 xlwings 模块，并指定模块的别名为"xw"。

第 02 行代码：作用是导入 os 模块。

第 03 行代码：作用是指定文件所在文件夹的路径。"file_path"为新定义的变量，用来存储路径；"="右侧为要处理的文件夹的路径。

第 04 行代码：作用是返回指定文件夹中的文件和文件夹名称的列表。代码中，"file_list"变量用来存储返回的名称列表；"listdir( )"函数用于返回指定文件夹中的文件和文件夹名称的列表，括号中的参数为指定的文件夹路径，如图 4-13 所示。

['1店报表.xlsx', '2店报表.xlsx', '3店报表.xlsx', '总店报表.xlsx']

图 4-13　程序执行后"file_list"列表中存储的数据

第 05 行代码：作用是启动 Excel 程序，代码中，"app"是新定义的变量，用来存储启动的 Excel 程序。"App( )"方法用来启动 Excel 程序，括号中的"visible"参数用来设置 Excel 程序是否可见，True 为可见，False 为不可见；"add_book"参数用来设置启动 Excel 时是否自动创建新工作簿，True 为自动创建，False 为不创建。

第 06~13 行代码为一个 for 循环语句，用来遍历列表"file_list"列表中的元素，并在每次循环时将遍历的元素存储在"i"循环变量中。

第 06 行代码：为 for 循环，"i"为循环变量，第 07~13 行缩进部分代码为循环体。当第一次 for 循环时，会访问"file_list"列表中的第一个元素（销售明细表 2020.xlsx），并将其保存在"i"循环变量中，然后运行 for 循环中的缩进部分代码（循环体部分），即第 07~13 行代码；执行完后，返回执行第 06 行代码，开始第二次 for 循环，访问列表中的第二个元素（销售明细表 2021.xlsx），并将其保存在"i"循环变量中，然后运行 for 循环中的缩进部分代码，即第 07~13 行代码。就这样一直反复循环，直到最后一次循环完成后，结束 for 循环，执行第 14 行代码。

第 07 行代码：作用是用 if 条件语句判断文件夹下的文件名称是否有以"~$"开头的临时文件。

如果条件成立，执行第 08 行代码；如果条件不成立，执行第 09 行代码。

代码中，"i. startswith('~$')" 为 if 条件语句的条件，"i. startswith(~$)" 函数用于判断 "i" 中存储的字符串是否以指定的 "~$" 开头，如果是以 "~$" 开头，则输出 True。

第 08 行代码：作用是跳过本次 for 循环，直接进行下一次 for 循环。

第 09 行代码：作用是打开与 "i" 中存储的文件名相对应的工作簿文件。代码中，"wb" 为新定义的变量，用来存储打开的 Excel 工作簿；"app" 为启动的 Excel 程序；"books. open( )" 方法用来打开工作簿，其参数 "file_path+'\ \'+i" 为要打开的 Excel 工作簿路径和文件名。

第 10 行代码：作用是遍历所处理工作簿中的所有工作表，即要依次处理每个工作表。由于这个 for 循环在第 06 行代码的 for 循环的循环体中，因此这是一个嵌套 for 循环。为了便于区分，称第 06 行的 for 循环为第一个 for 循环，第 10 行的 for 循环为第二个 for 循环。

代码中，"x" 为循环变量，用来存储遍历的列表中的元素；"wb. sheets" 可以获得当前打开的工作簿中所有工作表名称的列表。当第二个 for 循环进行第一次循环时，访问列表的第一个元素（即第一个工作表），并将其存储在 "x" 变量中，然后执行一遍缩进部分的代码（第 11 行代码）；执行完之后，返回再次执行第 10 行代码，开始第二次 for 循环，访问列表中第二个元素（即第二个工作表），并将其存储在 "x" 变量中，然后再次执行缩进部分的代码（第 11 行代码）。就这样一直循环，直到遍历完最后一个列表的元素，执行完缩进部分代码，第二个 for 循环结束，这时返回到第 06 行代码，开始继续第一个 for 循环的下一次循环。

第 11 行代码：作用是根据数据内容自动调整工作表行高和列宽。代码中，"autofit( )" 方法用于自动调整整个工作表的列宽和行高。该方法的参数有 axis = None 或 "rows"、"columns" 等，其中 axis = None 或省略表示自动调整行高和列宽，axis = rows 或 axis = r 表示自动调整行高，axis = columns 或 axis = c 表示自动调整列宽。

第 12 行代码：作用是保存第 09 行代码中打开的 Excel 工作簿文件。

第 13 行代码：作用是关闭第 09 行代码中打开的 Excel 工作簿文件。

第 14 行代码：作用是退出 Excel 程序。

3. 案例应用解析

在实际工作中，如果想批量自动设置多个 Excel 工作簿文件中所有工作表的行高和列宽，可以通过修改本例的代码来完成。将第 03 行代码中工作簿文件所在文件夹的路径修改为自己的工作簿文件所在文件夹的路径即可。

4.3.3 案例 3：在 Excel 报表文件的工作表中插入和删除指定行/指定列

在日常对 Excel 工作簿文件的处理中，如果想在 Excel 报表下指定的工作表中插入和删除行和列，可以使用 Python 程序自动处理。如批量设置 E 盘 "财务" 文件夹下 "客户统计. xlsx" 工作簿文件中的 "客户统计" 工作表中插入行和列，并删除指定的行和列，如图 4-14 所示。

1. 代码实现

如下所示为在 Excel 报表文件工作表中插入删除行列的程序代码。

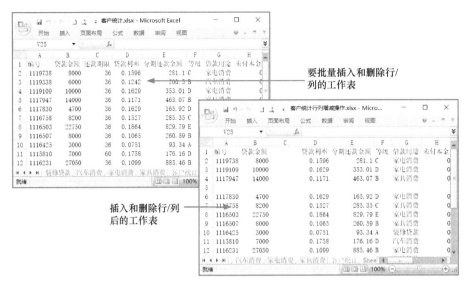

要批量插入和删除行/列的工作表

插入和删除行/列后的工作表

图 4-14　插入和删除行和列

```
01  import xlwings as xw                                  #导入 xlwings 模块
02  app=xw.App(visible=True,add_book=False)              #启动 Excel 程序
03  wb=app.books.open('e:\\财务 \\客户统计.xlsx')          #打开 Excel 工作簿文件
04  sht=wb.sheets('客户统计')                              #选择工作表
05  sht.api.Rows(6).Insert()                             #在第 6 行插入一行
06  sht.api.Columns(4).Insert()                          #在第 4 列插入一列
07  sht.range('A3').api.EntireRow.Delete()               #删除指定的行
08  sht.range('C1').api.EntireColumn.Delete()            #删除指定的列
09  wb.save('e:\\财务 \\客户统计行列增减操作.xlsx')         #另存 Excel 工作簿文件
10  wb.close()                                           #关闭 Excel 工作簿文件
11  app.quit()                                           #退出 Excel 程序
```

2. 代码解析

第 01 行代码：作用是导入 xlwings 模块，并指定模块的别名为 "xw"。

第 02 行代码：作用是启动 Excel 程序，代码中，"app" 是新定义的变量，用来存储启动的 Excel 程序；"App( )" 方法用来启动 Excel 程序，括号中的 "visible" 参数用来设置 Excel 程序是否可见，True 为可见，False 为不可见；"add_book" 参数用来设置启动 Excel 时是否自动创建新工作簿，True 为自动创建，False 为不创建。

第 03 行代码：作用是打开已有的 Excel 工作簿文件。"wb" 为新定义的变量，用来存储打开的 Excel 工作簿文件；"app" 为启动的 Excel 程序；"books. open( )" 方法用来打开 Excel 工作簿文件，括号中的参数为要打开的 Excel 工作簿文件名称和路径。

第 04 行代码：作用是选择第一个工作表。代码中，"sht" 为定义的新变量，用来存储选择的工作表；"wb" 为第 03 行用来存储打开的工作簿文件的变量；"sheets('客户统计')" 方法用来选择一个工作表，其参数 "'客户统计'" 为所选工作表的名称。

第 05 行代码：作用是在第 6 行插入一行，原来的第 6 行下移。代码中，"sht" 为上一行代码中选择的工作表；"api. Rows（6）. Insert（）"方法的作用是插入一行，其参数"6"表示第6行，注意代码中大写的字母。

第06行代码：作用是在第4列插入一列，原来的第4列右移（也可以用列的字母表示）。代码中，"sht"为第04行代码中选择的工作表，"api. Columns（4）. Insert（）"表示插入列，其参数"4"表示第4列。

第07行代码：作用是删除A3单元格所在的行。代码中，"sht"为第04行代码中选择的工作表，"api. EntireRow. Delete（）"方法的作用是删除行。

第08行代码：作用是删除C1单元格所在的列。代码中，"api. EntireColumn. Delete（）"的作用是删除列。

第09行代码：作用是另存第03行代码中打开的Excel工作簿文件，代码中，"wb"为第03行代码打开的Excel工作簿文件，括号中参数为另存的文件名和路径。

第10行代码：作用是关闭第03行代码中打开的Excel工作簿文件。

第11行代码：作用是退出Excel程序。

3. 案例应用解析

在实际工作中，如果要向Excel工作簿文件中插入或删除指定行和列，可以通过修改本例的代码来完成。首先将第03行代码中要打开的工作簿文件名称和路径修改为自己的工作簿文件名和路径，并将第04行代码中工作表名称"客户统计"修改为自己需要处理的工作表名称，然后将第05～08行代码中需要插入或删除的行列修改为自己要处理的行列号，最后将第09行代码中保存工作簿的名称路径修改为自己需要的文件名称路径即可。

4.3.4 案例4：批量提取一个Excel报表文件中所有工作表的行数据

在日常对Excel工作簿文件的处理中，如果想批量提取Excel报表中所有工作表的行数据，可以使用Python程序自动批量处理。如批量设置E盘"财务"文件夹下"客户统计. xlsx"工作簿文件中的所有工作表中指定的行数据，如图4-15所示。

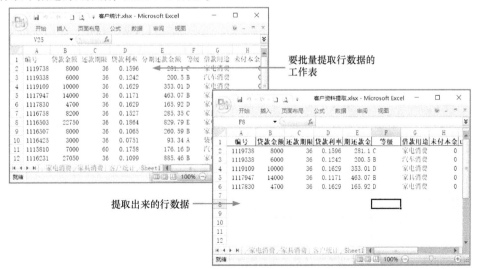

图4-15 批量提取所有工作表的行数据

Python+Excel 报表自动化实战

1. 代码实现

如下所示为批量提取 Excel 报表文件所有工作表的程序代码。

```
01  import pandas as pd                          #导入 pandas 模块
02  data=pd.read_excel('e:\\财务\\客户统计.xlsx',sheet_name=None)
                                                 #读取 Excel 工作簿中所有工作表的数据
03  with pd.ExcelWriter('e:\\财务\\客户资料提取.xlsx') as wb:  #新建 Excel 工作簿文件
04    for i,x in data.items():                   #遍历读取的所有工作表的数据
05        row_data=x.iloc[0:5]                   #选择行数据
06        row_data.to_excel(wb,sheet_name=i,index=False)
                                                 #将提取的行数据写入新建工作簿的工作表中
```

2. 代码解析

第 01 行代码：作用是导入 pandas 模块，并指定模块的别名为"pd"。

第 02 行代码：作用是读取 Excel 工作簿文件中所有工作表的数据。"data"为新定义的变量，用来存储读取的 Excel 工作簿文件中所有工作表的数据；"pd"表示 pandas 模块；"read_excel（'e:\\财务\\客户统计.xlsx',sheet_name=None）"函数用来读取 Excel 工作簿文件中工作表的数据，括号中的第一个参数为要读取的 Excel 工作簿文件，"sheet_name=None"用来设置所选择的工作表为所有工作表。

第 03 行代码：作用是新建 Excel 工作簿文件。代码中，"with… as…"语句是一个控制流语句，通常用来操作已打开的文件对象。它的格式为"with 表达式 as target:"，其中"target"用于指定一个变量；"pd.ExcelWriter（'e:\\财务\\客户资料提取.xlsx')"函数用于新建一个 Excel 工作簿文件，括号中的参数"'e:\\财务\\客户资料提取.xlsx'"为新建工作簿文件名称和路径；"wb"为指定的变量，用于存储新建的工作簿文件。

第 04~06 行代码为一个 for 循环语句，其中"for…in"为 for 循环，"i"和"x"为循环变量，第 05~06 行缩进部分代码为循环体；"data.items()"方法用于将读取的所有工作表数据（data 中数据）生成可遍历的（键、值）元组数组，用此方法可以将工作簿文件中的工作表名称作为键，工作表中的数据作为值。

当 for 循环运行时，第一次 for 循环会遍历第一个工作表中的数据，将工作表名称存储在"i"循环变量中，将工作表中的数据存储在"x"循环变量中，然后执行缩进部分代码（第 05~06 行代码）；执行完后，开始执行第二次 for 循环，遍历第二个工作表中的数据，然后将工作表名称存储在"i"循环变量中，将工作表中的数据存储在"x"循环变量中，再执行缩进部分代码（第 05~06 行代码）。就这样一直循环到最后一个工作表，执行完结束循环。

第 05 行代码：作用是选择指定行数据。代码中，"row_data"是新建的变量，用来存储选择的数据；"x.iloc[0：5]"的作用是选择前 5 行数据，这里"x"中存储的是当前工作表中的数据，"iloc"函数用来选择行数据。

第 06 行代码：作用是将提取的数据写入新 Excel 工作簿的工作表中。代码中，"row_data"为上一行选择的行数据；"to_excel（wb,sheet_name=i,index=False）"函数为写入 Excel 数据的函数，括号中的第一个参数"wb"为第 03 行代码中指定的存储的新工作簿文件的变量；"sheet_name=i"参数用来在写入数据的 Excel 工作簿文件中新建一个工作表，命名为"i"中存储的名称（即原工作表名称）；

"index=False"用来设置数据索引的方式，True 表示写入索引，False 表示不写入索引。

3. 案例应用解析

在实际工作中，如果想批量提取 Excel 工作簿文件中所有工作表的行数据，可以通过修改本例的代码来完成。首先将第 02 行代码中要打开的工作簿文件名称和路径 "e:\\财务\\客户统计.xlsx" 修改为自己要处理的工作簿文件名称和路径，然后将第 03 行代码中新工作簿文件名称和路径修改为自己要新建的工作簿文件名称和路径，接着将第 05 行代码中选择的行设置为自己要提取的行数即可。

4.3.5 案例 5：批量提取 Excel 报表文件中所有工作表列数据

在日常对 Excel 工作簿文件的处理中，如果想批量提取 Excel 报表中所有工作表的列数据，可以使用 Python 程序自动批量处理。如批量设置 E 盘 "财务" 文件夹下 "销售明细表 2021.xlsx" 工作簿文件中的所有工作表中指定的列数据，如图 4-16 所示。

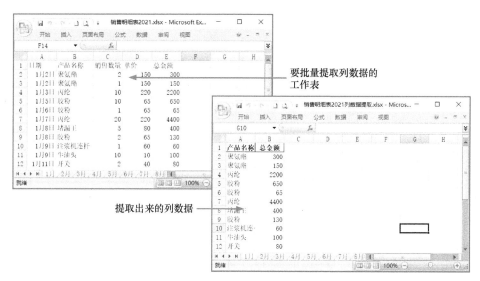

图 4-16　批量提取所有工作表列数据

1. 代码实现

如下所示为批量提取 Excel 报表文件所有工作表列数据的程序代码。

```
01  import pandas as pd                           #导入 pandas 模块
02  data=pd.read_excel('e:\\财务\\销售明细表 2021.xlsx',sheet_name=None)
                                                  #读取 Excel 工作簿中所有工作表的数据
03  with pd.ExcelWriter('e:\\财务\\销售明细表 2021 列数据提取.xlsx') as wb:
                                                  #新建 Excel 工作簿文件
04    for i,x in data.items():                    #遍历读取的所有工作表的数据
05      col_data=x[['产品名称','总金额']]          #提取列数据
06      col_data.to_excel(wb,sheet_name=i,index=False)
                                                  #将提取的列数据存入新建工作簿的工作表中
```

2. 代码解析

第 01 行代码：作用是导入 pandas 模块，并指定模块的别名为 "pd"。

第 02 行代码：作用是读取 Excel 工作簿文件中所有工作表的数据。"data" 为新定义的变量，用来存储读取的 Excel 工作簿文件中所有工作表的数据；"pd" 表示 pandas 模块；"read_excel（' e：\\财务\\销售明细表 2021. xlsx '，sheet_name＝None）" 函数用来读取 Excel 工作簿文件中工作表的数据，括号中的第一个参数为要读取的 Excel 工作簿文件，"sheet_name＝None" 用来设置所选择的工作表为所有工作表。

第 03 行代码：作用是新建 Excel 工作簿文件。代码中，"with… as…" 是一个控制流语句，通常用来操作已打开的文件对象。它的格式为 "with 表达式 as target："，其中 "target" 用于指定一个变量。"pd. ExcelWriter（' e：\\财务\\销售明细表 2021 列数据提取 . xlsx '）" 函数用于新建一个 Excel 工作簿文件，括号中的 "' e：\\财务\\销售明细表 2021 列数据提取 . xlsx '" 为新建工作簿文件名称和路径；"wb" 为指定的变量用于存储新建的工作簿文件。

第 04 行代码为一个 for 循环语句，其中 "for…in" 为 for 循环，"i" 和 "x" 为循环变量，第 05～06 行缩进部分代码为循环体；"data. items（ ）" 方法用于将读取的所有工作表数据（data 中数据）生成可遍历的（键，值）元组数组，用此方法可以将工作簿文件中的工作表名称作为键，工作表中的数据作为值。

当 for 循环第一次 for 循环时，访问第一个工作表中的数据，然后将工作表名称存储在 "i" 循环变量中，将工作表中的数据存储在 "x" 循环变量中，然后执行缩进部分代码（第 05～06 行代码）。执行完后开始执行第二次 for 循环，访问第二个工作表中的数据，然后将工作表名称存储在 "i" 循环变量中，将工作表中的数据存储在 "x" 循环变量中，再执行缩进部分代码（第 05～06 行代码）。就这样一直循环到最后一个工作表，执行完结束循环。

第 05 行代码：作用是选择指定列数据。代码中，"col_data" 是新建的变量，用来存储选择的数据。"x[['产品名称'，'总金额']]" 的作用是选择列数据，"x" 为当前工作表中的数据，" [['产品名称'，'总金额']]" 用来选择 "产品名称" 和 "总金额" 两列的数据。

第 06 行代码：作用是将提取的数据写入新 Excel 工作簿的工作表中。代码中，"col_data" 为上一行选择的行数据；"to_excel（wb，sheet_name＝i，index＝False）" 函数为写入 Excel 数据的函数，括号中的第一个参数 "wb" 为第 03 行代码中指定的存储新工作簿文件的变量；"sheet_name＝i" 参数用来在写入数据的 Excel 工作簿文件中新建一个工作表，命名为 "i" 中存储的名称（即原工作表名称）；"index＝False" 用来设置数据索引的方式，True 表示写入索引，False 表示不写入索引。

3. 案例应用解析

在实际工作中，如果想批量提取 Excel 工作簿文件中所有工作表的列数据，可以通过修改本例的代码来完成。首先将第 02 行代码中要打开的工作簿文件名称和路径 "e：\\财务\\销售明细表 2021. xlsx" 修改为自己要处理的工作簿文件名称和路径，然后将第 03 行代码中新工作簿文件名称和路径修改为自己要新建的工作簿文件名称和路径，接着将第 05 行代码中选择的列标题 "产品名称" 和 "总金额" 设置为自己要提取的列标题即可。

4. 3. 6　案例 6：批量提取 Excel 报表文件中所有工作表指定单元格数据

在日常对 Excel 工作簿文件的处理中，如果想批量提取 Excel 报表内所有工作表中指定单元格的数据，可以使用 Python 程序自动批量处理。如批量设置 E 盘"财务"文件夹下"销售明细表 2021. xlsx"工作簿文件中所有工作表中指定的单元格数据，如图 4-17 所示。

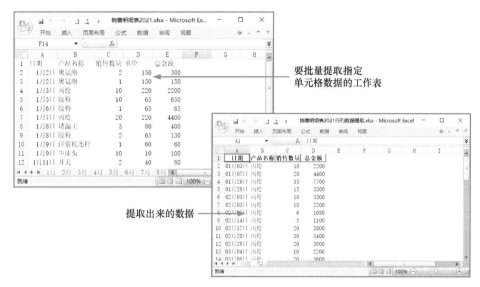

图 4-17 批量提取工作表指定单元格数据

1. 代码实现

如下所示为批量提取 Excel 报表文件所有工作表指定单元格数据的程序代码。

```
import pandas as pd                                  #导入 pandas 模块
from datetime import datetime                        #导入 datetime 模块 datetime 类
data=pd.read_excel('e:\\财务\\销售明细表 2021.xlsx',sheet_name=None)
                                                     #读取 Excel 工作簿中所有工作表的数据
with pd.ExcelWriter('e:\\财务\\销售明细表 2021 行列数据提取.xlsx') as wb:
                                                     #新建 Excel 工作簿文件
    data_pd=pd.DataFrame()                           #新建一个空 DataFrame 用于存放数据
    for i,x in data.items():                         #遍历读取的所有工作表的数据
      x['日期']=pd.to_datetime(x['日期'])              #将"日期"列转换为时间格式
      x['日期']=x['日期'].dt.strftime('%m 月%d 日')    #重新定义"日期"列日期格式
      range_data=x[x['产品名称']=='丙纶'][['日期','产品名称','销售数量','总金额']]
                                                     #提取指定的单元格数据
      data_pd=data_pd.append(range_data)             #将 range_data 的数据加到 data_pd 中
    data_pd.to_excel(wb,sheet_name='丙纶',index=False)
                                                     #将提取的行数据存入新建工作簿的工作表中
```

2. 代码解析

第 01 行代码：作用是导入 pandas 模块，并指定模块的别名为"pd"。

第 02 行代码：作用是导入 datetime 模块中的 datetime 类。datetime 模块提供用于处理日期和时间的类，支持日期时间数学运算。

第 03 行代码：作用是读取 Excel 工作簿文件中所有工作表的数据。"data"为新定义的变量，用来

存储读取的 Excel 工作簿文件中所有工作表的数据；"pd"表示 pandas 模块；"read_excel('e：\\财务\\销售明细表 2021. xlsx', sheet_name＝None)"函数用来读取 Excel 工作簿文件中工作表的数据，括号中的第一个参数为要读取的 Excel 工作簿文件，"sheet_name＝None"参数用来设置所选择的工作表为所有工作表，也可以指定工作表名称。

第 04 行代码：作用是新建 Excel 工作簿文件。代码中，"with… as…"是一个控制流语句，通常用来操作已打开的文件对象。它的格式为"with 表达式 as target："，其中"target"用于指定一个变量。"pd. ExcelWriter('e：\\财务\\销售明细表 2021 行列数据提取 . xlsx')"函数用于新建一个 Excel 工作簿文件，括号中的参数为新建工作簿文件名称和路径；"wb"为指定的变量，用于存储新建的工作簿文件。

第 05 行代码：作用是新建一个名为 data_pd 的空的 DataFrame 格式数据，用于存储提取的数据。

第 06 行代码为一个 for 循环语句，其中"for…in"为 for 循环，"i"和"x"为循环变量，第07～10 行缩进部分代码为循环体；"data. items( )"方法用于将读取的所有工作表数据（data 中数据）生成可遍历的（键，值）元组数组，用此方法可以将工作簿文件中的工作表名称作为键，工作表中的数据作为值。

当 for 循环进行第一次循环时，访问第一个工作表中的数据，然后将工作表名称存储在"i"循环变量中，将工作表中的数据存储在"x"循环变量中，然后执行缩进部分代码（第 07～10 行代码）。执行完后开始执行第二次 for 循环，访问第二个工作表中的数据，然后将工作表名称存储在"i"循环变量中，将工作表中的数据存储在"x"循环变量中，然后执行缩进部分代码（第 07～10 行代码），就这样一直循环到最后一个工作表后结束循环。

第 07 行代码：作用是将"日期"列由字符串格式转换为时间格式。代码中，"x['日期']"表示选择当前工作表中的"日期"列数据，"pd. to_datetime(x['日期'])"函数的作用是将字符串型的数据转换为时间型数据，这样就可以用 datetime( )来对"日期"列进行处理了。括号中的内容为其参数，表示要转换格式的列数据。

第 08 行代码：作用是重新定义"日期"列中的日期时间格式为日期格式。读成 Pandas 格式后的日期变为了"2021. 1. 2 00：00：00"，重新定义为只有日期的格式后变为"1 月 2 日"。代码中"x['日期']"表示选择当前工作表中的"日期"列数据，"dt. strftime('%m 月%d 日')"函数用来转换日期格式。

第 09 行代码：作用是选择指定数据。代码中，"range_data"是新建的变量，用来存储选择的数据。"x[x['产品名称']＝＝'丙纶'][['日期', '产品名称', '销售数量', '总金额']]"的作用是选择指定的数据，这里"x"中存储的是当前工作表中的数据，"x[x['产品名称']＝＝'丙纶']"用于选择"产品名称"列为"丙纶"的行数据，"[['日期', '产品名称', '销售数量', '总金额']]"用来选择"日期""产品名称""销售数量"和"总金额"四列的列数据。合在一起就是选择所有产品名称为"丙纶"的"日期""产品名称""销售数量"和"总金额"列数据。

第 10 行代码：作用是将"range_data"中存储的数据加入之前新建的空"data_pd"中，这样可以将所有工作表中选择的数据都添加到"data_pd"中。代码中，"append( )"函数用来向 DataFrame 格式数据中添加数据。

第 11 行代码：作用是将提取的全部数据写入新 Excel 工作簿的"丙纶"工作表中。代码中，"data_pd" 为上一行选择的数据;"to_excel(wb, sheet_name='丙纶', index=False)" 函数为写入 Excel 数据的函数,括号中的第一个参数"wb"为第 04 行代码中指定的存储新工作簿文件的变量;"sheet_name='丙纶'" 参数用来在写入数据的 Excel 工作簿文件中新建一个工作表,命名为"丙纶";"index=False" 用来设置数据索引为不写入索引。

3. 案例应用解析

在实际工作中,如果想批量提取 Excel 工作簿文件中所有工作表的指定单元格数据,可以通过修改本例的代码来完成。首先将第 03 行代码中要打开的工作簿文件名称和路径"e:\\财务\\销售明细表 2021.xlsx"修改为自己要处理的工作簿文件名称和路径,然后将第 04 行代码中的新工作簿文件名称和路径修改为自己要新建的工作簿文件名称和路径。接着将第 07、08 行代码中的"日期"修改为自己处理的工作表中的时间日期列标题,并修改"%m 月%d 日"为自己需要的日期格式,如"%y-%m-%d"(如 2022-1-23)。如果要处理的工作表中没有日期列,或第 09 行代码中不提取"日期"列数据,可以删除第 07、08 行代码。

最后,将第 09 行代码中选择的单元格数据" ['产品名称']=='丙纶'][['日期','产品名称','销售数量','总金额']]"修改为要提取的数据的单元格,同时将第 11 行中的工作表名称"丙纶"修改为自己需要的工作表名称即可。

4.3.7 案例 7:批量替换 Excel 报表文件中所有工作表的数据

在日常对 Excel 工作簿文件的处理中,如果想批量查找替换 Excel 报表中所有工作表指定的数据,可以使用 Python 程序自动批量处理。如批量设置 E 盘"财务"文件夹下"销售明细表 2021.xlsx"工作簿文件中的所有工作表中替换指定的数据,如图 4-18 所示。

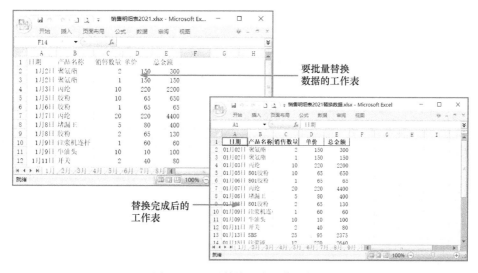

图 4-18　批量替换指定工作表数据

1. 代码实现

如下所示为批量替换 Excel 报表文件所有工作表数据的程序代码。

```
01  import pandas as pd                                    #导入 pandas 模块
02  from datetime import datetime                          #导入 datetime 模块 datetime 类
03  data=pd.read_excel('e:\\财务\\销售明细表2021.xlsx',sheet_name=None)
                                                           #读取 Excel 工作簿中所有工作表的数据
04  with pd.ExcelWriter('e:\\财务\\销售明细表2021替换数据.xlsx') as wb:
                                                           #新建 Excel 工作簿文件
05      for i,x in data.items():                           #遍历读取的所有工作表的数据
06          x['日期']=pd.to_datetime(x['日期'])             #将"日期"列转换为时间格式
07          x['日期']=x['日期'].dt.strftime('%m 月%d 日')   #重新定义"日期"列日期格式
08          replace_data=x.replace('胶粉','801胶粉')        #替换数据
09          replace_data.to_excel(wb,sheet_name=i,index=False)
                                                           #将替换后的行数据存入新建工作簿的工作表中
```

2. 代码解析

第 01 行代码：作用是导入 pandas 模块，并指定模块的别名为 "pd"。

第 02 行代码：作用是导入 datetime 模块中的 datetime 类。datetime 模块提供用于处理日期和时间的类，支持日期时间数学运算。

第 03 行代码：作用是读取 Excel 工作簿文件中所有工作表的数据。"data" 为新定义的变量，用来存储读取的 Excel 工作簿文件中所有工作表的数据；"pd" 表示 pandas 模块；"read_excel('e:\\财务\\销售明细表2021.xlsx', sheet_name=None)" 函数用来读取 Excel 工作簿文件中工作表的数据，括号中的第一个参数为要读取的 Excel 工作簿文件，"sheet_name=None" 参数用来设置所选择的工作表为所有工作表。

第 04 行代码：作用是新建 Excel 工作簿文件。代码中，"with… as…" 语句是一个控制流语句，通常用来操作已打开的文件对象。它的格式为 "with 表达式 as target:"，其中 "target" 用于指定一个变量；"pd. ExcelWriter('e:\\财务\\销售明细表2021替换数据.xlsx')" 函数用于新建一个 Excel 工作簿文件，括号中的参数用来设置新建工作簿文件名称和路径；"wb" 为指定的变量，用于存储新建的工作簿文件。

第 05 行代码：为一个 for 循环语句，其中"for…in" 为 for 循环，"i" 和 "x" 为循环变量，第06~09 行缩进部分代码为循环体。"data. items( )" 方法用于将读取的所有工作表数据（data 中数据）生成可遍历的（键，值）元组数组，用此方法可以将工作簿文件中的工作表名称作为键，工作表中的数据作为值。

当 for 循环进行第一次循环时，会访问第一个工作表中的数据，将工作表名称存储在 "i" 循环变量中，将工作表中的数据存储在 "x" 循环变量中，然后执行缩进部分代码（第 06~09 行代码）。执行完后开始执行第二次 for 循环，访问第二个工作表中的数据，然后将工作表名称存储在 "i" 循环变量中，将工作表中的数据存储在 "x" 循环变量中，再执行缩进部分代码（第 06~09 行代码）。就这样一直循环到最后一个工作表，结束循环。

第 06 行代码：作用是将 "日期" 列由字符串格式转换为时间格式。代码中，"x['日期']" 表示选择当前工作表中的 "日期" 列数据；"pd. to_datetime(x['日期'])" 函数的作用是将字符串型的数据转换为时间型数据，这样就可以用 datetime( ) 来对 "日期" 列进行处理了。括号中的内容为其参数，表

示要转换格式的列数据。

第 07 行代码：作用是重新定义"日期"列中的日期时间格式。读成 pandas 格式后的日期变为了"2021.1.2 00：00：00"，重新定义为只有日期的格式后变为"1月2日"。代码中"x['日期']"表示选择当前工作表中的"日期"列数据；"dt. strftime('%m 月%d 日')"函数用来转换日期格式。

第 08 行代码：作用是选择指定列数据。代码中，"replace _data"是新建的变量，用来存储选择的数据；"x. replace('胶粉', '801 胶粉')"的作用是查找替换数据，这里"x"中存储的是当前工作表中的数据。"replace('胶粉', '801 胶粉')"函数用来查找替换数据，括号中的"'胶粉', '801 胶粉'"为其参数，"胶粉"为要查找的数据，"801 胶粉"为要替换的数据。

第 09 行代码：作用是将提取的数据写入新 Excel 工作簿的工作表中。代码中，"replace _data"为上一行选择的行数据；"to_excel(wb, sheet_name = i, index = False)"函数为写入 Excel 数据的函数，括号中的参数"wb"为第 03 行代码中指定的存储新工作簿文件的变量；"sheet_name = i"参数用来在写入数据的 Excel 工作簿文件中新建一个工作表，命名为"i"中存储的名称（即原工作表名称）；"index = False"用来设置数据索引的方式为不写入索引。

3. 案例应用解析

在实际工作中，如果想批量替换 Excel 工作簿文件中所有工作表的指定数据，可以通过修改本例的代码来完成。首先将第 03 行代码中要打开的工作簿文件名称和路径"e：\\财务\\销售明细表2021. xlsx"修改为自己要处理的工作簿文件名称和路径，然后将第 04 行代码中的新工作簿文件名称和路径修改为自己要新建的工作簿文件名称和路径。

接着将第 06、07 行代码中的"日期"修改为自己处理的工作表中的时间日期列标题，并修改"%m 月%d 日"为自己需要的日期格式，如"%y/%m/%d"。如果要处理的工作表中没有日期列，可以删除第 06 和第 07 行代码。

最后将第 08 行代码中要替换的数据"'胶粉' '801 胶粉'"修改为自己需要替换的数据即可。

第5章 报表函数计算自动化——在 Excel 报表自动实现函数计算

在报表的制作过程中，经常会涉及很多函数的应用，本章将详细讲解一些比较常见且通用的函数的使用方法。

5.1 逻辑函数

5.1.1 and( )函数：判断多个条件是否同时满足

and( )函数用来对多个条件同时进行判断，这些条件的计算结果为逻辑值 True（真）或 False（假）。函数形式如下：and（logical1，logical2，...），括号中为其参数。如果所有参数计算的结果都为 True，则返回逻辑值 True；只要有一个参数计算的结果为 False，则返回 False。

比如，图 5-1 所示为"df"中存储的公司销售数据，现要统计公司一季度的优秀分部，需要同时满足销售额大于 50 万、销售数量大于 50 两个条件。

判断销售数据中销售额大于 50 万且销售数量大于 50 的分部的方法如下。

```
data=(df['销售数量']>50) &( df['销售额']>500000)
```

代码，"&"为 and( )函数的符号，运行上面的代码后，结果如图 5-2 所示。

图 5-1　"df"中存储的公司销售数据　　　　图 5-2　代码运行后的结果

5.1.2 or( )函数：判断多个条件中是否有其中一个满足

or( )函数用于判断多个条件中是否有一个满足，这些条件的计算结果为逻辑值 True（真）或 False（假）。函数形式如下：or（logical1，logical2，...），括号中为其参数。所有参数计算的结果中，只要有一个参数的计算结果为 True，就返回 True，所有参数的计算结果全部为 False，则返回 False。

比如，图 7-1 所示为"df"中存储的公司销售数据，现要统计公司一季度的优秀分部，需要满足销售额大于 50 万和销售数量大于 50 两个条件中的一个。

判断优秀分部的方法如下。

```
data=(df['销售数量']>50) | ( df['销售额']>500000)
```

代码，"丨"为 or( ) 函数的符号，运行上面的代码后，结果如图 5-3 所示。

```
0    True
1    True
2    False
3    True
4    True
5    True
6    True
7    False
8    True
9    False
10   False
11   True
12   True
13   True
```

图 5-3　代码运行后的结果

5.2　日期和时间函数

日期与时间函数是日常工作中使用频率较高的函数，下面将重点讲解日期时间函数的使用技巧。

5.2.1　获取当前的日期、时间

获取当前时刻的日期、时间就是获取此时此刻与日期时间相关的数据，包括年、月、日、时、分、秒、周等。在工作中，如果需要根据当前日期时间来进行下一步运算，比如计算今天 12 点的销售数据，这就需要先获取今天的日期时间。

要获取当前时刻的日期、时间，需要使用 datetime 模块中的 "now( )" 函数，这就需要先导入 datetime 模块，具体方法如下。

```
from datetime import datetime                        #导入 datetime 模块
```

下面使用 "now( )" 函数获取当前时刻的日期、时间，方法如下。

```
datetime.now()                        #获取当前时刻日期时间
```

运行上面的代码会得到日期和时间：datetime. datetime（2022，2，21，9，55，10，301315）。其中括号中的内容为当前时刻日期时间。

如果只想获取当前时刻的日期，可以使用如下方法。

```
datetime.now().date()                        #获取当前时刻日期
```

运行上面的代码会得到日期：datetime. date（2022，2，21），其中括号中的内容为当前日期。

5.2.2　获取当前日期和时间中的某部分

上一节介绍了如何获取当前时刻的日期时间。如果只想获取日期时间中的某一部分信息，比如年或周信息，该如何做呢？下面来具体讲解。

1. 获取当前日期中的年份

获取当前日期中的年份的方法如下。

```
datetime.now().year                          #获取当前日期中的年份
```

运行上面的代码会得到当前日期的年份：2022。

2. 获取当前日期中的月份

获取当前日期中的月份的方法如下。

```
datetime.now().month                         #获取当前日期中的月份
```

运行上面的代码会得到当前日期的月份：2。

3. 获取当前日期中的日

获取当前日期中的日的方法如下。

```
datetime.now().day                           #获取当前日期中的日
```

运行上面的代码会得到当前日期的日：21。

4. 获取当前日期中的星期

获取当前日期中的星期的方法如下。

```
datetime.now().weekday()+1                    #获取当前日期中的星期
```

运行上面的代码会得到当前日期的星期：1。由于"weekday()"函数获取的星期是从 0 开始数的，即周一为 0，周日为 6，因此在获取星期数据时，要用"weekday()+1"。

5. 获取当前日期中的周数

获取当前日期中的周数（即当前是一年中的第几周）的方法如下。

```
datetime.now().isocalendar()                  #获取当前日期中的周数等信息
```

运行上面的代码会得到当前日期中的周数等信息：datetime. IsoCalendarDate(year = 2022，week = 8，weekday = 1)。其中括号中的内容为当前日期中的年份、周数和星期的信息，即 2022 年第 8 周的第 1 天。

如果想单独或的周数信息，可以使用如下代码。

```
datetime.now().isocalendar()[1]               #获取当前时刻日期中的周数
```

运行上面的代码会得到当前日期中的周数：8。代码中"isocalendar()[1]"表示获取第二个元素，即周数。

5.2.3 自定义数据中的日期和时间格式

上一节介绍了如何获取当前时刻日期时间中的某部分，如果想将数据中的日期时间自定义为"日期"、或"年"、或"时间"、或"星期"，该如何做呢？下面来具体讲解。

如下所示，"df"中的数据为超市销售数据（用于本节内容的讲解）。

	消费时间	商品码	商品名称	数量	售价	销售金额
0	2020-12-20 10:08:04.0	10002	散大核桃	1	20	20
1	2020-12-20 09:51:37.0	5007	牛肉礼盒	5	85	425
2	2020-12-20 10:06:17.0	6010	毛巾	2	8	16
3	2020-12-20 10:06:17.0	9006	中南海	1	8	8
4	2020-12-20 10:06:17.0	6011	澡巾	1	5	5

1. 转换数据类型为时间格式

在上面读取的超市数据中，"消费时间"列的类型为字符串，在使用 datetime 模块中的函数进行处理时需要先将此种类型数据转换为时间类型，转换的方法如下（在转换前需要先导入 pandas 模块和 datetime 模块）。

```
df['消费时间']=pd.to_datetime(df['消费时间'])
```

代码中，"df['消费时间']"用来选择"消费时间"列数据，"pd"表示"pandas"模块，"to_datetime()"函数用来将数据类型转换为时间类型，括号中的参数"df['消费时间']"为要转换格式的内容。

2. 将"日期时间"格式转换为"日期"格式

"消费时间"列中的日期为"日期+时间"的格式，下面将其转换为纯日期的格式，转换方法如下。

```
df['消费时间']=df['消费时间'].dt.strftime('%Y-%m-%d')
```

代码中，"df['消费时间']"表示"消费时间"列数据，"dt"表示 datetime 模块，"strftime('%Y-%m-%d')"函数的作用是自定义日期时间格式，括号中为其参数"%Y-%m-%d"（"Y"要大写），表示要定义的日期时间格式为"年-月-日"（如 2020-12-20），如果要转换为"月-日"格式，就将参数修改为"%m-%d"。

3. 将"日期时间"格式转换为"月-日"格式

将"日期时间"格式转换为"月-日"格式的方法如下。

```
df['消费时间']=df['消费时间'].dt.strftime('%m-%d')
```

代码中，"df['消费时间']"表示"消费时间"列数据，"strftime('%m-%d')"函数的作用是自定义日期时间格式，括号中为其参数"%%m-%d"，表示要定义的日期时间格式为"月-日"。

4. 将"日期时间"格式转换为"年"格式

将"日期时间"格式转换为"年"格式的方法如下。

```
df['消费时间']=df['消费时间'].dt.strftime('% Y')
```

代码中，"df['消费时间']"表示"消费时间"列数据，"strftime('%Y')"函数的作用是自定义日期时间格式，括号中为其参数"%Y"（Y要大写），表示要定义的日期时间格式为"年"。同理，要将时间格式转换为"月"或"日"，将"strftime('%Y')"修改为"strftime('%m')"或"strftime('%d')"即可。

5. 将"日期时间"格式转换为"周数"格式

将"日期时间"格式转换为"周数"格式的方法如下。

```
df['消费时间']=df['消费时间'].dt.strftime('%u')
```

代码中，"df['消费时间']"表示"消费时间"列数据，"strftime('%u')"函数的作用是自定义日期时间格式，括号中为其参数"%u"（小写u），表示要定义的日期时间格式为"星期几"（获取的数据为1~7，表示星期一~星期日）。

6. 将"日期时间"格式转换为"时间"格式

"消费时间"列中的日期为"日期+时间"的格式，下面将其转换为纯时间的格式，转换方法如下。

```
df['消费时间']=df['消费时间'].dt.strftime('%H-%M-%S')
```

代码中，"df['消费时间']"用来选择"消费时间"列数据，"dt"表示datetime模块，"strftime('%H-%M-%S')"函数的作用是自定义日期时间格式，括号中为其参数"%H-%M-%S"，表示要定义的日期时间格式为"时-分-秒"（如10：08：04）。

7. 将"日期时间"格式转换为"小时"格式

将"日期时间"格式转换为"小时"格式的方法如下。

```
df['消费时间']=df['消费时间'].dt.strftime('%H')
```

代码中，"df['消费时间']"用来选择"消费时间"列数据，"strftime('%H')"函数的作用是自定义日期时间格式，括号中为其参数"%H"，表示要定义的日期时间格式为"时"，即将"消费时间"列的日期时间格式修改为"时"。同理，如果想获取"分"或"秒"，将代码"strftime('%H')"函数修改为"strftime('%M')"或"strftime('%S')"即可。

5.2.4　日期时间的运算

在日常业务中，经常会需要计算两个时间的差，比如计算用户的黏度，就需要用最后的下线时间减去登录时间来得到。

如下所示，"data"中的数据为用户在线数据（用于本节内容的讲解）。

	用户名	登录时间	下线时间
0	w3879	2020-12-20 10:08:04.0	2020-12-20 18:36:17.0
1	hexin	2020-12-20 09:51:37.0	2020-12-22 11:06:17.0

下面计算这两个用户的在线时间，方法如下。

```
data['下线时间'][1] - df['登录时间'][1]
```

代码运行后的结果如下。

```
0   0 days 08:28:13
1   2 days 01:14:40
dtype: timedelta64[ns]
```

如果想计算"hexin"用户的在线时间，方法如下。

```
data['下线时间'] - df['登录时间']
```

代码运行后的结果为：Timedelta（'2 days 01：14：40'），表示2天1小时14分40秒。代码中，"data['下线时间'][1]"表示"下线时间"列第2个元素，"df['登录时间'][1]"表示"登录时间"列第2个元素。

5.3 计算函数和格式调整函数

5.3.1 sum( )函数：按条件对数值进行求和

1. 对值进行相乘求和

常用的计算函数主要为sum( )求和函数，下面详细分析其用法。如下所示，"data"中的数据为服装店销售明细数据（用于本节内容的讲解）。

	销售渠道	商品	数量	单价
0	店面	毛衣	10	218
1	店面	西服	34	598
2	线上	T恤	45	198
3	店面	西裤	23	180
4	线上	休闲裤	45	160

在实际工作中，经常需要统计公司的销售额，如服装店每天需要统计每种商品的销售额和一天的总销售额。

具体计算代码如下。

```
(data['数量'] * df['单价']).sum()
```

代码中，"data['数量'] * df['单价']"表示"数量"列数据和"单价"列数据相乘，"sum( )"函数的作用是求和。上面代码执行时，会先计算括号中的内容，即先将每一行的数量数据与单价数据相乘，最后再将相乘后的所有数据进行求和。运行代码后的计算结果为：42762。

如果需要在数据中增加一列"销售额"，显示每种商品的销售额，可以使用下面代码。

```
data['销售额']=data['数量'] * df['单价']
date['销售额'].sum()
```

上述代码中，第一行代码在"data"数据中新增一列数据"销售额"，销售额的数据为"数量"乘以"单价"的值。第二行代码的意思是对新增的"销售额"列进行求和。

2. 对满足条件的值进行求和

下面来统计"data"数据中的"线上"销售情况，具体计算代码如下。

```
data[data['销售渠道'] = = '线上']['数量'].sum()
```

上述代码的意思是对"销售渠道"列为"线上"的行数据中的"销量"列进行求和，即先选择"销售渠道"列为"线上"的行数据，然后再对选择的数据中的"数量"列进行求和。其中，"data[data['销售渠道'] = = '线上']"表示选择"销售渠道"列为"线上"的行数据。

如果要对数据按"销售渠道"进行分类汇总，可以按下面代码计算。

```
data.groupby('销售渠道')['数量'].sum()
```

代码中，"groupby()"函数的作用是分组聚合，括号中的参数是分组的列标题，"['数量'].sum()"的作用是对分组后的数据中的"数量"列进行求和。

3. 对满足多个条件的值进行求和

前面计算了"线上"的销售情况，如果需要计算"店面"销售中销量大于 20 的商品的销量情况，可以使用如下代码。

```
data[(data['销售渠道'] = = '店面') & (data['数量'] >20)]['数量'].sum()
```

运行上述代码的结果为：57。代码中，"（data['销售渠道'] = = '店面'）"表示选择"销售渠道"列为"店面"的行数据；"（data['数量'] >20）"表示选择"数量"列大于 20 的行数据；"&"为 and 函数的符号，表示同时满足这两个条件的数据；"['数量'].sum()"表示对满足条件的所选数据的"数量"列进行求和。

5.3.2 round( )函数：对值进行四舍五入

round()函数可以对数据进行四舍五入，round()函数的格式为 round（number, num_digits），括号中为其参数，第一个参数"number"表示要四舍五入的数，第二个参数"num_digits"表示四舍五入后需要保留的小数位数。

如下所示，"data_format"中的数据为文具店的进货数据。

```
   商品   数量  单价    折扣
0  铅笔   10   1.5   8.2582
1  橡皮   35   2.5   8.5935
2  生字本  45   1.6   8.9878
3  圆珠笔  25   1.8   8.8039
4  活页纸  45   3.3   8.3761
```

下面对"data_format"数据中"橡皮"的折扣数据进行四舍五入计算，计算代码如下。

```
round(data_format['折扣'][1],2)
```

运行上述代码的结果为：8.59。代码中，round( )为四舍五入函数，其第一个参数"data_format ['折扣'][1]"表示选择"data_format"数据中"折扣"列的第二行的数，即 8.5935。

如果要对数据中"折扣"列的所有数据都四舍五入，可以用下面的代码计算。

```
data_format['折扣'].apply(lambda x:round(x,2))
```

代码中，"data_format ['折扣']"表示选择"data_format"数据中的"折扣"列数据；"lambda x: round(x,2)"为匿名函数，冒号前的x是参数，冒号右边的"round(x,2)"函数用来对"x"中的值进行四舍五入，而x从"折扣"列的数据中获取值；"apply( )"函数的作用是间接调用"lambda ( )"函数，并将"data_format['折扣']"的元素传递给"lambda( )"函数。

运行上述代码会得到如下结果。

```
0    8.26
1    8.59
2    8.99
3    8.80
4    8.38
```

5.3.3　int( )函数：获取最小正整数

int( )函数的作用是获取最小正整数，即将一个浮点数向下取整，比如 1.7 向下取整就是 1，2.2 向下取整就是 2。

下面对 5.3.2 小节中"data_format"数据下的"橡皮"的折扣数据进行向下取正整数，方法如下。

```
int(data_format['折扣'][1])
```

运行上述代码的结果为：8。代码中，int( )为获取最小正整数的函数，括号中的"data_format ['折扣'][1]"为其参数，即要取最小正整数的数；"data_format ['折扣'] [1]"表示选择"data_format"数据中"折扣"列的第二行的数，即 8.5935。

如果要对数据中"折扣"列的所有数据都取最小正整数，可以用下面的代码。

```
data_format['折扣'].apply(lambda x:int(x))
```

代码中，"data_format ['折扣']"表示选择"data_format"数据中"折扣"列数据；"lambda x: int(x)"为匿名函数，冒号前的x是参数，冒号右边的"int(x)"函数用来对"x"中的值向下取最小正整数，而x从"折扣"列的数据中获取值；"apply( )"函数的作用是间接调用"lambda( )"函数，并将"data_format ['折扣']"的元素传递给"lambda( )"函数。

5.3.4　ceil( )函数：获取最大正整数

ceil( )函数的作用是获取最大正整数，即将一个浮点数向上取整，比如 1.7 向上取整就是 2，2.2 向上取整就是 3。

下面对 5.3.2 小节中"data_format"数据下的"橡皮"的折扣数据进行向上取正整数，方法如下。
注意，由于此函数为 math 模块中的函数，因此在运行下面代码时，要先导入 math 模块，导入代码为

Python+Excel 报表自动化实战

"import math"。

```
math.ceil(data_format['折扣'][1])
```

运行上述代码的结果为：9。代码中，math. ceil( )为获取最大正整数的函数，括号中的"data_for-mat['折扣'][1]"为其参数，即要取最大正整数的数；"data_format['折扣'][1]"表示选择"data_format"数据中"折扣"列的第二行的数，即8.5935。

如果要对数据中"折扣"列的所有数据都取最大正整数，可以用下面的代码。注意先导入 math 模块（用"import math"代码导入）。

```
data_format['折扣'].apply(lambda x:math.ceil(x))
```

代码中，"data_format['折扣']"表示选择"data_format"数据中的"折扣"列数据；"lambda x：math. ceil(x)"为匿名函数，冒号前的 x 是参数，冒号右边的"math. ceil(x)"函数用来对"x"中的值向上取最大正整数，而 x 从"折扣"列的数据中获取值；"apply( )"函数的作用是间接调用"lambda( )"函数，并将"data_format['折扣']"的元素传递给"lambda( )"函数。

5.3.5　abs( )函数：获取绝对值

abs( )函数的作用是获取数值的绝对值。

下面对 5.3.2 小节中"data_format"数据下的"单价"列数据进行求绝对值，方法如下。

```
data_format['单价'].abs()
```

代码中，"data_format ['单价']"表示选择"data_format"数据中的"折扣"列数据。

5.4　统计函数

5.4.1　mean( )函数：获取满足条件的均值

mean( )函数的作用是求平均值，它是针对一组数据进行求算术平均值的运算，通常用于评估一组数据的整体水平。

如下所示，"data"中的数据为服装店一天的销售明细数据（用于本节内容的讲解）。

	销售渠道	商品	数量	单价
0	店面	毛衣	10	218
1	店面	西服	34	598
2	线上	T恤	45	198
3	店面	西裤	23	180
4	线上	休闲裤	45	160

1. 求一组数据均值

下面对"data"数据中的"数量"列数据进行求均值运算，具体代码如下。

```
data['数量'].mean()
```

运行上述代码的结果为：31.4。上述代码的作用是对 "data" 数据中的 "数量" 列数据求均值。其中，"data ['数量'] " 表示选择 "data" 数据中的 "数量" 列数据。

2. 获取满足条件的均值

下面对 "data" 数据中不同销售渠道的销量数据进行求均值运算，具体代码如下。

```
data.groupby('销售渠道')['数量'].mean()
```

上述代码中，"groupby('销售渠道') " 用于对 "data" 数据中的 "销售渠道" 列进行分组聚合，" ['数量'].mean( )" 表示对分组后的数据中的 "数量" 列进行求均值。

运行上述代码的结果如下。

```
销售渠道
店面    22.333333
线上    45.000000
Name:数量, dtype: float64
```

5.4.2　count( )函数：对满足条件的对象计数

count( )函数的作用是统计某一区域中非空单元格数值的个数。在 Python 中计算非空值时，一般直接在整个数据表上调用 count( )函数即可返回每列的非空值个数。

1. 对一组数据进行计数

下面对 5.4.1 小节中 "data" 数据下的 "商品" 列数据进行计数运算，具体代码如下。

```
data['商品'].count()
```

运行上述代码的结果为：5。上述代码的作用是对 "data" 数据中的 "商品" 列数据进行计数运算。其中，"data['商品'] " 表示选择 "data" 数据中的 "商品" 列数据。

2. 对获取满足条件的数据计数

下面对 "data" 数据中不同销售渠道的成交数进行计数运算，具体代码如下。

```
data.groupby('销售渠道')['商品'].count()
```

上述代码中，"groupby ('销售渠道') " 用于对 "data" 数据中的 "销售渠道" 列进行分组聚合，" ['商品'].count( )" 表示对分组后的数据中的 "商品" 列进行计数运算。

运行上述代码的结果如下。

```
销售渠道
店面    3
线上    2
Name:商品, dtype: int64
```

5.4.3　max( )函数：获取最大值

max( )函数的作用是比较一组数据中所有数值的大小，然后返回最大的一个值。

下面对 5.4.1 小节中 "data" 数据下的 "数量" 列数据进行求最大值运算，找出销量最好的数据，具体代码如下。

```
data['数量'].max()
```

运行上述代码的结果为：45。上述代码的作用是对 "data" 数据中的 "数量" 列数据进行求最大值运算。其中，"data['数量']" 表示选择 "data" 数据中 "数量" 列数据。

如果想对所有数据或一行/列数据进行求最大值运算，代码如下。

```
data.max()                    #对各列进行求最大值
data.max(axis=1)              #对各行进行求最大值
```

5.4.4　min( )函数：获取最小值

min( )函数的作用是比较一组数据中所有数值的大小，然后返回最小的一个值。

下面对 5.4.1 小节中 "data" 数据下的 "数量" 列数据进行求最小值运算，找出销量最差的数据，具体代码如下。

```
data['数量'].min()
```

运行上述代码的结果为：10。上述代码的作用是对 "data" 数据中的 "数量" 列数据进行求最小值运算。其中，"data['数量']" 表示选择 "data" 数据中的 "数量" 列数据。

如果想对所有数据或一行/列数据进行求最小值运算，代码如下。

```
data.min()                    #对各列进行求最小值
data.min(axis=1)              #对各行进行求最小值
```

5.4.5　sort_values( )函数：对数据排序

sort_values( )函数的作用是按照具体数值的大小进行排序，有升序和降序两种：升序就是数值由小到大排列，降序就是数值由大到小排列。

1. 对一列数据进行升序排序

下面对 5.4.1 小节中 "data" 数据下的 "数量" 列数据进行升序排序，具体代码如下。

```
data.sort_values(by=['数量'])
```

上述代码的作用是对 "data" 数据中的 "数量" 列数据进行升序排序。其中，"sort_values（by = ['数量']）" 表示对 "数量" 列进行升序排序，括号中的参数 "by = ['数量']" 用来设置排序的列。

2. 对一列数据进行降序排序

下面对 5.4.1 小节中 "data" 数据下的 "数量" 列数据进行降序排序，具体代码如下。

```
data.sort_values(by=['数量'], ascending=False)
```

上述代码的作用是对"data"数据中的"数量"列数据进行降序排序。其中，"sort_values（by=['数量']，ascending=False）"表示对"数量"列进行降序排序，括号中的参数"ascending=False"用来设置排序的方式为降序，如果"ascending=True"则为升序排序。

3. 对一列数据进行排序并取前 3 名数据

下面对 5.4.1 小节中"data"数据下的"数量"列数据进行排序，取前 3 位的最好数据，具体代码如下。

```
data.sort_values(by=['数量'], ascending=False).head(3)
```

上述代码的作用是对"data"数据中的"数量"列数据进行降序排序。其中，"head(3)"表示从排序数据中取前 3 名的数据。

上述代码的运行结果如下。

	销售渠道	商品	数量	单价
2	线上	T恤	45	198
4	线上	休闲裤	45	160
1	店面	西服	34	598

4. 对多列数据进行排序

对多列数值进行排序是指同时依据多列数据进行升序或降序排列，当第一列出现重复值时，按照第二列进行排序，当第二列出现重复值时，按照第三列进行排序。

下面对 5.4.1 小节中"data"数据下的"数量"列和"单价"列数据进行降序排序，具体代码如下。

```
data.sort_values(by=['数量','单价'], ascending=False)
```

上述代码的作用是对"data"数据中的"数量"列和"单价"列数据进行降序排序。其中，"by=['数量','单价']"用来设置进行排序的列。

5.4.6　获取第 k 大的值

在工作中，如果需要获取第 k 大的值，比如要获取第 2 大的值，可以先将数据进行降序排序，然后获取第 2 个值即可。

下面对 5.4.1 小节中"data"数据下的"数量"列数据进行降序排序，找出销量第 2 好的数据，具体代码如下。

```
data['数量'].sort_values(ascending=False).values[2]
```

运行上述代码的结果为：34。上述代码的作用是对"data"数据中的"数量"列数据进行降序排序，然后取第 2 个数据。其中，"data['数量']"表示选择"data"数据中的"数量"列数据；"sort_values(ascending=False)"函数用于对数据进行排序，其参数"ascending=False"用来设置排序顺序，False 表示按降序排序，True 表示按升序排序；"values[2]"表示取排序数据的第 2 个数据。如果想取第 3 个数据，就修改为"values[3]"。

5.4.7　获取第 k 小的值

在工作中，如果需要获取第 k 小的值，比如要获取第 2 小的值，可以先将数据进行升序排序，然后获取第 2 个值即可。

下面对 5.4.1 小节中"data"数据下的"数量"列数据进行升序排序，找出销量第 2 差的数据，具体代码如下。

```
data['数量'].sort_values().values[3]
```

运行上述代码的结果为：34。上述代码的作用是对"data"数据中的"数量"列数据进行升序排序，然后取第 2 个数据。其中，"data['数量']"表示选择"data"数据中的"数量"列数据；"sort_values()"函数用于对数据进行排序，省略"ascending=False"参数表示对数据进行升序顺序。"values[2]"表示取排序数据的第 2 个数据。

5.4.8　rank( )函数：对数据排名

rank()函数的作用是对数值的大小进行排名。排名和排序是不同的，排序是将原数值按照升序或降序的方式进行排列，而排名则是不改变原数值的顺序，生成一个新的排名列。

下面对 5.4.1 小节中"data"数据下的"数量"列数据进行排名，具体代码如下。

```
data['数量'].rank(ascending=False,method='min')
```

代码中，"data['数量']"表示选择"data"数据中的"数量"列数据，"rank(ascending=False,method='min')"函数用来对数据进行排名；括号中的参数"ascending=False"用来设置按降序排名，如果设置为"ascending=True"表示按升序排名；"method='min'"参数用来设置当排名值遇到重复值时如何处理。

运行上述代码的结果为如下。

```
0    5.0
1    3.0
2    1.0
3    4.0
4    1.0
Name:数量, dtype: float64
```

5.4.9　median( )函数：获取中位数

median()函数的作用是求中位数，即将一组含有 n 个数据的序列 X 按从小到大排列，取位于中间位置的那个数。

下面对 5.4.1 小节中"data"数据下的"数量"列数据进行求中位数，具体代码如下。

```
data['数量'].median()
```

运行上述代码的结果为：34.0。代码中，"data['数量']"表示选择"data"数据中的"数量"列数据。

如果想对所有数据或一行/列数据进行求中位数运算，代码如下。

```
data.median()                          #对各列进行求中位数
data.median(axis=1)                    #对各行进行求中位数
```

5.4.10 mode()函数：获取众数

mode()函数的作用是求众数，即求一组数据中出现次数最多的数，通常可以用众数来计算顾客的复购率。

下面对 5.4.1 小节中"data"数据下的"销售渠道"列数据进行求众数，具体代码如下。

```
data['销售渠道'].mode()
```

运行上述代码的结果为：(0，店面)。代码中，"data['销售渠道']"表示选择"data"数据中的"销售渠道"列数据。注意，如果求某一列的众数，返回的会是一个元组，如（0，280）。其中 0 为索引，280 为众数。

如果想对所有数据或一行/列数据进行求众数运算，代码如下。

```
data.mode()                            #对各列进行求众数
data.mode(axis=1)                      #对各行进行求众数
```

5.4.11 quantile()函数：获取分位数

quantile()函数的作用是求分位数，分位数是比中位数更加详细的基于位置的指标，分位数主要有四分之一分位数、四分之二分位数、四分之三分位数，其中四分之二分位数就是中位数。

下面对 5.4.1 小节中"data"数据下的"数量"列数据进行求分位数，具体代码如下。

```
data['数量'].quantile(0.5)
```

运行上述代码的结果为：34.0。代码中，"data['数量']"表示选择"data"数据中的"数量"列数据。"quantile(0.5)"表示求四分之二分位数，括号中参数为所求分位数值。

如果想对所有数据或一行/列数据进行求分位数运算，代码如下。

```
data.quantile(0.25)                    #求各列四分之一分位数
data.quantile(0.75,axis=1)             #对各行四分之三分位数
```

5.4.12 var()函数：获取方差值

var()函数的作用是求方差，方差用来衡量一组数据的离散程度。

下面对 5.4.1 小节中"data"数据下的"数量"列数据进行求方差，具体代码如下。

```
data['数量'].var()
```

运行上述代码的结果为：226. 29999999999998。

如果想对所有数据或一行/列数据进行求方差运算，代码如下。

```
data.var()                    #对各列求方差
data.var(axis=1)              #对各行求方差
```

5.4.13 std( )函数：获取标准差值

std( )函数的作用是求标准差，标准差是方差的平方根，二者都用来表示数据的离散程度。

下面对 5.4.1 小节中 "data" 数据下的 "数量" 列数据进行求标准差，具体代码如下。

```
data['数量'].std()
```

运行上述代码的结果为：15.043270920913443。

如果想对所有数据或一行/列数据进行求标准差运算，代码如下。

```
data.std()                    #对各列求标准差
data.std(axis=1)              #对各行求标准差
```

5.4.14 corr( )函数：进行相关性运算

corr( )函数的作用是对数据进行相关性运算。相关性用来衡量两个事物之间的相关程度，通常用相关系数来衡量两者的相关程度，所以相关性计算其实就是计算相关系数，比较常用的是皮尔逊相关系数。

下面对 5.4.1 小节中 "data" 数据下的各字段两两之间的相关性进行求解，具体代码如下。

```
data.corr()
```

运行上述代码的结果如下。

	数量	单价
数量	1.000000	0.022235
单价	0.022235	1.000000

如果想求 "数量" 列和 "单价" 列的相关系数，代码如下。

```
data['数量'].corr(data['单价'])
```

上述代码运行结果为：0.022234554850301597。

第6章 报表数据处理自动化——对 Excel 报表数据自动筛选/排序/分类汇总

日常工作中，经常需要对报表数据进行筛选、排序、分类汇总、求和计算等编辑处理，本章将通过大量的实战案例，讲解利用 Python 自动对报表进行数据筛选、分类汇总等处理的方法和经验。

6.1 用 Python 自动对 Excel 报表中的数据进行排序

6.1.1 案例1：自动对 Excel 报表文件中所有工作表中的数据分别进行排序

在日常对 Excel 工作簿文件的处理中，如果想自动对 Excel 报表文件中的所有工作表分别进行排序，可以使用 Python 程序自动处理。

下面批量分别对 E 盘"财务"文件夹下的 Excel 工作簿文件"销售明细表2021.xlsx"内所有工作表中的"总金额"列进行排序，并将排序后的结果分别写到新的 Excel 工作簿文件的不同工作表中，如图 6-1 所示。

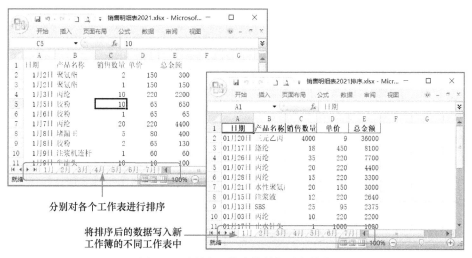

图 6-1 对所有工作表的数据进行排序

1. 代码实现

如下所示为对 Excel 报表文件的所有工作表进行排序的程序代码。

```
01  import pandas as pd                              #导入 pandas 模块
02  from datetime import datetime                    #导入 datetime 模块中的 datetime 函数
03  data=pd.read_excel('e:\\财务\\销售明细表2021.xlsx',sheet_name=None)
                                                     #读取 Excel 工作簿中所有工作表的数据
```

```
04   with pd.ExcelWriter('e:\\财务\\销售明细表2021排序.xlsx') as wb:
                                        #新建 Excel 工作簿文件
05     for i,x in data.items():          #遍历读取的所有工作表的数据
06        x['日期']=pd.to_datetime(x['日期'])  #将"日期"列转换为时间格式
07        x['日期']=x['日期'].dt.strftime('%m月%d日')  #重新定义"日期"列日期格式
08        data_sort=x.sort_values(by='总金额',ascending=False)   #数据排序
09        data_sort.to_excel(wb,sheet_name=i,index=False)
                                        #将排序后的行数据存入新建工作簿的工作表中
```

2. 代码解析

第01行代码：作用是导入 pandas 模块，并指定模块的别名为"pd"。

第02行代码：作用是导入 datetime 模块中的 datetime 函数。datetime 模块提供用于处理日期和时间的类，支持日期时间数学运算。

第03行代码：作用是读取 Excel 工作簿文件中所有工作表的数据。"data"为新定义的变量，用来存储读取的 Excel 工作簿文件中所有工作表的数据；"pd"表示 pandas 模块；"read_excel('e:\\财务\\销售明细表2021.xlsx', sheet_name=None)"函数用来读取 Excel 工作簿文件中工作表的数据，括号中的第一个参数为要读取的 Excel 工作簿文件，"sheet_name=None"参数用来设置所选择的工作表为所有工作表，也可以指定工作表名称。

第04行代码：作用是新建 Excel 工作簿文件。代码中，"with… as…"是一个控制流语句，通常用来操作已打开的文件对象。它的格式为"with 表达式 as target:"，其中"target"用于指定一个变量；"pd.ExcelWriter('e:\\财务\\销售明细表2021排序.xlsx')"函数用于新建一个 Excel 工作簿文件，括号中的参数为新建工作簿文件名称和路径；"wb"为指定的变量，用于存储新建的工作簿文件。

第05～09行代码为一个 for 循环语句，用于对所有工作表中的数据逐一进行排序。

第05行代码：为 for 循环，"i"和"x"为循环变量，第06～09行缩进部分代码为循环体。"data.items()"方法用于将读取的所有工作表数据（data 中数据）生成可遍历的（键，值）元组数组，用此方法可以将工作簿文件中的工作表名称作为键，工作表中的数据作为值。

当 for 循环进行第一次循环时，会访问第一个工作表中的数据，将工作表名称存储在"i"循环变量中，将工作表中的数据存储在"x"循环变量中，然后执行缩进部分代码（第06～09行代码）；执行完后开始执行第二次 for 循环，遍历第二个工作表中的数据，然后将工作表名称存储在"i"循环变量中，将工作表中的数据存储在"x"循环变量中，再执行缩进部分代码（第06～09行代码）。就这样一直循环到最后一个工作表，结束循环。

第06行代码：作用是将"日期"列由字符串格式转换为时间格式。代码中，"x['日期']"表示选择当前工作表中的"日期"列数据，"pd.to_datetime(x['日期'])"函数的作用是将字符串型的数据转换为时间型数据，这样就可以用 datetime() 来对"日期"列进行处理了。括号中的内容为其参数，表示要转换格式的列数据。

第07行代码：作用是重新定义"日期"列中的日期时间格式为日期格式。读成 pandas 格式后的日期变为了"2021.1.2 00：00：00"，重新定义为只有日期的格式，即重新定义后变为"1月2日"。代码中"x['日期']"表示选择当前工作表中的"日期"列数据；"dt.strftime('%m月%d日')"函数用来转换日期格式。

第 08 行代码：作用是选择指定列数据。代码中，"data_sort"是新建的变量，用来存储选择的数据；"x. sort_values(by ='总金额', ascending = False)"的作用是对数据进行排序，这里"x"中存储的是当前工作表中的数据，"sort_values(by ='总金额', ascending = False)"函数用来按"总金额"列进行排序，其中"by ='总金额'"参数用于指定排序的列，"ascending = False"参数用来设置排序方式，True 表示升序，False 表示降序。

第 09 行代码：作用是将提取的数据写入新 Excel 工作簿的工作表中。代码中，"data_sort"为上一行选择的行数据；"to_excel(wb, sheet_name = i, index = False)"函数为写入 Excel 数据的函数，括号中的第一个参数"wb"为第 04 行代码中指定的存储的新工作簿文件的变量；"sheet_name = i"参数用来在写入数据的 Excel 工作簿文件中新建一个工作表，命名为"i"中存储的名称（即原工作表名称）；"index = False"用来设置数据索引为不写入索引。

3. 案例应用解析

在实际工作中，如果想批量对 Excel 工作簿文件中所有工作表的数据进行排序，可以通过修改本例的代码来完成。首先将第 03 行代码中要打开的工作簿文件名称和路径"e:\\财务\\销售明细表 2021. xlsx"修改为自己要处理的工作簿文件名称和路径，然后将第 04 行代码中新工作簿文件名称和路径修改为自己要新建的工作簿文件名称和路径。

接着将第 06、07 行代码中的"日期"修改为自己处理的工作表中的时间日期列标题，并修改"%m 月%d 日"为自己需要的日期格式，如"%y/%m/%d"（如 2022/1/23）。如果要处理的工作表中没有日期列，可以删除第 06、07 行代码。最后将第 08 行代码中"总金额"修改为要进行排序的列标题即可。

6.1.2　案例2：批量对多个 Excel 报表文件中指定工作表的数据进行排序

在日常对 Excel 工作簿文件的处理中，如果想批量对多个 Excel 报表文件中指定工作表的数据分别进行排序，可以使用 Python 程序自动处理。

下面批量对 E 盘"财务"文件夹内"分类汇总"子文件夹下所有 Excel 工作簿文件中第一个工作表的数据分别进行排序，并将排序结果分别写到新 Excel 工作簿文件的"排序"工作表中，如图 6-2 所示。

1. 代码实现

如下所示为批量对多个 Excel 报表文件指定工作表的数据进行排序的程序代码。

```
01  import pandas as pd                              #导入 pandas 模块
02  import os                                        #导入 os 模块
03  file_list=os.listdir('e:\\财务\\排序')            #提取指定文件夹下所有文件和文件夹的名称
04  for i in file_list:                              #遍历列表 file_list 中的元素
05      data=pd.read_excel('e:\\财务\\排序\\'+i,sheet_name=0)
                                                     #读取 Excel 工作簿中所有工作表的数据
06      file_name,ext= os.path.splitext(i)           #分离文件名和扩展名
07      with pd.ExcelWriter(f'e:\\财务\\排序\\{file_name}排序.xlsx') as wb:
                                                     #新建 Excel 工作簿文件
08          data_sort=data.sort_values(by='销售金额',ascending=False)  #数据排序
09          data_sort.to_excel(wb,sheet_name='排序',index=False)
                                                     #将排序后的行数据存入新建工作簿的工作表中
```

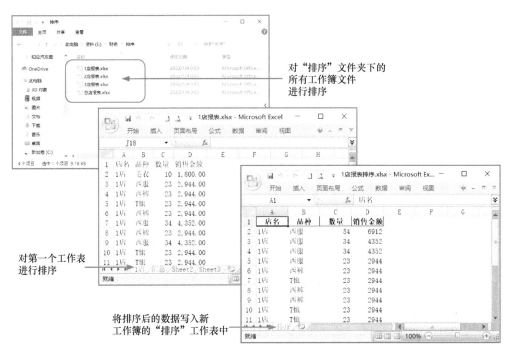

图 6-2　对所有工作簿指定工作表的数据进行排序

2. 代码解析

第 01 行代码：作用是导入 pandas 模块，并指定模块的别名为"pd"。

第 02 行代码：作用是导入 os 模块。

第 03 行代码：作用是将路径下所有文件和文件夹的名称以列表的形式保存在"file_list"列表中。代码中，"file_list"为新定义的变量，用来存储返回的名称列表；os 表示 os 模块；"listdir( )"函数用于返回指定文件夹包含的文件或文件夹名称的列表，括号中为此函数的参数，即要处理的文件夹的路径。如图 6-3 所示为"file_list"列表中存储的数据。

['1店报表.xlsx', '2店报表.xlsx', '3店报表.xlsx', '总店报表.xlsx']

图 6-3　程序执行后"file_list"列表中存储的数据

第 04~09 行代码为一个 for 循环语句，用来遍历列表"file_list"列表中的元素，并在每次循环时将遍历的元素存储在"i"循环变量中。

第 04 行代码：为 for 循环，"i"为循环变量，第 05~09 行缩进部分代码为循环体。当第一次 for 循环时，for 循环会访问"file_list"列表中的第一个元素（1 店报表 .xlsx），并将其保存在"i"循环变量中，然后运行 for 循环中的缩进部分代码（循环体部分），即第 05~09 行代码；执行完后，返回执行第 04 行代码，开始第二次 for 循环，访问列表中的第二个元素（2 店报表 .xlsx），并将其保存在"i"循环变量中，然后运行 for 循环中的缩进部分代码，即第 05~09 行代码。就这样一直反复循环，直到最后一次循环完成后，结束循环。

第 05 行代码：作用是读取 Excel 工作簿文件中所有工作表的数据。"data" 为新定义的变量，用来存储读取的 Excel 工作簿文件中所有工作表的数据；"pd" 表示 pandas 模块；"read_excel('e:\\财务\\排序\\'+i，sheet_name=None）" 函数用来读取 Excel 工作簿文件中工作表的数据，括号中的第一个参数为要读取的 Excel 工作簿文件。"'e:\\财务\\排序\\'" 为路径，"i" 为文件名，如果 "i" 中存储的为 "2 店报表.xlsx"，则会打开 "e:\\财务\\排序\\2 店报表.xlsx" 工作簿文件。"sheet_name=None" 用来设置所选择的工作表为所有工作表。

第 06 行代码：作用是分离文件名和扩展名。"file_name" 和 "ext" 为新定义的变量，用来存储分离后的文件名和扩展名，"os.path.splitext(i)" 函数为 os 模块的函数，用来分离文件名和扩展名，括号中的 "i" 为要分离的文件全名。如果 "i" 存储的为 "1 店报表.xlsx"，则分离后，会将 "1 店报表" 存储到 "file_name" 中，将 ".xlsx" 存储到 "ext" 中。

第 07 行代码：作用是新建 Excel 工作簿文件。代码中，"with… as…" 是一个控制流语句，通常用来操作已打开的文件对象。它的格式为 "with 表达式 as target："，其中 "target" 用于指定一个变量；"pd.ExcelWriter（f'e:\\财务\\排序\\{file_name}排序.xlsx'）" 函数用于新建一个 Excel 工作簿文件，括号中的参数为新建工作簿文件名称和路径，"file_name" 为上一行代码中新定义的变量，存储的是分离的文件名，如果 "file_name" 中存储的为 "1 店报表"，则新建工作簿文件的名称就为："e:\\财务\\排序\\1 店报表排序.xlsx"。这里 "f" 的作用是将不同类型的数据拼接成字符串，即以 f 开头时，字符串中大括号（"{}"）内的数据无须转换数据类型，就能被拼接成字符串；"wb" 为指定的变量，用于存储新建的工作簿文件。

第 08 行代码：作用是选择指定列数据。代码中，"data_sort" 是新建的变量，用来存储选择的数据；"data.sort_values(by='销售金额'，ascending=False)" 的作用是对数据进行排序，这里 "data" 为第 05 行代码中读取的当前工作表中的数据；"sort_values(by='销售金额'，ascending=False)" 函数用来按 "销售金额" 列进行排序。其中 "by='销售金额'" 参数用于指定排序的列，"ascending=False" 参数用来设置排序方式，True 表示升序，False 表示降序。

第 09 行代码：作用是将提取的数据写入新 Excel 工作簿的工作表中。代码中，"data_sort" 为上一行选择的行数据；"to_excel（wb，sheet_name='排序'，index=False）" 函数为写入 Excel 数据的函数，括号中的第一个参数 "wb" 为第 07 行代码中指定的存储的新工作簿文件的变量；"sheet_name='排序'" 参数用来在写入数据的 Excel 工作簿文件中新建一个工作表，命名为 "排序"；"index=False" 用来设置数据索引为不写入索引。

3. 案例应用解析

在实际工作中，如果想批量对 Excel 工作簿文件中所有工作表的数据进行排序，可以通过修改本例的代码来完成。首先将第 03 行代码中要指定的文件夹路径修改为自己要处理的工作簿文件所在文件夹的名称。接着将第 05 行代码中要打开的工作簿文件名称和路径 "e:\\财务\\排序\\" 修改为自己要处理的工作簿文件所在文件夹的路径，然后将第 07 行代码中新工作簿文件名称和路径修改为自己要新建的工作簿文件名称和路径。最后将第 08 行代码中的 "销售金额" 修改为要进行排序的标题，将第 09 行代码中的 "排序" 修改为工作表的名称即可。

6.2 用 Python 自动对 Excel 报表中的数据进行筛选

6.2.1 案例 1：自动筛选 Excel 报表文件中所有工作表的数据（单个条件筛选）

在日常对 Excel 工作簿文件的处理中，如果想对 Excel 报表文件中所有工作表分别进行筛选，可以使用 Python 程序自动处理。

下面分别对 E 盘"财务"文件夹下 Excel 工作簿文件"销售明细表 2021.xlsx"中的所有工作表进行单个条件筛选，并将筛选后的结果分别写到新 Excel 工作簿文件的不同工作表中，如图 6-4 所示。

图 6-4 筛选所有工作表中的数据

1. 代码实现

如下所示为批量筛选 Excel 报表文件所有工作表数据的程序代码。

```
01  mport pandas as pd                                    #导入 pandas 模块
02  from datetime import datetime                         #导入 datetime 模块的 datetime 函数
03  data=pd.read_excel('e:\\财务\\销售明细表 2021.xlsx',sheet_name=None)
                                                          #读取 Excel 工作簿中所有工作表的数据
04  with pd.ExcelWriter('e:\\财务\\销售明细表 2021 筛选.xlsx') as wb:
                                                          #新建 Excel 工作簿文件
05    for i,x in data.items():                            #遍历读取的所有工作表的数据
06      x['日期']=pd.to_datetime(x['日期'])                #将"日期"列转换为时间格式
07      x['日期']=x['日期'].dt.strftime('%m 月%d 日')      #重新定义"日期"列日期格式
08      data_sift= x[x['产品名称']=='聚氨酯']             #筛选数据
09      data_sift.to_excel(wb,sheet_name=i,index=False)
                                                          #将筛选后的行数据存入新建工作簿的工作表中
```

2. 代码解析

第 01 行代码：作用是导入 pandas 模块，并指定模块的别名为"pd"。

第 02 行代码：作用是导入 datetime 模块中的 datetime 函数。

第 03 行代码：作用是读取 Excel 工作簿文件中所有工作表的数据。"data"为新定义的变量，用来存储读取的 Excel 工作簿文件中所有工作表的数据；"pd"表示 pandas 模块；"read_excel('e:\\财务\\销售明细表 2021.xlsx', sheet_name=None)"函数用来读取 Excel 工作簿文件中工作表的数据，括号中的第一个参数为要读取的 Excel 工作簿文件，"sheet_name=None"参数用来设置所选择的工作表为所有工作表，也可以指定工作表名称。

第 04 行代码：作用是新建 Excel 工作簿文件。代码中，"with… as…"是一个控制流语句，通常用来操作已打开的文件对象。它的格式为"with 表达式 as target:"，其中"target"用于指定一个变量；"pd.ExcelWriter('e:\\财务\\销售明细表 2021 筛选.xlsx')"函数用于新建一个 Excel 工作簿文件，括号中的参数为新建工作簿文件名称和路径；"wb"为指定的变量，用于存储新建的工作簿文件。

第 05~09 行代码为一个 for 循环语句，用于对所有工作表中的数据逐一进行筛选。

第 05 行代码：为 for 循环，"i"和"x"为循环变量，第 06~09 行缩进部分代码为循环体；"data.items()"方法用于将读取的所有工作表数据（data 中数据）生成可遍历的（键，值）元组数组，用此方法可以将工作簿文件中的工作表名称作为键，工作表中的数据作为值。

当 for 循环进行第一次循环时，会访问第一个工作表中的数据，然后将工作表名称存储在"i"循环变量中，将工作表中的数据存储在"x"循环变量中，然后执行缩进部分代码（第 06~09 行代码）；执行完后开始执行第二次 for 循环，访问第二个工作表中的数据，然后将工作表名称存储在"i"循环变量中，将工作表中的数据存储在"x"循环变量中，然后执行缩进部分代码（第 06~09 行代码）。就这样一直循环到最后一个工作表，结束循环。

第 06 行代码：作用是将"日期"列由字符串格式转换为时间格式。代码中，"x['日期']"表示选择当前工作表中的"日期"列数据；"pd.to_datetime(x['日期'])"函数的作用是将字符串型的数据转换为时间型数据，这样就可以用 datetime() 来对"日期"列进行处理了。括号中的内容为其参数，表示要转换格式的列数据。

第 07 行代码：作用是重新定义"日期"列中的日期时间格式为日期格式。读成 pandas 格式后的日期变为了"2021.1.2 00：00：00"，重新定义为只有日期的格式后变为"1 月 2 日"；代码中"x['日期']"表示选择当前工作表中的"日期"列数据；"dt.strftime('%m 月%d 日')"函数用来转换日期格式。

第 08 行代码：作用是筛选数据。代码中，"data_sift"是新建的变量，用来存储选择的数据；"x[x['产品名称']=='聚氨酯']"的作用是对数据进行筛选，这里"x"中存储的是所读取的当前工作表中的数据，"x['产品名称']=='聚氨酯'"表示选择"产品名称"列中为"聚氨酯"的行数据；如果想筛选"总金额"列中大于 1500 的数据，可以将此行代码修改为"data_sift=x[x['总金额']>=1500]"。

第 09 行代码：作用是将提取的数据写入新 Excel 工作簿的工作表中。代码中，"data_sift"为上一行选择的行数据；"to_excel(wb, sheet_name=i, index=False)"函数为写入 Excel 数据的函数，括号中的第一个参数"wb"为第 04 行代码中指定的存储的新工作簿文件的变量；"sheet_name=i"参数用

Python+Excel 报表自动化实战

来在写入数据的 Excel 工作簿文件中新建一个工作表,命名为"i"中存储的名称(即原工作表名称);"index=False"用来设置数据索引为不写入索引。

3. 案例应用解析

在实际工作中,如果想批量对 Excel 工作簿文件中所有工作表的数据进行筛选,可以通过修改本例的代码来完成。首先将第 03 行代码中要打开的工作簿文件名称和路径"e:\\财务\\销售明细表2021.xlsx"修改为自己要处理的工作簿文件名称和路径,然后将第 04 行代码中新工作簿文件名称和路径修改为自己要新建的工作簿文件名称和路径。

接着将第 06、07 行代码中的"日期"修改为自己处理的工作表中的时间日期列标题,并修改"%m 月%d 日"为自己需要的日期格式,如"%y-%m-%d"(如 2022-1-23)。如果要处理的工作表中没有日期列,可以删除第 06 和第 07 行代码。最后将第 08 行代码中的"产品名称"和"聚氨酯"修改为要进行筛选的列标题和产品名称即可。

6.2.2 案例2:自动筛选 Excel 报表文件中所有工作表的数据(多个条件筛选)

在日常对 Excel 工作簿文件的处理中,如果想对 Excel 报表文件中所有工作表进行筛选,并将所有筛选数据写到一个新工作表中,可以使用 Python 程序自动处理。

下面分别对 E 盘"财务"文件夹下 Excel 工作簿文件"销售明细表2021.xlsx"中的所有工作表进行多个条件筛选,并将所有筛选结果写到新 Excel 工作簿文件的工作表中,如图 6-5 所示。

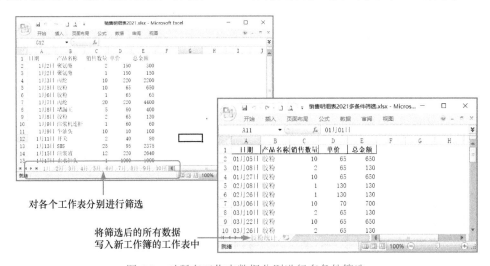

图 6-5　对所有工作表数据分别进行多条件筛选

1. 代码实现

如下所示为批量多条件筛选 Excel 报表文件所有工作表数据的程序代码。

```
01  import pandas as pd                          #导入 pandas 模块
02  from datetime import datetime               #导入 datetime 模块的 datetime 函数
03  data=pd.read_excel('e:\\财务\\销售明细表2021.xlsx',sheet_name=None)
                                                 #读取 Excel 工作簿中所有工作表的数据
```

```
04   with pd.ExcelWriter('e:\财务\销售明细表2021多条件筛选.xlsx') as wb:
                                          #新建 Excel 工作簿文件
05     data_pd=pd.DataFrame()             #新建一个空 DataFrame 用于存放数据
06     for i,x in data.items():           #遍历读取的所有工作表的数据
07       x['日期']=pd.to_datetime(x['日期'])   #将"日期"列转换为时间格式
08       x['日期']=x['日期'].dt.strftime('%m月%d日')  #重新定义"日期"列日期格式
09       data_sift=x[(x['产品名称']=='胶粉') & (x['总金额']>=100)]
                                          #多条件筛选数据
10       data_pd=data_pd.append(data_sift)  #将 data_sift 的数据加到 data_pd 中
11     data_pd.to_excel(wb,sheet_name='胶粉统计',index=False)
                                          #将筛选的总数据存入新建工作簿的工作表中
```

2. 代码解析

第 01 行代码：作用是导入 pandas 模块，并指定模块的别名为"pd"。

第 02 行代码：作用是导入 datetime 模块中的 datetime 函数。

第 03 行代码：作用是读取 Excel 工作簿文件中所有工作表的数据。"data"为新定义的变量，用来存储读取的 Excel 工作簿文件中所有工作表的数据；"pd"表示 pandas 模块；"read_excel('e:\\财务\\销售明细表2021.xlsx'，sheet_name=None)"函数用来读取 Excel 工作簿文件中工作表的数据，括号中的第一个参数为要读取的 Excel 工作簿文件，"sheet_name=None"参数用来设置所选择的工作表为所有工作表，也可以指定工作表名称。

第 04 行代码：作用是新建 Excel 工作簿文件。代码中，"with… as…"是一个控制流语句，通常用来操作已打开的文件对象。它的格式为"with 表达式 as target:"，其中"target"用于指定一个变量；"pd.ExcelWriter('e:\\财务\\销售明细表2021多条件筛选.xlsx')"函数用于新建一个 Excel 工作簿文件，括号中的参数为新建工作簿文件名称和路径；"wb"为指定的变量，用于存储新建的工作簿文件。

第 05 行代码：作用是新建一个名为 data_pd 的空的 DataFrame 格式数据。

第 06 ~ 10 行代码为一个 for 循环语句，用于对所有工作表中的数据逐一进行筛选。

第 06 行代码：为 for 循环，"i"和"x"为循环变量，第 07 ~ 10 行缩进部分代码为循环体；"data.items()"方法用于将读取的所有工作表数据（data 中数据）生成可遍历的（键，值）元组数组，用此方法可以将工作簿文件中的工作表名称作为键，工作表中的数据作为值。

当 for 循环进行第一次循环时，会访问第一个工作表中的数据，然后将工作表名称存储在"i"循环变量中，将工作表中的数据存储在"x"循环变量中，然后执行缩进部分代码（第 07 ~ 10 行代码）；执行完后开始执行第二次 for 循环，访问第二个工作表中的数据，然后将工作表名称存储在"i"循环变量中，将工作表中的数据存储在"x"循环变量中，再执行缩进部分代码（第 07 ~ 10 行代码）。就这样一直循环到最后一个工作表，结束循环。

第 07 行代码：作用是将"日期"列由字符串格式转换为时间格式。代码中，"x['日期']"表示选择当前工作表中的"日期"列数据，"pd.to_datetime(x['日期'])"函数的作用是将字符串型的数据转换为时间型数据，这样就可以用 datetime() 来对"日期"列进行处理了。括号中的内容为其参数，表示要转换格式的列数据。

第 08 行代码：作用是重新定义"日期"列中的日期时间格式为日期格式。读成 pandas 格式后的日期变为了"2021.1.2 00：00：00"，重新定义为只有日期的格式后变为"1 月 2 日"；代码中"x['日期']"表示选择当前工作表中的"日期"列数据；"dt. strftime('%m 月%d 日')"函数用来转换日期格式。

第 09 行代码：作用是按条件筛选数据。代码中，"data_sift"是新建的变量，用来存储筛选的数据；"x[（x['产品名称'] = ='胶粉'）&（x['总金额'] >= 100)]"的作用是多条件选择指定的数据，这里"x"中存储的是当前工作表中的数据，"（x['产品名称'] = ='胶粉'）"用于选择"产品名称"列为"胶粉"的行数据，"（x['总金额'] >= 100)]"用来选择"总金额"列大于等于 100 的行数据；"&"为逻辑运算符，表示"与"，另外还有其他逻辑运算符，其中"|"表示"或"，"~"表示"非"。此行代码的意思是选择"产品名称"为"胶粉"且"总金额"大于等于 100 的订单数据。

第 10 行代码：作用是将"data_sift"中存储的数据加入之前新建的空"data_pd"中，这样可以将所有工作表中选择的数据都添加到"data_pd"中；代码中，"append( )"函数用来向 DataFrame 数据中添加数据。

第 11 行代码：作用是将提取的全部数据写入新 Excel 工作簿的"胶粉统计"工作表中。代码中，"data_pd"为上一行筛选的数据；"to_excel(wb, sheet_name ='胶粉统计'，index = False）"函数为写入 Excel 数据的函数，括号中的第一个参数"wb"为第 04 行代码中指定的存储新工作簿文件的变量；"sheet_name ='胶粉统计'"参数用来将数据写入"丙纶统计"工作表，如果没有就新建此工作表；"index = False"用来设置数据索引为不写入索引。

3. 案例应用解析

在实际工作中，如果想批量筛选 Excel 工作簿文件内所有工作表中的指定单元格数据，可以通过修改本例的代码来完成。首先将第 03 行代码中要打开的工作簿文件名称和路径"e：\\财务\\销售明细表 2021. xlsx"修改为自己要处理的工作簿文件名称和路径，然后将第 04 行代码中的新工作簿文件名称和路径修改为自己要新建的工作簿文件名称和路径。接着将第 07、08 行代码中的"日期"修改为自己处理的工作表中的时间日期列标题，并修改"%m 月%d 日"为自己需要的日期格式，如"%y-%m-%d"（如 2022-1-23）。如果要处理的工作表中没有日期列，或第 09 行代码中筛选的数据中不包含"日期"列，可以删除第 07、08 行代码。最后将第 09 行代码中选择的单元格数据"x[（x['产品名称'] = ='胶粉'）&（x['总金额'] >= 100)]"修改为要筛选的数据，同时将第 11 行中的工作表名称"胶粉统计"修改为自己需要的工作表名称即可。

6. 2. 3 案例 3：批量筛选多个 Excel 报表文件中所有工作表的数据

在日常对 Excel 工作簿文件的处理中，如果想批量对多个 Excel 报表文件中所有工作表的数据分别进行筛选，并将所有筛选数据写到一个新工作表中，可以使用 Python 程序自动处理。

下面分别对 E 盘"财务"文件夹下"筛选"子文件夹内所有 Excel 工作簿文件中所有工作表的数据进行批量筛选，并将筛选结果写到新 Excel 工作簿文件的工作表中，如图 6-6 所示。

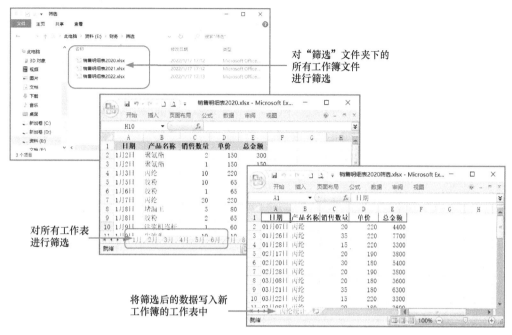

对"筛选"文件夹下的
所有工作簿文件
进行筛选

对所有工作表
进行筛选

将筛选后的数据写入新
工作簿的工作表中

图 6-6　对多个工作簿文件工作表数据进行批量筛选

1. 代码实现

如下所示为批量筛选多个 Excel 报表文件数据的程序代码。

```
01  import pandas as pd                              #导入 pandas 模块
02  import os                                        #导入 os 模块
03  from datetime import datetime                    #导入 datetime 模块的 datetime 类
04  file_list=os.listdir('e:\\财务\\筛选')            #提取指定文件夹下所有文件和文件夹的名称
05  for i in file_list:                              #遍历列表 file_list 中的元素
06    data=pd.read_excel('e:\\财务\\筛选\\'+i,sheet_name=None)
                                                     #读取 Excel 工作簿中所有工作表的数据
07    file_name,ext= os.path.splitext(i)             #分离文件名和扩展名
08    with pd.ExcelWriter(f'e:\\财务\\筛选\\{file_name}筛选.xlsx') as wb:
                                                     #新建 Excel 工作簿文件
09       data_pd=pd.DataFrame()                      #新建一个空 DataFrame 用于存放数据
10       for j,x in data.items():                    #遍历读取的所有工作表的数据
11          x['日期']=pd.to_datetime(x['日期'])       #将"日期"列转换为时间格式
12          x['日期']=x['日期'].dt.strftime('%m 月%d 日')
                                                     #重新定义"日期"列日期格式
13          data_sift=x[(x['产品名称']=='丙纶') & (x['销售数量']>=15)]
                                                     #多条件筛选数据
14          data_pd=data_pd.append(data_sift)        #将 data_sift 的数据加到 data_pd 中
15       data_pd.to_excel(wb,sheet_name='丙纶统计',index=False)
                                                     #将筛选的总数据存入新建工作簿的工作表中
```

2. 代码解析

第 01 行代码：作用是导入 pandas 模块，并指定模块的别名为"pd"。

第 02 行代码：作用是导入 os 模块。

第 03 行代码：作用是导入 datetime 模块中的 datetime 类。datetime 模块提供用于处理日期和时间的类，支持日期时间数学运算。

第 04 行代码：作用是将路径下所有文件和文件夹的名称以列表的形式保存在"file_list"列表中。代码中，"file_list"为新定义的变量，用来存储返回的名称列表；"listdir( )"函数用于返回指定文件夹包含的文件或文件夹名称的列表，括号中为此函数的参数，即要处理的文件夹的路径。如图 6-7 所示为程序执行后"file_list"列表中存储的数据。

['销售明细表2020.xlsx', '销售明细表2021.xlsx', '销售明细表2022.xlsx']

图 6-7　程序执行后"file_list"列表中存储的数据

第 05 ~ 15 行代码为一个 for 循环语句，用来遍历列表"file_list"列表中的元素，实现依次处理文件夹中的每个 Excel 工作簿文件。

第 05 行代码：为 for 循环，"i"为循环变量，第 06 ~ 15 行缩进部分代码为循环体。当第一次 for 循环时，会访问"file_list"列表中的第一个元素（销售明细表 2020. xlsx），并将其保存在"i"循环变量中，然后运行 for 循环中的缩进部分代码（循环体部分），即第 06 ~ 15 行代码；执行完后，返回执行第 05 行代码，开始第二次 for 循环，访问列表中的第二个元素（销售明细表 2021. xlsx），并将其保存在"i"循环变量中，然后运行 for 循环中的缩进部分代码，即第 06 ~ 15 行代码。就这样一直反复循环，直到最后一次循环完成后，结束 for 循环。

第 06 行代码：作用是读取 Excel 工作簿文件中所有工作表的数据。"data"为新定义的变量，用来存储读取的 Excel 工作簿文件中所有工作表的数据；"pd"表示 pandas 模块；"read_excel（'e:\\财务\\筛选\\'+i, sheet_name=None）"函数用来读取 Excel 工作簿文件中工作表的数据，括号中的第一个参数为要读取的 Excel 工作簿文件，"'e:\\财务\\筛选\\'"为路径，"i"为文件名，如果"i"中存储的为"销售明细表 2020. xlsx"，则会打开"e:\财务\筛选\销售明细表 2020. xlsx"工作簿文件；"sheet_name=None"用来设置所选择的工作表为所有工作表，也可以设置为工作表名称。

第 07 行代码：作用是分离文件名和扩展名。"file_name"和"ext"为新定义的变量，用来存储分离后的文件名和扩展名；"os. path. splitext(i)"函数为 os 模块的函数，用来分离文件名和扩展名，括号中的"i"为要分离的文件全名。如果"i"存储的为"销售明细表 2020. xlsx"，则分离后会将"销售明细表 2020"存储到"file_name"中，将". xlsx"存储到"ext"中。

第 08 行代码：作用是新建 Excel 工作簿文件。代码中，"with… as…"是一个控制流语句，通常用来操作已打开的文件对象。它的格式为"with 表达式 as target:"，其中"target"用于指定一个变量；"pd. ExcelWriter(f'e:\\财务\\筛选\\{file_name}筛选. xlsx')"函数用于新建一个 Excel 工作簿文件，括号中的参数为新建工作簿文件名称和路径，"file_name"为上一行代码中新定义的变量，存储分离的文件名，如果"file_name"中存储的为"销售明细表 2020"，则新建的工作簿文件的名称为"e:\\财务\\筛选\\销售明细表 2020 筛选. xlsx"；这里"f"的作用是将不同类型的数据拼接成字符串，即以 f 开头时，字符串中大括号（"¦¦"）内的数据无须转换数据类型，就能被拼接成字符串；"wb"为指定的变量，用于存储新建的工作簿文件。

第 09 行代码：作用是新建一个名为 data_pd 的空的 DataFrame 格式数据。

第 10~14 行代码为一个 for 循环语句，用于对所有工作表中的数据逐一进行筛选。

第 10 行代码：为 for 循环，"i"和"x"为循环变量，第 11~14 行缩进部分代码为循环体；"data. items( )"方法用于将读取的所有工作表数据（data 中数据）生成可遍历的（键，值）元组数组，用此方法可以将工作簿文件中的工作表名称作为键，工作表中的数据作为值。

由于这个 for 循环在第 05 行代码的 for 循环的循环体中，因此这是一个嵌套 for 循环。为了便于区分，称第 05 行的 for 循环为第一个 for 循环，第 10 行的 for 循环为第二个 for 循环。嵌套 for 循环的特点是：第一个 for 循环每循环一次，第二个 for 循环就会循环一遍。

当第一次 for 循环时，遍历第一个工作表的数据，然后将工作表名称存储在"j"循环变量中，将工作表中的数据存储在"x"循环变量中，执行缩进部分代码（第 11~14 行代码）；执行完后，开始执行第二次 for 循环，遍历第二个工作表中的数据，然后将工作表名称存储在"j"循环变量中，将工作表中的数据存储在"x"循环变量中，再执行缩进部分代码（第 11~14 行代码）。就这样一直循环到最后一个工作表，第二个 for 循环结束，开始执行第 15 行代码。

第 11 行代码：作用是将"日期"列由字符串格式转换为时间格式。代码中，"x['日期']"表示选择当前工作表中的"日期"列数据；"pd. to_datetime(x['日期'])"函数的作用是将字符串型的数据转换为时间型数据，这样就可以用 datetime( ) 来对"日期"列进行处理了。括号中的内容为其参数，表示要转换格式的列数据。

第 12 行代码：作用是重新定义"日期"列中的日期时间格式为日期格式。读成 pandas 格式后的日期变为了"2021. 1. 2 00：00：00"，重新定义为只有日期的格式，即重新定义后变为"1 月 2 日"；代码中"x['日期']"表示选择当前工作表中的"日期"列数据；"dt. strftime（'%m 月%d 日'）"函数用来转换日期格式。

第 13 行代码：作用是按条件筛选数据。代码中，"data_sift"是新建的变量，用来存储筛选的数据；"x[(x['产品名称'] =='丙纶') & (x['销售数量'] >= 15)]"的作用是多条件选择指定的数据，这里"x"中存储的是当前工作表中的数据，"(x['产品名称'] =='丙纶')"用于选择"产品名称"列为"丙纶"的行数据，"(x['销售数量'] >= 15)]"用来选择"销售数量"列大于等于 15 的行数据；"&"为逻辑运算符，表示"与"，另外还有其他逻辑运算符，"｜"表示"或"，"~"表示"非"；此行代码的意思是选择"产品名称"为"丙纶"且"销售数量"大于等于 15 的订单数据。

第 14 行代码：作用是将"data_sift"中存储的数据加入之前新建的空"data_pd"中，这样可以将所有工作表中选择的数据都添加到"data_pd"中；代码中，"append( )"函数用来向 DataFrame 数据中添加数据。

第 15 行代码：作用是将提取的全部数据写入新 Excel 工作簿的"丙纶统计"工作表中。代码中，"data_pd"为上一行筛选的数据；"to_excel(wb，sheet_name ='丙纶统计'，index = False)"函数为写入 Excel 数据的函数，括号中的参数为其参数。第一个参数"wb"为第 08 行代码中指定的存储新工作簿文件的变量；"sheet_name ='丙纶统计'"参数用来将数据写入"丙纶统计"工作表，如果没有就新建此工作表；"index = False"用来设置数据索引的方式，True 表示写入索引，False 表示不写入索引。

3. 案例应用解析

在实际工作中，如果想批量筛选 Excel 工作簿文件中所有工作表的指定单元格数据，可以通过修改本例的代码来完成。首先将第 04 行代码中要指定的文件夹路径修改为自己要处理的工作簿文件所在文件夹名称。将第 06 行代码中要打开的工作簿文件名称和路径"e:\\财务\\筛选\\"修改为自己要处理的工作簿文件所在文件夹路径，然后将第 08 行代码中新工作簿文件名称和路径修改为自己要新建的工作簿文件名称和路径。

接着将第 11、12 行代码中的"日期"修改为自己处理的工作表中的时间日期列标题，并修改"%m 月%d 日"为自己需要的日期格式，如"%y-%m-%d"（如 2022-1-23）。如果要处理的工作表中没有日期列，可以删除第 11、12 行代码。

最后将第 13 行代码中选择的单元格数据"x[（x['产品名称']=='丙纶')&（x['销售数量']>=15)]"修改为要筛选的数据，同时将第 15 行中的工作表名称"丙纶统计"修改为自己需要的工作表名称即可。

6.3 用 Python 自动对 Excel 报表中的数据进行分类汇总

6.3.1 案例 1：自动对 Excel 报表文件中单个工作表进行分类汇总

在日常对 Excel 工作簿文件的处理中，如果想对 Excel 报表文件中单个工作表进行分类汇总，并将汇总结果写到新的工作表中，可以使用 Python 程序自动处理。

下面批量对 E 盘"财务"文件夹下 Excel 工作簿文件"销售明细表2021.xlsx"中的"1 月"工作表的数据进行分类汇总，并将汇总后的数据分别写到"1 月汇总"新工作表中，如图 6-8 所示。

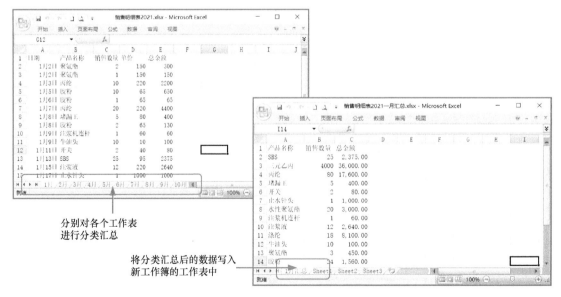

图 6-8　对单个工作表数据进行分类汇总

1. 代码实现

如下所示为分类汇总 Excel 报表文件单个工作表的程序代码。

```
01  import xlwings as xw                                      #导入 xlwings 模块
02  import pandas as pd                                       #导入 pandas 模块
03  app=xw.App(visible=True,add_book=False)                   #启动 Excel 程序
04  wb=app.books.open('e:\财务\销售明细表 2021.xlsx')          #打开工作簿
05  sht=wb.sheets('1 月')                                     #选择"1 月"工作表
06  data1=sht.range('A1').options(pd.DataFrame,index=False,expand='table').value
                                                              #读取工作表的所有数据
07  data2=data1.groupby('产品名称').aggregate({'销售数量':'sum','总金额':'sum'})
                                                              #将读取的数据按"产品名称"列分组并求和
08  new_wb= app.books.add()                                   #新建 Excel 工作簿
09  new_sht=new_wb.sheets.add('1 月汇总')                     #新建工作表
10  new_sht.range('B:B').api.NumberFormat='0'                 #设置 B 列单元格格式
11  new_sht.range('C:C').api.NumberFormat='#,##0.00'          #设置 C 列单元格格式
12  new_sht.range('A1').expand('table').value=data2           #将处理好的数据复制到新工作表
13  new_sht.autofit()                                         #自动调整新工作表的行高和列宽
14  new_wb.save('e:\财务\销售明细表 2021 一月汇总.xlsx')        #保存工作簿
15  new_wb.close()                                            #关闭新建的工作簿
16  wb.close()                                                #关闭工作簿
17  app.quit()                                                #退出 Excel 程序
```

2. 代码解析

第 01 行代码：作用是导入 xlwings 模块，并指定模块的别名为"xw"。

第 02 行代码：作用是导入 pandas 模块，并指定模块的别名为"pd"。

第 03 行代码：作用是启动 Excel 程序，代码中，"app"是新定义的变量，用来存储启动的 Excel 程序；"App( )"方法用来启动 Excel 程序，括号中的"visible"参数用来设置 Excel 程序是否可见，True 为可见，False 为不可见；"add_book"参数用来设置启动 Excel 时是否自动创建新工作簿，True 为自动创建，False 为不创建。

第 04 行代码：作用是打开已有的 Excel 工作簿文件。"wb"为新定义的变量，用来存储打开的 Excel 工作簿文件；"app"为启动的 Excel 程序；"books.open( )"方法用来打开 Excel 工作簿文件，括号中的参数为要打开的 Excel 工作簿文件名称和路径。

第 05 行代码：作用是选择"1 月"工作表。"sht"为新定义的变量，用来存储选择的工作表；"wb"为上一行代码中打开的工作表；"sheets('1 月')"用来选择工作表，括号中的"1 月"为要选择的工作表名称。

第 06 行代码：作用是将工作表中的数据读成 DataFrame 格式。代码中，"data"为新定义的变量，用来保存读取的数据；"sht"为选择的工作表；"range('A1')"方法用来设置起始单元格，参数"'A1'"表示 A1 单元格；"options( )"方法用来设置数据读取的类型。其参数"pd.DataFrame"的作用是将数据内容读取成 DataFrame 格式。"index=False"参数用于设置索引，False 表示取消索引，True 表示将第一列作为索引列；"expand='table'"参数用于扩展到整个表格，"table"表示向整个表扩

展，即选择整个表格。如果设置为“right”表示向表的右方扩展，即选择一行。“down”表示向表的下方扩展，即选择一列；“value”参数表示工作表数据。如图 6-9 所示为读取的工作表数据。

第 07 行代码：作用是将上一行代码中读取的数据按指定的“产品名称”列进行分组并求和。代码中，“data2”为新定义的变量，用来存储分组求和后的数据；“data1”为第 06 行代码中读取的工作表中的数据；“groupby( )”函数用来将读取的数据按“产品名称”列分组；“aggregate( )”函数可以对分组后的数据进行多种方式的统计汇总，比如对多个指定的列进行不同的运算（如求和和求最小值等）。本例中分别对“销售数量”和“总金额”列进行了求和运行。分组汇总计算后的数据如图 6-10 所示。

	日期	产品名称	销售数量	单价	总金额
0	2021-01-02	聚氨酯	2.0	150.0	300.0
1	2021-01-02	聚氨酯	1.0	150.0	150.0
2	2021-01-03	丙纶	10.0	220.0	2200.0
3	2021-01-05	胶粉	10.0	65.0	650.0
4	2021-01-06	胶粉	1.0	65.0	65.0
5	2021-01-07	丙纶	20.0	220.0	4400.0
6	2021-01-08	堵漏王	5.0	80.0	400.0
7	2021-01-08	胶粉	2.0	65.0	130.0
8	2021-01-09	注浆机连杆	1.0	60.0	60.0
9	2021-01-09	牛油头	10.0	10.0	100.0
10	2021-01-11	开关	2.0	40.0	80.0
11	2021-01-13	SBS	25.0	95.0	2375.0
12	2021-01-15	注浆液	12.0	220.0	2640.0
13	2021-01-17	止水针头	1.0	1000.0	1000.0
14	2021-01-17	涤纶	18.0	450.0	8100.0
15	2021-01-20	三元乙丙	4000.0	9.0	36000.0
16	2021-01-21	水性聚氨酯	20.0	150.0	3000.0
17	2021-01-26	丙纶	35.0	220.0	7700.0
18	2021-01-27	胶粉	10.0	65.0	650.0
19	2021-01-28	丙纶	15.0	220.0	3300.0
20	2021-01-29	胶粉	1.0	65.0	65.0

图 6-9　data1 中存储的数据

	销售数量	总金额
产品名称		
SBS	25.0	2375.0
三元乙丙	4000.0	36000.0
丙纶	80.0	17600.0
堵漏王	5.0	400.0
开关	2.0	80.0
止水针头	1.0	1000.0
水性聚氨酯	20.0	3000.0
注浆机连杆	1.0	60.0
注浆液	12.0	2640.0
涤纶	18.0	8100.0
牛油头	10.0	100.0
聚氨酯	3.0	450.0
胶粉	24.0	1560.0

图 6-10　data2 中存储的数据

第 08 行代码：作用是新建一个 Excel 工作簿。代码中，“new_wb”为新定义的变量，用来存储新建的工作簿；“books. add( )”的作用是新建 Excel 工作簿。

第 09 行代码：作用是在新建的 Excel 工作簿中新建工作表。代码中，“new_sht”为新定义的变量，用来存储新建的工作表；“new_wb”为新建的 Excel 工作簿；“sheets. add('1 月汇总')”方法的作用是新建工作表，括号中的参数用来设置新工作表的名称。

第 10 行代码：作用是将新建工作表的 B 列单元格数字格式设置为“数值”格式（小数点位数为 0）。

第 11 行代码：作用是将新建工作表的 C 列单元格数字格式设置为“数值”格式，保留两位小数点并采用千分位格式。

第 12 行代码：作用是将“data2”中存储的分组数据写入新建的工作表中。代码中，“new_sht”为第 07 行代码中新建的工作表；“range（'A1'）”表示从 A1 单元格开始写入数据；“expand（'table'）”的作用是扩展选择范围，参数“table”表示向整个表扩展，即选择整个表格；“value”表示数据；“=”右侧的“data2”为要写入的数据。

第 13 行代码：作用是根据数据内容自动调整新工作表行高和列宽。代码中，“autofit( )”函数的作用是自动调整工作表的行高和列宽。

第 14 行代码：作用是将第 08 行新建的工作簿保存为“销售明细表 2021 一月汇总 . xlsx”。

第 15 行代码：作用是关闭第 08 行新建的 Excel 工作簿文件。

第 16 行代码：作用是关闭第 04 行打开的 Excel 工作簿文件。

第 17 行代码：作用是退出 Excel 程序。

3. 案例应用解析

在实际工作中，如果想对 Excel 工作簿文件中单个工作表进行分类汇总，可以通过修改本例的代码来完成。首先将第 04 行代码中要打开的工作簿文件名称和路径 "e:\\财务\\销售明细表 2021. xlsx" 修改为自己要处理的工作簿文件名称和路径，并将第 05 行代码中的 "1 月" 修改为自己要处理的工作表的名称。

接着将第 07 行代码中的 "产品名称""销售数量""总金额" 修改为自己要分类汇总的列标题，同时，将 "sum" 等运算函数修改为要进行运算的函数（如计数函数 count 等）。

然后将第 10、11 行代码中的 "B：B" 和 "C：C" 修改为自己数据中的数值列和货币列的列号，最后将第 14 行代码中保存工作簿文件的名称修改为自己需要的工作簿文件的名称即可。

6.3.2　案例 2：自动对 Excel 报表文件中所有工作表分别进行分类汇总

在日常对 Excel 工作簿文件的处理中，如果想对 Excel 报表文件中所有工作表分别进行分类汇总，并将汇总结果分别写到不同的工作表中，可以使用 Python 程序自动处理。

下面批量对 E 盘 "财务" 文件夹下 Excel 工作簿文件 "销售明细表 2021. xlsx" 中的所有工作表的数据分别进行分类汇总，并将汇总后的数据分别写到新的 Excel 工作簿文件的不同的工作表中，如图 6-11 所示。

图 6-11　对所有工作表数据进行分类汇总

1. 代码实现

如下所示为分类汇总 Excel 报表文件所有工作表数据的程序代码。

```
01   import xlwings as xw                            #导入 xlwings 模块
02   import pandas as pd                             #导入 pandas 模块
03   app=xw.App(visible=True,add_book=False)         #启动 Excel 程序
04   wb=app.books.open('e:\\财务\\销售明细表2021.xlsx') #打开工作簿
05   new_wb=app.books.add()                          #新建一个工作簿
06   for i in wb.sheets:                             #遍历工作簿中的工作表
07       data1=i.range('A1').options(pd.DataFrame,index=False,expand='table').value
                                                     #读取工作表的所有数据
08       if '产品名称' in data1:                       #判断工作表是否是空表
09           data2=data1.groupby('产品名称').aggregate({'销售数量':'sum','总金额':'sum'})
                                                     #将读取的数据按"产品名称"列分组并求和
10       new_sht=new_wb.sheets.add(f'{i.name}汇总')   #新建工作表
11       new_sht.range('B:B').api.NumberFormat='0'   #设置 B 列单元格格式
12       new_sht.range('C:C').api.NumberFormat='#,##0.00' #设置 C 列单元格格式
13       new_sht.range('A1').expand('table').value=data2
                                                     #将处理好的数据复制到新工作表
14   new_sht.autofit()                               #自动调整新工作表的行高和列宽
15   new_wb.save('e:\\财务\\销售明细表2021月度汇总.xlsx') #保存工作簿
16   new_wb.close()                                  #关闭新建的工作簿
17   wb.close()                                      #关闭工作簿
18   app.quit()                                      #退出 Excel 程序
```

2. 代码解析

第 01 行代码：作用是导入 xlwings 模块，并指定模块的别名为"xw"。

第 02 行代码：作用是导入 pandas 模块，并指定模块的别名为"pd"。

第 03 行代码：作用是启动 Excel 程序，代码中，"app"是新定义的变量，用来存储启动的 Excel 程序；"App( )"方法用来启动 Excel 程序，括号中的"visible"参数用来设置 Excel 程序是否可见，True 为可见，False 为不可见；"add_book"参数用来设置启动 Excel 时是否自动创建新工作簿，True 为自动创建，False 为不创建。

第 04 行代码：作用是打开已有的 Excel 工作簿文件。"wb"为新定义的变量，用来存储打开的 Excel 工作簿文件；"app"为启动的 Excel 程序；"books. open( )"方法用来打开 Excel 工作簿文件，括号中的参数为要打开的 Excel 工作簿文件名称和路径。

第 05 行代码：作用是新建一个 Excel 工作簿文件。

第 06 行代码：作用是用 for 循环依次处理 Excel 工作簿文件中的所有工作表。代码中，"for…in"为 for 循环，"i"为循环变量，第 07~14 行缩进部分代码为循环体；"wb. sheets"用来生成当前打开的 Excel 工作簿文件中所有工作表名称的列表，如图 6-12 所示。

> Sheets([<Sheet [销售明细表2021.xlsx]1月>, <Sheet [销售明细表2021.xlsx]2月>, <Sheet [销售明细表2021.xlsx]3月>, ...])

图 6-12　"wb. sheets"生成的列表

for 循环运行时，会遍历"wb. sheets"所生成的工作表名称的列表中的元素，并在每次循环时将遍历的元素存储在"i"循环变量中。当执行第 06 行代码时，开始第一次 for 循环，会访问"wb. sheets"中的第一个元素"1 月"，并将其保存在"i"循环变量中，然后运行 for 循环中的缩进部分代码（循

环体部分），即第 07~14 行代码；执行完后，返回再次执行第 06 行代码，开始第二次 for 循环，访问列表中的第二个元素"2 月"，并将其保存在"i"循环变量中，然后运行 for 循环中的缩进部分代码，即第 07~14 行代码。就这样一直反复循环，直到最后一次循环完成后，结束 for 循环。

第 07 行代码：作用是将工作表中的数据读成 DataFrame 格式（读取的 DataFrame 形式数据见 6.3.1 节案例中的图 6-9）。代码中，"data"为新定义的变量，用来保存读取的数据；"sht"为选择的工作表；"range(' A1 ')"方法用来设置起始单元格，参数"' A1 '"表示 A1 单元格；"options( )"方法用来设置数据读取的类型；其参数"pd. DataFrame"的作用是将数据内容读取成 DataFrame 格式。"index＝False"参数用于设置索引，False 表示取消索引，True 表示将第一列作为索引列。"expand＝' table '"参数用于扩展到整个表格，"table"表示向整个表扩展，即选择整个表格；"value"参数表示工作表数据。

第 08 行代码：作用是用 if 条件语句判断工作表中是否包含"产品名称"列标题（用来判断工作表是否为空表，空表会导致程序出错）。如果 data1 中存储的数据中包含"产品名称"，则执行第 09 行缩进部分的代码；如果不包含，则跳过缩进部分代码，执行下一次 for 循环。

第 09 行代码：作用是将第 07 行代码中读取的数据按指定的"产品名称"列进行分组并求和。代码中，"data2"为新定义的变量，用来存储分组求和后的数据；"data1"为第 07 行代码中读取的当前工作表中的数据；"groupby( )"函数用来将读取的数据按"产品名称"列分组；"aggregate( )"函数可以对分组后的数据进行多种方式的统计汇总，比如对多个指定的列进行不同的运算（如求和和求最小值等）。本例中分别对"销售数量"和"总金额"列进行了求和运行。第一次循环时"data2"中的分组汇总数据参考 6.3.1 节案例中的图 6-10。

第 10 行代码：作用是在新建的 Excel 工作簿中新建工作表。代码中，"new_sht"为新定义的变量，用来存储新建的工作表；"new_wb"为第 05 行代码中新建的 Excel 工作簿；"sheets. add (f'｛i. name｝汇总')"方法的作用是新建工作表，括号中的参数为新工作表的名称。参数中"f"的作用是将不同类型的数据拼接成字符串，即以 f 开头时，字符串中大括号（"｛｝"）内的数据无须转换数据类型，就能被拼接成字符串；"i. name"用来提取"i"中存储的工作表的名称。如果"i. name"为"1 月"，则新工作表的名称为"1 月汇总"。

第 11 行代码：作用是将新建工作表的 B 列单元格数字格式设置为"数值"格式（小数点位数为 0）。

第 12 行代码：作用是将新建工作表的 C 列单元格数字格式设置为"数值"格式，保留两位小数点并采用千分位格式。

第 13 行代码：作用是将"data2"中存储的分组数据写入新建的工作表中。代码中，"new_sht"为第 10 行代码中新建的工作表；"range (' A1 ')"表示从 A1 单元格开始写入数据；"expand (' table ')"的作用是扩展选择范围，参数"table"表示向整个表扩展，即选择整个表格；"value"表示数据；"＝"右侧为要写入的数据。

第 14 行代码：作用是根据数据内容自动调整新工作表的行高和列宽。代码中，"autofit( )"函数的作用是自动调整工作表的行高和列宽。

第 15 行代码：作用是将第 05 行新建的工作簿保存为"销售明细表 2021 月度汇总 . xlsx"。

第 16 行代码：作用是关闭第 05 行新建的 Excel 工作簿文件。

第 17 行代码：作用是关闭第 04 行打开的 Excel 工作簿文件。

第 18 行代码：作用是退出 Excel 程序。

3. 案例应用解析

在实际工作中，如果想批量对 Excel 工作簿文件中所有工作表进行分类汇总，可以通过修改本例的代码来完成。首先将第 04 行代码中要打开的工作簿文件名称和路径 "e：\\财务\\销售明细表2021.xlsx" 修改为自己要处理的工作簿文件名称和路径，然后将第 08 行代码中的 "产品名称" 修改为自己要处理的数据中的列标题。

接着将第 09 行代码中的 "产品名称" "销售数量" "总金额" 修改为自己要分类汇总的列标题，同时，将 "sum" 等运算函数修改为要进行运算的函数（如计数函数 count 等）。

然后将第 11、12 行代码中的 "B：B" 和 "C：C" 修改为数值列和货币列的列号，最后将第 15 行代码中保存工作簿文件的名称修改为自己需要的工作簿文件的名称即可。

6.3.3 案例3：自动将 Excel 报表文件中所有工作表数据分类汇总到一个工作表

在日常对 Excel 工作簿文件的处理中，如果想对 Excel 报表文件中所有工作表进行分类汇总，并将所有数据的汇总结果写到一个新工作表中，可以使用 Python 程序自动处理。

下面批量对 E 盘 "财务" 文件夹下 Excel 工作簿文件 "销售明细表2021.xlsx" 中的所有工作表的数据分别进行分类汇总，并将所有汇总数据的汇总结果写到新 Excel 工作簿文件的新工作表中，如图 6-13 所示。

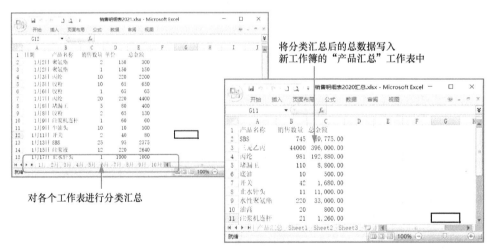

图 6-13　对各个工作表数据进行分类汇总

1. 代码实现

如下所示为分类汇总 Excel 报表文件的程序代码。

```
01  import xlwings as xw                              #导入 xlwings 模块
02  import pandas as pd                               #导入 pandas 模块
03  app=xw.App(visible=True,add_book=False)           #启动 Excel 程序
04  wb=app.books.open('e:\财务\销售明细表2021.xlsx')   #打开工作簿
```

```
05   data_pd=pd.DataFrame()                          #新建空 DataFrame 用于存放数据
06   for i in wb.sheets:                             #遍历工作簿中的工作表
07       data1=i.range('A1').options(pd.DataFrame,index=False,expand='table').value
                                                     #读取工作表的所有数据
08       if '产品名称' in data1:                        #判断工作表是否是空表
09           data2=data1.groupby('产品名称').aggregate({'销售数量':'sum','总金额':'sum'})
                                                     #将读取的数据按"产品名称"列分组并求和
10           data_pd=data_pd.append(data2)           #将分组求和后的数据加到 data_pd 中
11   data_new=data_pd.groupby('产品名称').sum()
                                                     #将读取的数据按"产品名称"列分组并求和
12   new_wb=app.books.add()                          #新建一个工作簿
13   new_sht=new_wb.sheets.add('产品汇总')            #新建一个名为"产品汇总"的新工作表
14   new_sht.range('B:B').api.NumberFormat='0'       #设置 B 列单元格格式
15   new_sht.range('C:C').api.NumberFormat='#,##0.00'   #设置 C 列单元格格式
16   new_sht.range('A1').expand('table').value=data_new
                                                     #将处理好的数据复制到新工作表
17   new_sht.autofit()                               #自动调整新工作表的行高和列宽
18   new_wb.save('e:\\财务\\销售明细表 2021 年度汇总.xlsx')   #保存工作簿
19   new_wb.close()                                  #关闭新建的工作簿
20   wb.close()                                      #关闭工作簿
21   app.quit()                                      #退出 Excel 程序
```

2. 代码解析

第 01 行代码：作用是导入 xlwings 模块，并指定模块的别名为"xw"。

第 02 行代码：作用是导入 pandas 模块，并指定模块的别名为"pd"。

第 03 行代码：作用是启动 Excel 程序，代码中，"app"是新定义的变量，用来存储启动的 Excel 程序；"App( )"方法用来启动 Excel 程序，括号中的"visible"参数用来设置 Excel 程序是否可见，True 为可见，False 为不可见；"add_book"参数用来设置启动 Excel 时是否自动创建新工作簿，True 为自动创建，False 为不创建。

第 04 行代码：作用是打开已有的 Excel 工作簿文件。"wb"为新定义的变量，用来存储打开的 Excel 工作簿文件；"app"为启动的 Excel 程序；"books. open( )"方法用来打开 Excel 工作簿文件，括号中的参数为要打开的 Excel 工作簿文件名称和路径。

第 05 行代码：作用是新建一个名为 data_pd 的空的 DataFrame 格式数据。

第 06 行代码：作用是用 for 循环依次处理 Excel 工作簿文件中的所有工作表。代码中，"for…in"为 for 循环，"i"为循环变量，第 07～10 行缩进部分代码为循环体；"wb. sheets"用来生成当前打开的 Excel 工作簿文件中所有工作表名称的列表，如图 6-14 所示。

Sheets([<Sheet [销售明细表2021.xlsx]1月>, <Sheet [销售明细表2021.xlsx]2月>, <Sheet [销售明细表2021.xlsx]3月>, ...])

图 6-14　"wb. sheets"生成的列表

for 循环运行时，会遍历"wb. sheets"所生成的工作表名称的列表中的元素，并在每次循环时将遍历的元素存储在"i"循环变量中。当执行第 06 行代码时，开始第一次 for 循环，会访问"wb. sheets"中的

第一个元素"1 月",并将其保存在"i"循环变量中,然后运行 for 循环中的缩进部分代码(循环体部分),即第 07~10 行代码;执行完后,返回再次执行第 06 行代码,开始第二次 for 循环,访问列表中的第二个元素"2 月",并将其保存在"i"循环变量中,然后运行 for 循环中的缩进部分代码,即第 07~10 行代码。就这样反复循环,直到最后一次循环完成后,结束 for 循环,开始执行第 11 行代码。

第 07 行代码:作用是将工作表中的数据读成 DataFrame 格式(读取的 DataFrame 形式数据如 6.3.1 节案例中的图 6-9 所示)。代码中,"data"为新定义的变量,用来保存读取的数据;"sht"为选择的工作表;"range(' A1 ')"方法用来设置起始单元格,参数"' A1 '"表示 A1 单元格;"options( )"方法用来设置数据读取的类型。其参数"pd. DataFrame"的作用是将数据内容读取成 DataFrame 格式。"index=False"参数用于设置索引,False 表示取消索引,True 表示将第一列作为索引列。"expand = ' table'"参数用于扩展到整个表格,"table"表示向整个表扩展,即选择整个表格;"value"参数表示工作表数据。

第 08 行代码:作用是用 if 条件语句判断工作表中是否包含"产品名称"列标题(用来判断工作表是否空表,空表会导致程序出错)。如果 data1 中存储的数据中包含"产品名称",则执行第 09 行缩进部分的代码;如果不包含,则跳过缩进部分代码,执行下一次 for 循环。

第 09 行代码:作用是将第 07 行代码中读取的数据按指定的"产品名称"列进行分组并求和。代码中,"data2"为新定义的变量,用来存储分组求和后的数据;"data1"为第 07 行代码中读取的当前工作表中的数据;"groupby( )"函数用来将读取的数据按"产品名称"列分组;"aggregate( )"函数可以对分组后的数据进行多种方式的统计汇总,比如对多个指定的列进行不同的运算(如求和、求最小值等)。本例中分别对"销售数量"和"总金额"列进行了求和运行。

第 10 行代码:作用是将 data2 中存储的分组求和后的数据(第 09 行提取的数据)加入之前新建的空 DataFrame 数据"data_pd"中。

第 11 行代码:作用是将 data_pd 中存储的各个工作表中的数据,按指定的"产品名称"列再次进行分组并求和(因为各个工作表中有相同的项)。这里跟第 09 行代码的不同之处是,此处代码表示所有列均求和,而第 09 行代码中是指定列进行求和。

第 12 行代码:作用是新建一个 Excel 工作簿文件。

第 13 行代码:作用是在新建的 Excel 工作簿中新建一个工作表并命名为"产品汇总"。

第 14 行代码:作用是将新建的"产品汇总"工作表的 B 列单元格数字格式设置为"数值"格式(小数点位数为 0)。

第 15 行代码:作用是将新建的"产品汇总"工作表的 C 列单元格数字格式设置为"数值"格式,保留两位小数点并采用千分位格式。

第 16 行代码:作用是将"data_new"中存储的分组数据写入新建的工作表中。代码中,"new_sht"为第 13 行代码中新建的工作表;"range(' A1 ')"表示 A1 单元格;"expand(' table ')"的作用是扩展选择范围,参数"table"表示向整个表扩展,即选择整个表格;"value"表示数据;"="右侧为要写入的数据。

第 17 行代码:作用是根据数据内容自动调整新工作表行高和列宽。代码中,"autofit( )"函数的作用是自动调整工作表的行高和列宽。

第 18 行代码:作用是将第 05 行新建的工作簿保存为"销售明细表 2021 年度汇总 . xlsx"。

第 19 行代码：作用是关闭第 12 行新建的 Excel 工作簿文件。

第 17 行代码：作用是关闭第 04 行打开的 Excel 工作簿文件。

第 18 行代码：作用是退出 Excel 程序。

3. 案例应用解析

在实际工作中，如果想批量对 Excel 工作簿文件中的所有工作表进行分类汇总，可以通过修改本例的代码来完成。首先将第 04 行代码中要打开的工作簿文件名称和路径 "e：\\财务\\销售明细表2021.xlsx" 修改为自己要处理的工作簿文件名称和路径，然后将第 08 行代码中的 "产品名称" 修改为自己要处理的数据中的列标题。

接着将第 09 行代码中的 "产品名称""销售数量""总金额" 修改为自己要分类汇总的列标题，同时，将 "sum" 等运算函数修改为要进行运算的函数（如计数函数 count 等）。然后将第 11 行代码中的 "产品名称" 修改为自己要分类汇总的列标题，将第 13 行代码中的 "产品汇总" 修改为自己想要的工作表的名称。

接下来将第 14 行和 15 行代码中的 "B：B" 和 "C：C" 修改为数值列和货币列的列号，最后将第 18 行代码中保存的工作簿文件名称修改为自己需要的工作簿文件名称即可。

6.3.4 案例 4：批量将多个 Excel 报表文件中所有工作表数据进行分类汇总

在日常对 Excel 工作簿文件的处理中，如果想批量对多个 Excel 报表文件中所有工作表的数据分别进行分类汇总，可以使用 Python 程序自动处理。

下面批量对 E 盘 "财务" 文件夹内 "分类汇总" 子文件夹下所有 Excel 工作簿文件中的数据分别进行分类汇总，并将所有工作簿文件的汇总数据的汇总结果写到新 Excel 工作簿文件的新工作表中，如图 6-15 所示。

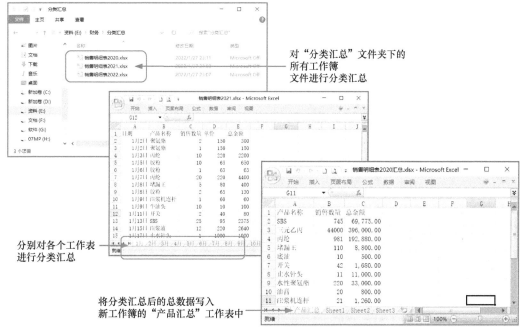

图 6-15　对多个工作簿中的数据进行分类汇总

Python+Excel 报表自动化实战

1. 代码实现

如下所示为分类汇总多个 Excel 报表文件的程序代码。

```
01  import xlwings as xw                                      #导入 xlwings 模块
02  import pandas as pd                                       #导入 pandas 模块
03  import os                                                 #导入 os 模块
04  file_path='e:\\财务\\分类汇总'                            #指定要处理的文件所在文件夹的路径
05  file_list=os.listdir(file_path)                           #将所有文件和文件夹的名称以列表的形式保存
06  app=xw.App(visible=True,add_book=False)                   #启动 Excel 程序
07  for x in file_list:                                       #遍历列表 file_list 中的元素
08      if x.startswith('~$'):                                #判断文件名称是否有以"~$"开头的临时文件
09          continue                                          #跳过本次循环
10      wb=app.books.open(file_path+'\\'+x)                   #打开文件夹中的工作簿
11      data_pd=pd.DataFrame()                                #新建空 DataFrame 用于存放数据
12      for i in wb.sheets:                                   #遍历工作簿中的工作表
13          data1=i.range('A1').options(pd.DataFrame,index=False,expand='table').value
                                                              #将当前工作表的数据读取为 DataFrame 形式
14          if '产品名称' in data1:                           #判断工作表是否是空表
15              data2=data1.groupby('产品名称').aggregate({'销售数量':'sum','总金额':'sum'})
                                                              #将 data1 中数据按"产品名称"列分组求和
16              data_pd=data_pd.append(data2)                 #将分组求和后的数据加到 DataFrame 中
17      data_new=data_pd.groupby('产品名称').sum()
                                                              #将 data_pd 的数据按"产品名称"列分组并求和
18      new_wb=app.books.add()                                #新建一个工作簿
19      new_sht=new_wb.sheets.add('产品汇总')                 #新建"产品汇总"工作表
20      new_sht.range('B:B').api.NumberFormat='0'             #设置 B 列单元格格式
21      new_sht.range('C:C').api.NumberFormat='#,##0.00'      #设置 C 列单元格格式
22      new_sht.range('A1').expand('table').value=data_new
                                                              #将处理好的数据复制到新工作表
23      new_sht.autofit()                                     #自动调整新工作表的行高和列宽
24      file_name,ext= os.path.splitext(x)                    #分离文件名和扩展名
25      new_wb.save(f'e:\\财务\\分类汇总\\{file_name}汇总.xlsx')      #保存工作簿
26      new_wb.close()                                        #关闭新建的工作簿
27      wb.close()                                            #关闭工作簿
28  app.quit()                                                #退出 Excel 程序
```

2. 代码解析

第 01 行代码：作用是导入 xlwings 模块，并指定模块的别名为"xw"。

第 02 行代码：作用是导入 pandas 模块，并指定模块的别名为"pd"。

第 03 行代码：作用是导入 os 模块。

第 04 行代码：作用是指定文件所在文件夹的路径。file_path 为新建的变量，用来存储路径。

第 05 行代码：作用是返回指定文件夹中的文件和文件夹名称的列表。代码中，"file_list"变量用

144

来存储返回的名称列表；"listdir( )"函数用于返回指定文件夹中的文件和文件夹名称的列表，括号中的参数为指定的文件夹路径，如图 6-16 所示。

['销售明细表2020.xlsx', '销售明细表2021.xlsx', '销售明细表2022.xlsx']

图 6-16　程序执行后 "file_list" 列表中存储的数据

第 06 行代码：作用是启动 Excel 程序，代码中，"app"是新定义的变量，用来存储启动的 Excel 程序；"App( )"方法用来启动 Excel 程序，括号中的"visible"参数用来设置 Excel 程序是否可见，True 为可见，False 为不可见；"add_book"参数用来设置启动 Excel 时是否自动创建新工作簿，True 为自动创建，False 为不创建。

第 07~26 行代码用for 循环遍历文件夹中的所有文件，即实现对文件夹中的每个工作簿分别进行汇总计算。在每次循环时将遍历的元素存储在 x 变量中。

第 07 行代码：为 for 循环，"x"为循环变量，第 08~26 行缩进部分代码为循环体。当第一次 for 循环时，会访问"file_list"列表中的第一个元素（销售明细表 2020. xlsx），并将其保存在"x"循环变量中，然后运行 for 循环中的缩进部分代码（循环体部分），即第 08~26 行代码；执行完后，返回执行第 07 行代码，开始第二次 for 循环，访问列表中的第二个元素（销售明细表 2021. xlsx），并将其保存在"x"循环变量中，然后运行 for 循环中的缩进部分代码，即第 08~26 行代码。就这样一直反复循环，直到最后一次循环完成后，结束 for 循环。

第 08 行代码：作用是用 if 条件语句判断文件夹下的文件名称是否有以"~ $"开头的临时文件。如果条件成立，执行第 09 行代码。如果条件不成立，执行第 10 行代码。代码中，"i. startswith('~ $')"为 if 条件语句的条件，"i. startswith(~ $)"函数用于判断"i"中存储的字符串是否以指定的"~ $"开头，如果是以"~ $"开头，则输出 True。

第 09 行代码：作用是跳过本次 for 循环，直接进行下一次 for 循环。

第 10 行代码：作用是打开与"x"中存储的文件名相对应的工作簿文件。代码中，"wb"为新定义的变量，用来存储打开的 Excel 工作簿；"app"为启动的 Excel 程序；"books. open( )"方法用来打开工作簿，其参数"file_path+'\\'+x"为要打开的 Excel 工作簿路径和文件名。

第 11 行代码：作用是新建一个名为 data_pd 的空的 DataFrame 格式数据。

第 12 行代码：作用是用 for 循环依次处理每个工作表的数据。由于这个 for 循环在第 07 行代码的 for 循环的循环体中，因此这是一个嵌套 for 循环。

代码中，"i"为循环变量，用来存储遍历的列表中的元素；"wb. sheets"可以获得当前打开的工作簿中所有工作表名称的列表。当第二个 for 循环第一次循环时，访问列表的第一个元素（即第一个工作表），并将其存储在"i"变量中，然后执行一遍缩进部分的代码（第 13~16 行代码）；执行完之后，返回再次执行 12 行代码，开始第二次 for 循环，访问列表中第二个元素（即第二个工作表），并将其存储在"i"变量中，然后再次执行缩进部分的代码（第 13~16 行代码）。就这样一直循环，直到遍历完最后一个列表的元素，执行完缩进部分代码，第二个 for 循环结束。这时接着执行第一个循环中的第 17 行代码。

第 13 行代码：作用是将工作表中的数据读成 DataFrame 格式（读取的 DataFrame 形式数据参考

6.3.1 节案例中第 07 行代码的图）。代码中，"data" 为新定义的变量，用来保存读取的数据；"sht" 为选择的工作表；"range(' A1 ')" 方法用来设置起始单元格，参数 "' A1 '" 表示 A1 单元格；"options( )" 方法用来设置数据读取的类型。其参数 "pd. DataFrame" 的作用是将数据内容读取成 DataFrame 格式。"index = False" 参数用于设置索引，False 表示取消索引，True 表示将第一列作为索引列。"expand =' table '" 参数用于扩展到整个表格，"table" 表示向整个表扩展，即选择整个表格，如果设置为 "right" 表示向表的右方扩展，即选择一行，"down" 表示向表的下方扩展，即选择一列；"value" 参数表示工作表数据。

第 14 行代码：作用是用 if 条件语句判断工作表中是否包含 "产品名称" 列标题（用来判断工作表是否是空表，空表会导致程序出错）。如果 data1 中存储的数据中包含 "产品名称"，则执行第 15 ~ 16 行的代码；如果不包含，则跳过缩进部分代码，执行下一次循环。

第 15 行代码：作用是将第 14 行代码中读取的数据按指定的 "产品名称" 列进行分组并求和。代码中，"data2" 为新定义的变量，用来存储分组求和后的数据；"data1" 为第 13 行代码中读取的当前工作表中的数据；"groupby( )" 函数用来将 data1 中数据按 "产品名称" 列分组；"aggregate( )" 函数可以对分组后的数据进行多种方式的统计汇总，比如对多个指定的列进行不同的运算（如求和、求最小值等）。本例中分别对 "销售数量" 和 "总金额" 列进行了求和运行。分组汇总计算后的数据参考 6.3.1 节案例中第 9 行代码的图。

第 16 行代码：作用是将 data2 中存储的分组求和后的数据（第 15 行提取的数据）加入之前新建的空 DataFrame 数据 "data_pd" 中。

第 17 行代码：作用是将 data_pd 中存储的各个工作表中的数据，按指定的 "产品名称" 列再次进行分组并和（因为各个工作表中有相同的项）。这里跟第 15 行代码的不同之处是，此处代码表示所有列均求和，而第 15 行代码中是指定列进行求和。

第 18 行代码：作用是新建一个 Excel 工作簿文件。

第 19 行代码：作用是在新建的 Excel 工作簿中插入一个新工作表并命名为 "产品汇总"。

第 20 行代码：作用是将新建的 "产品汇总" 工作表的 B 列单元格数字格式设置为 "数值" 格式（小数点位数为 0）。

第 21 行代码：作用是将新建的 "产品汇总" 工作表的 C 列单元格数字格式设置为 "数值" 格式，保留两位小数点并采用千分位格式。

第 22 行代码：作用是将 "data_new" 中存储的分组数据写入新建的工作表中。代码中，"new_sht" 为第 19 行代码中新建的工作表；"range(' A1 ')" 表示 A1 单元格；"expand (' table ')" 的作用是扩展选择范围，参数 "table" 表示向整个表扩展，即选择整个表格；"value" 表示数据；"=" 右侧为要写入的数据。

第 23 行代码：作用是根据数据内容自动调整新工作表行高和列宽。代码中，"autofit( )" 函数的作用是自动调整工作表的行高和列宽。

第 24 行代码：作用是分离文件名和扩展名。"file_name" 和 "ext" 为新定义的变量，用来存储分离后的文件名和扩展名；"os. path. splitext (x)" 函数为 os 模块的函数，用来分离文件名和扩展名，括号中的 "x" 为要分离的文件全名。如果 "x" 存储的为 "销售明细表 2020. xlsx"，则分离后会将 "销售明细表 2020" 存储到 "file_name" 变量中，将 ". xlsx" 存储到 "ext" 变量中。

第 25 行代码：作用是保存第 18 行新建的 Excel 工作簿文件。代码中 "save()" 方法用来保存 Excel 工作簿文件，括号中的 "f'e:\\财务\\分类汇总\\{file_name}汇总.xlsx'" 为要保存的新工作簿文件名称和路径，"file_name" 为上一行代码中新定义的变量，存储的是分离的文件名，如果 "file_name" 中存储的为 "销售明细表 2020"，则新工作簿文件的名称就为 "e:\\财务\\分类汇总\\销售明细表 2020 汇总.xlsx"。这里 "f" 的作用是将不同类型的数据拼接成字符串，即以 f 开头时，字符串中大括号（"{}"）内的数据无须转换数据类型，就能被拼接成字符串。

第 26 行代码：作用是关闭第 18 行新建的 Excel 工作簿文件。

第 27 行代码：作用是关闭第 10 行打开的 Excel 工作簿文件。

第 28 行代码：作用是退出 Excel 程序。

3. 案例应用解析

在实际工作中，如果想批量对多个 Excel 工作簿文件中所有工作表数据进行分类汇总，可以通过修改本例的代码来完成。首先将第 04 行代码中要指定的文件夹路径修改为自己要处理的工作簿文件所在文件夹名称，然后将第 14 行代码中的 "产品名称" 修改为自己要处理的数据中的列标题。

接着将第 15 行代码中的 "产品名称" "销售数量" "总金额" 修改为自己要分类汇总的列标题，同时，将 "sum" 等运算函数修改为要进行运算的函数（如计数函数 count 等）。

然后将第 17 行代码中的 "产品名称" 修改为自己要分类汇总的列标题，将第 19 行代码中的 "产品汇总" 修改为自己想要的工作表的名称。

接下来将第 20、21 行代码中的 "B：B" 和 "C：C" 修改为数值列和货币列的列号，最后将第 24 行代码中保存工作簿文件的名称修改为自己需要的工作簿文件的名称即可。

6.4 用 Python 自动对 Excel 报表中的数据进行计算

6.4.1 案例 1：自动对 Excel 报表文件中所有工作表的数据进行求和统计

在日常对 Excel 工作簿文件的处理中，如果想批量对 Excel 报表文件中所有工作表的数据进行求和并将结果统计到一起，可以使用 Python 程序自动处理。

下面批量对 E 盘 "财务" 文件夹下 Excel 工作簿文件 "现金日记账 2021.xlsx" 中的所有工作表中的 "借方发生额" 列和 "贷方发生额" 列分别进行求和，并将求和结果集中写到一个新工作簿的新工作表中，如图 6-17 所示。

1. 代码实现

如下所示为 Excel 报表文件所有工作表数据进行求和统计的程序代码。

```
01   import xlwings as xw                              #导入 xlwings 模块
02   import pandas as pd                               #导入 pandas 模块
03   app=xw.App(visible=True,add_book=False)           #启动 Excel 程序
04   wb=app.books.open('e:\\财务\\现金日记账 2021.xlsx')    #打开 Excel 工作簿
```

```
05   new_wb=app.books.add()                                    #新建 Excel 工作簿
06   new_sht=new_wb.sheets.add('汇总')                          #新建"汇总"工作表
07   new_sht.range('A1:C1').value=['月份','借方总额','贷方总额']
                     #向"汇总"工作表中分别写入"月份""借方总额""贷方总额"
08   count=1                                                    #新建 count 变量,并赋值 1
09   for i in wb.sheets:                                        #遍历工作簿中的工作表
10       data1=i.range('A1').options(pd.DataFrame,index=False,expand='table').val-
ue                          #将当前工作表的数据读取为 DataFrame 形式
11       count=count+1                                          #变量 count 加 1
12       if '日期' in data1:                                     #判断工作表是否为空表
13           sum1=data1['借方发生额'].sum()                       #对"借方发生额"求和
14           sum2=data1['贷方发生额'].sum()                       #对"贷方发生额"求和
15           new_sht.range('A'+str(count)).value=i.name         #向"汇总"工作表写入数据
16           new_sht.range('B'+str(count)).value=sum1           #向"汇总"工作表写入求和数据
17           new_sht.range('C'+str(count)).value=sum2           #向"汇总"工作表写入求和数据
18   new_sht.range('B:C').api.NumberFormat='#,##0.00'           #设置 B 列和 C 列单元格格式
19   new_sht.autofit()                                          #自动调整新工作表的行高和列宽
20   new_wb.save('e:\\财务\\现金日记账 2021求和统计.xlsx')           #保存新工作簿
21   new_wb.close()                                             #关闭新工作簿
22   wb.close()                                                 #关闭源工作簿
23   app.quit()                                                 #退出 Excel 程序
```

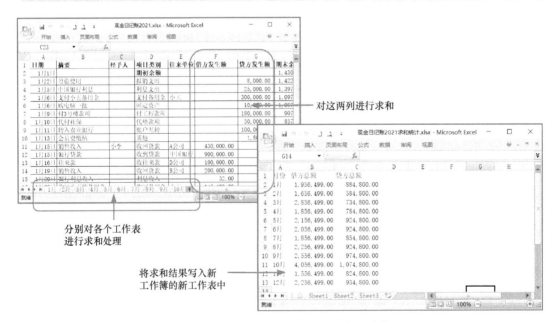

图 6-17 对所有工作表指定列进行求和计算

2. 代码解析

第 01 行代码：作用是导入 xlwings 模块，并指定模块的别名为"xw"。

第 02 行代码：作用是导入 pandas 模块，并指定模块的别名为"pd"。

第 03 行代码：作用是启动 Excel 程序。代码中，"app"是新定义的变量，用来存储启动的 Excel 程序；"App( )"方法用来启动 Excel 程序，括号中的"visible"参数用来设置 Excel 程序是否可见，True 为可见，False 为不可见；"add_book"参数用来设置启动 Excel 时是否自动创建新工作簿，True 为自动创建，False 为不创建。

第 04 行代码：作用是打开已有的 Excel 工作簿文件。"wb"为新定义的变量，用来存储打开的 Excel 工作簿文件；"app"为启动的 Excel 程序；"books. open( )"方法用来打开 Excel 工作簿文件，括号中的参数为要打开的 Excel 工作簿文件名称和路径。

第 05 行代码：作用是新建一个 Excel 工作簿文件。代码中，"new_wb"为定义的新变量，用来存储新建的 Excel 工作簿文件；"app"为启动的 Excel 程序；"books. add( )"方法用来新建一个 Excel 工作簿文件。

第 06 行代码：作用是在新建的 Excel 工作簿中新建工作表。代码中，"new_sht"为新定义的变量，用来存储新建的工作表；"new_wb"为第 05 行代码中新建的 Excel 工作簿；"sheets. add ('汇总')"方法的作用是新建工作表，括号中的"汇总"参数为新工作表的名称。

第 07 行代码：作用是向上一行新建的"汇总"工作表的 A1：C1 区间单元格中分别写入"月份""借方总额""贷方总额"。代码中，"new_sht"为上一行新建的工作表；"range ('A1：C1')"表示 A1：C1 区间单元格；"value"表示单元格数据；"['月份','借方总额','贷方总额']"为要写入的数据。

第 08 行代码：作用是新建变量 count，并将其值设置为 1。

第 09 行代码：作用是用 for 循环依次处理 Excel 工作簿文件中的所有工作表的数据。代码中，"for …in"为 for 循环，"i"为循环变量，第 10~17 行缩进部分代码为循环体；"wb. sheets"用来生成打开的 Excel 工作簿文件中所有工作表名称的列表，如图 6-18 所示。

Sheets([<Sheet [现金日记账2021.xlsx]1月>, <Sheet [现金日记账2021.xlsx]2月>, <Sheet [现金日记账2021.xlsx]3月>, ...])

图 6-18 "wb. sheets"生成的列表

for 循环运行时，会遍历"wb. sheets"所生成的工作表名称的列表中的元素，并在每次循环时将遍历的元素存储在"i"循环变量中。当执行第 09 行代码时，开始第一次 for 循环，会访问"wb. sheets"中的第一个元素"1 月"，并将其保存在"i"循环变量中，然后运行 for 循环中的缩进部分代码（循环体部分），即第 10~17 行代码；执行完后，返回再次执行第 09 行代码，开始第二次 for 循环，访问列表中的第二个元素"2 月"，并将其保存在"i"循环变量中，然后运行 for 循环中的缩进部分代码，即第 10~17 行代码。就这样一直反复循环，直到最后一次循环完成后，结束 for 循环，开始执行第 18 行代码。

第 10 行代码：作用是将工作表中的数据读成 DataFrame 格式。代码中，"data1"为新定义的变量，用来保存读取的数据；"range ('A1')"方法用来设置起始单元格，参数"'A1'"表示 A1 单元格；"options( )"方法用来设置数据读取的类型。其参数"pd. DataFrame"的作用是将数据内容读取成 DataFrame 格式。"index＝False"参数用于设置索引，False 表示取消索引，True 表示将第一列作为索引列。"expand＝'table'"参数用于扩展到整个表格，"table"表示向整个表扩展，即选择整个表格，如果设置为“right”表示向表的右方扩展，即选择一行，“down”表示向表的下方扩展，即选择一列；“value”参数表示工作表数据。如图 6-19 所示为读取的工作表数据。

```
        日期      摘要  经手人  项目类别  往来单位     借方发生额     贷方发生额      期末余额
0  2021-01-01    None None  期初余额 None      NaN      NaN 1430000.0
1  2021-01-02    差旅费用 None  报销支出 None      NaN   8000.0 1422000.0
2  2021-01-05  中国银行利息 None  利息支出 None      NaN  25000.0 1397000.0
3  2021-01-06  支付小五备用金 None 支付备用金   小王      NaN 300000.0 1097000.0
4  2021-01-06   购电脑一批 None  固定资产 None      NaN  10000.0 1087000.0
5  2021-01-09  付3号楼款项 None 付工程款项 None      NaN 180000.0  907000.0
6  2021-01-10    代付社保 None  代垫款项 None      NaN  50000.0  857000.0
7  2021-01-11  转入农业银行 None  账户互转 None      NaN 100000.0  757000.0
8  2021-01-13   会员费缴纳 None    其他 None      NaN   1800.0  755200.0
9  2021-01-15    销售收入   小李  收回货款  A公司 430000.0      NaN 1185200.0
10 2021-01-15    银行贷款 None  收到贷款 中国银行 900000.0      NaN 2085200.0
11 2021-01-16     往来款 None  收往来款  D公司 100000.0      NaN 2185200.0
12 2021-01-19    销售收入 None  收回货款  B公司 200000.0      NaN 2385200.0
13 2021-01-20  银行利息收入 None  利息收入 None     32.0      NaN 2385232.0
14 2021-01-22 收回小五的备用金 None 收回备用金   小五 146400.0      NaN 2531632.0
15 2021-01-25  农业银行转入 None  账户互转 None 180000.0      NaN 2711632.0
16 2021-01-28    其他收入 None    其他 None     67.0      NaN 2711699.0
17 2021-01-28     付货款 None  支付货款 H供应商      NaN 110000.0 2601699.0
18 2021-01-30  付5月份工资 None  支付工资 None      NaN 100000.0 2501699.0
```

图 6-19　data1 中存储的其中一个工作表的数据

第 11 行代码：作用是将变量 count 值增加 1，变为 2，每循环一次就增加 1。

第 12 行代码：作用是用 if 条件语句判断工作表中是否包含“日期”文本（用来判断工作表中是否是空表，空表会导致程序出错）。如果 data1 中存储的数据中包含“日期”，则执行第 13～17 行缩进部分的代码；如果不包含，则跳过缩进部分代码。

第 13 行代码：作用是对“借方发生额”列求和，并将求和结果保存在 sum1 变量中。代码中，“sum1”为新定义的变量，用来存储求和结果；“data1['借方发生额']”表示选择“借方发生额”，sum()函数的功能是对数据进行求和。默认对所选数据的每一列进行求和。如果使用“axis=1”参数，即“sum（axis=1）”，则变成对每一行数据进行求和。如果需要单独对某一列或某一行进行求和，把求和的列或行索引出来即可，像本例中将“借方发生额”索引出来后，就只对“借方发生额”列进行求和。

第 14 行代码：作用是对“贷方发生额”列求和，并将求和结果保存在 sum2 变量中。

第 15 行代码：作用是向新建的“汇总”工作表中的（'A'+str（count））单元格写入数据。代码中，“new_sht”为第 06 行代码中新建的工作表；“str(count)”的意思是将变量值转换为字符串格式，如果 count=3，则“'A'+str（count）”就等于 A3，即向“A3”单元格写入数据；这里“i. name”是要写入的数据，“i. name”表示的是 i 中存储的工作表的名称。比如第一个工作表，它的名称就为“1 月”，因此就向 A3 单元格写入“1 月”。

第 16 行代码：作用是向相应的单元格写入 sum1 中存储的求和结果。同第 15 行代码一样，这里的“（'B'+str（count））”也是单元格坐标。

第 17 行代码：作用同第 15 行代码类似，也是向相应单元格写入数据，写入 sum2 中存储的求和结果。

第 18 行代码：作用是将新建的“汇总”工作表的 B 列和 C 列单元格数字格式设置为“数值”格式，保留两位小数点并采用千分位格式。“api. NumberFormat”函数用来设置单元格数字格式。

第 19 行代码：作用是根据数据内容自动调整新工作表的行高和列宽。代码中，“autofit()”函数的作用是自动调整工作表的行高和列宽。

第 20 行代码：作用是将第 05 行新建的工作簿另存为“现金日记账 2021 求和统计 . xlsx”。

第 21 行代码：作用是关闭第 05 行新建的 Excel 工作簿文件。

第 22 行代码：作用是关闭第 04 行打开的 Excel 工作簿文件。

第 23 行代码：作用是退出 Excel 程序。

3. 案例应用解析

在实际工作中，如果想对 Excel 工作簿文件中所有工作表的指定数据进行求和计算并将结果汇总到一个新的工作簿中，可以通过修改本例的代码来完成。

首先将第 04 行代码中要打开的工作簿文件名称和路径"e:\\财务\\现金日记账 2021.xlsx"修改为自己要处理的工作簿文件名称和路径，然后将第 06 行代码中的"汇总"修改为自己要建立的新工作表的名称。

将第 07 行代码中的"A1：C1"修改为想写内容的单元格坐标，将"月份""借方总额""贷方总额"修改为想写入单元格的内容。然后将第 12 行代码中的"日期"修改为要处理的工作表中的其中一个列标题。将第 13 行代码中的"借方发生额"修改为要求和的列标题，可以对不同的列进行求和。将第 14 行代码中的"贷方发生额"修改为要求和的列标题，可以对不同的列进行求和。

接下来将第 18 行代码中的"B：C"修改为数值列和货币列的列号，最后将案例第 20 行代码中的"e:\\ 财务\\现金日记账 2021 求和统计.xlsx"更换为自己要另存的工作簿名称。

6.4.2 案例 2：自动对 Excel 报表文件中所有工作表的数据分别进行求和计算

在日常对 Excel 工作簿文件的处理中，如果想批量对 Excel 报表文件中所有工作表的数据分别进行求和，可以使用 Python 程序自动处理。

下面批量对 E 盘"财务"文件夹下 Excel 工作簿文件"现金日记账 2021.xlsx"中的所有工作表中的"借方发生额"列和"贷方发生额"列分别进行求和，并将求和结果写到每个工作表求和列的最下方，如图 6-20 所示。

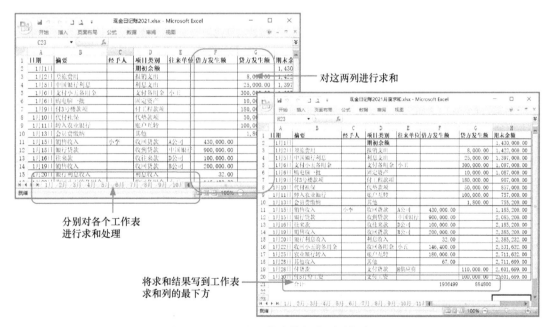

图 6-20　对所有工作表数据分别进行求和

1. 代码实现

如下所示为对 Excel 报表文件所有工作表数据分别进行求和统计的程序代码。

```
01  import xlwings as xw                                          #导入 xlwings 模块
02  import pandas as pd                                           #导入 pandas 模块
03  app=xw.App(visible=True,add_book=False)                       #启动 Excel 程序
04  wb=app.books.open('e:\财务\现金日记账 2021.xlsx')              #打开 Excel 工作簿
05  for i in wb.sheets:                                           #遍历工作簿中的工作表
06      data1=i.range('A1').options(pd.DataFrame,index=False,expand='table')
        .value                    #将当前工作表的数据读取为 DataFrame 形式
07      if '日期' in data1:                                       #判断工作表是否为空表
08          sum1=data1['借方发生额'].sum()                        #对"借方发生额"求和
09          sum2=data1['贷方发生额'].sum()                        #对"贷方发生额"求和
10          row=i.range('A1').expand('table').shape[0]            #获取数据区最后一行行号
11          column=i.range('A1').expand('table').value[0].index('摘要')+1
                                  #获取"摘要"列的列号
12          i.range(row+1,column).value='合计'
                                  #在"摘要"列最后一个单元格的下方写入"合计"
13          i.range(row+1,column+4).value=sum1                    #向工作表写入求和数据
14          i.range(row+1,column+5).value=sum2                    #向工作表写入求和数据
15  wb.save('e:\财务\现金日记账 2021 月度求和.xlsx')              #另存 Excel 工作簿文件
16  wb.close()                                                    #关闭 Excel 工作簿文件
17  app.quit()                                                    #退出 Excel 程序
```

2. 代码解析

第 01 行代码：作用是导入 xlwings 模块，并指定模块的别名为"xw"。

第 02 行代码：作用是导入 pandas 模块，并指定模块的别名为"pd"。

第 03 行代码：作用是启动 Excel 程序。代码中，"app"是新定义的变量，用来存储启动的 Excel 程序；"App( )"方法用来启动 Excel 程序，括号中的"visible"参数用来设置 Excel 程序是否可见，True 为可见，False 为不可见。"add_book"参数用来设置启动 Excel 时是否自动创建新工作簿，True 为自动创建，False 为不创建。

第 04 行代码：作用是打开已有的 Excel 工作簿文件。"wb"为新定义的变量，用来存储打开的 Excel 工作簿文件；"app"为启动的 Excel 程序，"books. open( )"方法用来打开 Excel 工作簿文件，括号中的参数为要打开的 Excel 工作簿文件名称和路径。

第 05 行代码：作用是用 for 循环依次处理 Excel 工作簿文件中的所有工作表的数据。代码中，"for…in"为 for 循环，"i"为循环变量，第 06~14 行缩进部分代码为循环体，"wb. sheets"用来生成打开的 Excel 工作簿文件中所有工作表名称的列表，如图 6-21 所示。

Sheets([<Sheet [现金日记账2021.xlsx]1月>, <Sheet [现金日记账2021.xlsx]2月>, <Sheet [现金日记账2021.xlsx]3月>, ...])

图 6-21 "wb. sheets"生成的列表

for 循环运行时，会遍历"wb. sheets"所生成的工作表名称的列表中的元素，并在每次循环时将遍历的元素存储在"i"循环变量中。当执行第 05 行代码时，开始第一次 for 循环，会访问"wb. sheets"中的第一个元素"1 月"，并将其保存在"i"循环变量中，然后运行 for 循环中的缩进部分代码（循

环体部分），即第 06～14 行代码；执行完后，返回再次执行第 05 行代码，开始第二次 for 循环，访问列表中的第二个元素 "2 月"，并将其保存在 "i" 循环变量中，然后运行 for 循环中的缩进部分代码，即第 06～14 行代码。就这样一直反复循环，直到最后一次循环完成后，结束 for 循环，开始执行第 15 行代码。

第 06 行代码：作用是将工作表中的数据读成 DataFrame 格式（读取的 DataFrame 形式数据参考 6.4.1 节案例中第 10 步中的图）。代码中，"data1" 为新定义的变量，用来保存读取的数据；"range（'A1'）" 方法用来设置起始单元格，参数 "'A1'" 表示 A1 单元格；"options（）" 方法用来设置数据读取的类型。其参数 "pd.DataFrame" 的作用是将数据内容读取成 DataFrame 格式。"index = False" 参数用于设置索引，False 表示取消索引，True 表示将第一列作为索引列；"expand = 'table'" 参数用于扩展到整个表格，"table" 表示向整个表扩展，即选择整个表格，如果设置为 "right" 表示向表的右方扩展，即选择一行，"down" 表示向表的下方扩展，即选择一列；"value" 参数表示工作表数据。

第 07 行代码：作用是用 if 条件语句判断工作表中是否包含 "日期" 文本（用来判断工作表中是否是空表，空表会导致程序出错）。如果 data1 中存储的数据中包含 "日期"，则执行第 08～14 行缩进部分的代码；如果不包含，则跳过缩进部分代码。

第 08 行代码：作用是对 "借方发生额" 列求和，并将求和结果保存在 sum1 变量中。代码中，"sum1" 为新定义的变量，用来存储求和结果；"data1 ['借方发生额']" 表示选择 "借方发生额"；sum（）函数的功能是对数据进行求和。默认是对所选数据的每一列进行求和。如果使用 "axis = 1" 参数，即 "sum（axis = 1）"，则变成对每一行数据进行求和。如果需要单独对某一列或某一行进行求和，则把求和的列或行索引出来即可，像本例中将 "借方发生额" 索引出来后，就只对 "借方发生额" 列进行求和。

第 09 行代码：作用是对 "贷方发生额" 列求和，并将求和结果存在 sum2 变量中。

第 10 行代码：作用是获取数据区最后一行行号。代码中，"row" 为新定义的变量，用来存储最后一行行号；"i" 为当次循环中存储的工作表；"range（'A1'）.expand（'table'）" 表示选择整个工作表；"shape[0]" 用来返回数据区行数，"shape" 方法用来返回当前工作表已经使用的单元格组成的矩形区域（即数据区域的行数和列数），以元组的形式返回。比如数据区由 30 行 5 列组成，则 "shape" 方法会得到（30，5）的元组，"shape[0]" 表示选择元组中第一个元素，即 "30"，这里 30 为最后一行的行号。

第 11 行代码：作用是获取 "摘要" 列的列号。代码中，"column" 为新定义的变量，用来存储列号；"i" 为当次循环中存储的工作表；"range（'A1'）.expand（'table'）" 表示选择整个工作表；"value [0]" 的作用是返回由第一行中所有单元格的数据组成的列表（0 表示第一行）；"index（'摘要'）" 用于在列表中查找 "摘要" 的索引位置。如果组成的列表为 [日期，摘要，经手人，项目类型，往来单位，借方发生额，贷方发生额，期末余额]，则 "index（'摘要'）" 的值就为 1（1 表示第二个）。"摘要" 列的列号就为 "index（'摘要'）" +1。

第 12 行代码：作用是在 "摘要" 列最后一个单元格的下方写入 "合计"。代码中，"i" 为当次循环中存储的工作表；"range（row+1，column）" 表示要写入数据的单元格坐标，其中 "row+1" 表示最后一行的下面一行，"column" 为上一行代码获得的 "摘要" 列的列号。

第 13 行代码：作用是向相应单元格写入 sum1 中存储的求和结果。这里 "range（row+1，column+4）" 表示写入求和结果的单元格，"row+1" 表示最后一行的下面一行。"column+4" 为 "摘要" 列右侧的第四列，如果 "摘要" 列为第二列，这里就在第六列中写入数据。

第 14 行代码：作用是向相应单元格写入 sum2 中存储的求和结果。同上一行代码一样，这里 "column+5" 为 "摘要" 列右侧的第五列，如果 "摘要" 列为第二列，这里就在第七列中写入数据。

第 15 行代码：作用是将第 04 行新建的工作簿另存为 "现金日记账 2021 月度求和.xlsx"。

第 16 行代码：作用是关闭第 04 行打开的 Excel 工作簿文件。

第 17 行代码：作用是退出 Excel 程序。

3. 案例应用解析

在实际工作中，如果想对 Excel 工作簿文件中所有工作表的指定数据分别进行求和计算，可以通过修改本例的代码来完成。

首先将第 04 行代码中要打开的工作簿文件名称和路径 "e:\\财务\\现金日记账 2021.xlsx" 修改为自己要处理的工作簿文件名称和路径。然后将第 07 行代码中的 "日期" 修改为要处理的工作表中的其中一个列标题。将第 08 行代码中的 "借方发生额" 修改为要求和的列标题，可以对不同的列进行求和。将第 09 行代码中的 "贷方发生额" 修改为要求和的列标题，可以对不同的列进行求和。

最后将案例中第 15 行代码中的 "e:\\财务\\现金日记账 2021 月度求和.xlsx" 更换为自己要另存的工作簿的名称。

6.4.3 案例 3：批量对多个 Excel 报表文件中所有工作表的数据分别进行求和计算

在日常对 Excel 工作簿文件的处理中，如果想批量对多个 Excel 报表文件中所有工作表的数据分别进行求和，可以使用 Python 程序自动处理。

下面批量对 E 盘 "财务" 文件夹下 "求和计算" 子文件夹下所有 Excel 工作簿文件中的数据分别进行求和计算，具体为对每个工作簿文件中所有工作表中的 "借方发生额" 列和 "贷方发生额" 列分别进行求和，并将求和结果写到每个工作表求和列的最下方，如图 6-22 所示。

1. 代码实现

如下所示为批量对多个 Excel 报表文件所有工作表数据分别进行求和计算的程序代码。

```
01  import xlwings as xw                         #导入 xlwings 模块
02  import pandas as pd                          #导入 pandas 模块
03  import os                                    #导入 os 模块
04  file_path='e:\\财务\\求和计算'               #指定要处理的文件所在文件夹的路径
05  file_list=os.listdir(file_path)             #将所有文件和文件夹的名称以列表的形式保存
06  app=xw.App(visible=True,add_book=False)     #启动 Excel 程序
07  for x in file_list:                          #遍历列表 file_list 中的元素
08      if x.startswith('~$'):                   #判断文件名称是否有以"~$"开头的临时文件
09          continue                             #跳过本次循环
10      wb=app.books.open(file_path+'\\'+x)      #打开文件夹中的工作簿
```

```
11      for i in wb.sheets:                                    #遍历工作簿中的工作表
12          data1=i.range('A1').options(pd.DataFrame,index=False,expand='table').value
                                                               #将当前工作表的数据读取为 DataFrame 形式
13          if '日期' in data1:                                  #判断工作表中是否包含"日期"
14              sum1=data1['借方发生额'].sum()                                    #对"借方发生额"求和
15              sum2=data1['贷方发生额'].sum()                                    #对"贷方发生额"求和
16              row=i.range('A1').expand('table').shape[0]      #获取数据区最后一行行号
17              column=i.range('A1').expand('table').value[0].index('摘要')+1
                                                               #获取"摘要"列的列号
18              i.range(row+1,column).value='合计'
                                                               #在"摘要"列最后一个单元格的下方写入"合计"
19              i.range(row+1,column+4).value=sum1                              #向工作表写入求和数据
20              i.range(row+1,column+5).value=sum2                              #向工作表写入求和数据
21      file_name,ext= os.path.splitext(x)                                      #分离文件名和扩展名
22      wb.save(f'e:\\财务\\求和计算\\{file_name}求和统计.xlsx')#保存工作簿
23      wb.close()                                                              #关闭新建的工作簿
24  app.quit()                                                                  #退出 Excel 程序
```

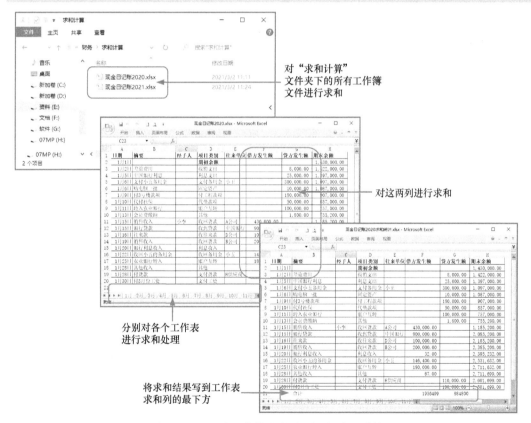

图 6-22　对所有工作簿文件分别进行求和计算

2. 代码解析

第 01 行代码：作用是导入 xlwings 模块，并指定模块的别名为"xw"。

第 02 行代码：作用是导入 pandas 模块，并指定模块的别名为 "pd"。

第 03 行代码：作用是导入 os 模块。

第 04 行代码：作用是指定文件所在文件夹的路径。file_path 为新建的变量，用来存储路径。注意，路径中不能用 " \ "，为了防止引起歧义要用 " \\ "。

第 05 行代码：作用是返回指定文件夹中的文件和文件夹名称的列表。代码中，"file_list" 变量用来存储返回的名称列表；"listdir( )" 函数用于返回指定文件夹中的文件和文件夹名称的列表，括号中的参数为指定的文件夹路径。

第 06 行代码：作用是启动 Excel 程序。代码中，"app" 是新定义的变量，用来存储启动的 Excel 程序；"App( )" 方法用来启动 Excel 程序，括号中的 "visible" 参数用来设置 Excel 程序是否可见，True 为可见，False 为不可见。"add_book" 参数用来设置启动 Excel 时是否自动创建新工作簿，True 为自动创建，False 为不创建。

第 07 ~ 23 行代码用 for 循环遍历文件夹中的所有文件对文件夹中的每个工作簿分别进行汇总计算。在每次循环时将遍历的元素存储在 x 变量中。

第 07 行代码：为 for 循环，"x" 为循环变量，第 08 ~ 23 行缩进部分代码为循环体。当第一次 for 循环时，会访问 "file_list" 列表中的第一个元素（现金日记账 2020. xlsx），并将其保存在 "x" 循环变量中，然后运行 for 循环中的缩进部分代码（循环体部分），即第 08 ~ 23 行代码；执行完后，返回执行第 07 行代码，开始第二次 for 循环，访问列表中的第二个元素（现金日记账 2021. xlsx），并将其保存在 "x" 循环变量中，然后运行 for 循环中的缩进部分代码，即第 08 ~ 23 行代码。就这样一直反复循环，直到最后一次循环完成后，结束 for 循环，执行第 24 行代码。

第 08 行代码：作用是用 if 条件语句判断文件夹下的文件名称是否有以 " ~ $ " 开头的临时文件。如果条件成立，执行第 09 行代码。如果条件不成立，执行第 10 行代码。代码中，"i. startswith('~ $')" 为 if 条件语句的条件，"i. startswith（~ $）" 函数用于判断 "i" 中存储的字符串是否以指定的 " ~ $ " 开头，如果是以 " ~ $ " 开头，则输出 True。

第 09 行代码：作用是跳过本次 for 循环，直接进行下一次 for 循环。

第 10 行代码：作用是打开与 "x" 中存储的文件名相对应的工作簿文件。代码中，"wb" 为新定义的变量，用来存储打开的 Excel 工作簿；"app" 为启动的 Excel 程序；"books. open( )" 方法用来打开工作簿，其参数 "file_path+' \ \ '+x" 为要打开的 Excel 工作簿路径和文件名。

第 11 行代码：作用是用 for 循环依次处理每个工作表。由于这个 for 循环在第 07 行代码的 for 循环的循环体中，因此这是一个嵌套 for 循环。

代码中，"i" 为循环变量，用来存储遍历的列表中的元素；"wb. sheets" 可以获得当前打开的工作簿中所有工作表名称的列表。当第二个 for 循环进行第一次循环时，访问列表的第一个元素（即第一个工作表），并将其存储在 "i" 变量中，然后执行一遍缩进部分的代码（第 12 ~ 20 行代码）；执行完之后，返回再次执行第 11 行代码，开始第二次 for 循环，访问列表中第二个元素（即第二个工作表），并将其存储在 "i" 变量中，然后再次执行缩进部分的代码（第 12 ~ 20 行代码）。就这样一直循环，直到遍历完最后一个列表的元素，执行完缩进部分代码，第二个 for 循环结束，这时接着执行第一个循环中的第 21 行代码。

第 12 行代码：作用是将工作表中的数据读成 DataFrame 格式（读取的 DataFrame 形式数据参考

6.4.1 节案例中第 10 步中的图）。代码中，"data1"为新定义的变量，用来保存读取的数据；"range('A1')"方法用来设置起始单元格，参数"'A1'"表示 A1 单元格；"options( )"方法用来设置数据读取的类型。其参数"pd. DataFrame"的作用是将数据内容读取成 DataFrame 格式。"index＝False"参数用于设置索引，False 表示取消索引，True 表示将第一列作为索引列；"expand＝'table'"参数用于扩展到整个表格，"table"表示向整个表扩展，即选择整个表格，如果设置为"right"表示向表的右方扩展，即选择一行，"down"表示向表的下方扩展，即选择一列；"value"参数表示工作表数据。

第 13 行代码：作用是用 if 条件语句判断工作表中是否包含"日期"文本（用来判断工作表中是否是空表，空表会导致程序出错）。如果 data1 中存储的数据中包含"日期"，则执行第 14～20 行缩进部分的代码；如果不包含，则跳过缩进部分代码。

第 14 行代码：作用是对"借方发生额"列求和，并将求和结果保存在 sum1 变量中。代码中，"sum1"为新定义的变量，用来存储求和结果；"data1['借方发生额']"表示选择"借方发生额"；sum( )函数的功能是对数据进行求和。默认是对所选数据的每一列进行求和。如果使用"axis＝1"参数，即"sum(axis＝1)"，则变成对每一行数据进行求和。如果需要单独对某一列或某一行进行求和，则把求和的列或行索引出来即可，像本例中将"借方发生额"索引出来后，就只对"借方发生额"列进行求和。

第 15 行代码：作用是对"贷方发生额"列求和，并将求和结果保存在 sum2 变量中。

第 16 行代码：作用是获取数据区最后一行行号。代码中，"row"为新定义的变量，用来存储最后一行行号；"i"为当次循环中存储的工作表；"range('A1'). expand('table')"表示选择整个工作表；"shape[0]"用来返回数据区行数，"shape"方法用来返回当前工作表已经使用的单元格组成的矩形区域（即数据区域的行数和列数），以元组的形式返回。比如数据区由 30 行 5 列组成，则"shape"方法会得到（30，5）的元组，"shape[0]"表示选择元组中第一个元素，即"30"，这里 30 即为最后一行的行号。

第 17 行代码：作用是获取"摘要"列的列号。代码中，"column"为新定义的变量，用来存储列号；"i"为当次循环中存储的工作表；"range('A1'). expand('table')"表示选择整个工作表；"value[0]"的作用是返回由第一行中所有单元格的数据组成的列表（0 表示第一行）；"index('摘要')"用于在列表中查找"摘要"的索引位置。如果组成的列表为［日期，摘要，经手人，项目类型，往来单位，借方发生额，贷方发生额，期末余额］，则"index('摘要')"的值就为 1（1 表示第二个），"摘要"列的列号就为"index('摘要')"＋1。

第 18 行代码：作用是在"摘要"列最后一个单元格的下方写入"合计"。代码中，"i"为当次循环中存储的工作表；"range(row+1，column)"表示要写入数据的单元格坐标，其中"row+1"表示最后一行的下面一行。"column"为上一行代码获得的"摘要"列的列号，

第 19 行代码：作用是向相应单元格写入 sum1 中存储的求和结果。这里"range(row+1，column+4)"表示写入求和结果的单元格，"row+1"表示最后一行的下面一行，"column+4"为"摘要"列右侧的第四列，如果"摘要"列为第二列，这里就在第六列中写入数据。

第 20 行代码：作用是向相应单元格写入 sum2 中存储的求和结果。同上一行代码一样，这里"column+5"为"摘要"列右侧的第五列，如果"摘要"列为第二列，这里就在第七列中写入数据。

第 21 行代码：作用是分离文件名和扩展名。"file_name"和"ext"为新定义的变量，用来存储分

离后的文件名和扩展名；"os. path. splitext (x)"函数为 os 模块的函数，用来分离文件名和扩展名，括号中的"x"为要分离的文件全名。如果"x"存储的为"现金日记账 2020. xlsx"，则分离后，会将"现金日记账 2020"存储到"file_name"变量中，将". xlsx"存储到"ext"变量中。

第 22 行代码：作用是另存第 10 行打开的 Excel 工作簿文件。代码中"save ( )"方法用来保存 Excel 工作簿文件，括号中的"f ' e:\\财务\\求和计算\\ |file_name|求和统计. xlsx '"为要保存的新工作簿文件名称和路径。"file_name"为上一行代码中新定义的变量，存储的是分离的文件名，如果"file_name"中存储的为"现金日记账 2020"，则新的工作簿文件的名称就为"e:\\财务\\求和计算\\现金日记账 2020. xlsx"。代码中"f"的作用是将不同类型的数据拼接成字符串，即以 f 开头时，字符串中大括号（" ｛｝ "）内的数据无须转换数据类型，就能被拼接成字符串。

第 23 行代码：作用是关闭第 10 行打开的 Excel 工作簿文件。

第 24 行代码：作用是退出 Excel 程序。

3. 案例应用解析

在实际工作中，如果想批量对多个 Excel 工作簿文件中所有工作表的指定数据分别进行求和计算并汇总到一个新的工作簿中，可以通过修改本例的代码来完成。

首先将第 04 行代码中要指定的文件夹路径修改为自己要处理的工作簿文件所在文件夹名称。然后将第 13 行代码中的"日期"修改为要处理的工作表中的其中一个列标题。将第 14 行代码中的"借方发生额"修改为要求和的列标题，可以对不同的列进行求和。将第 15 行代码中的"贷方发生额"修改为要求和的列标题，可以对不同的列进行求和。最后将第 22 行代码中保存的工作簿文件名称修改为自己需要的工作簿文件名称即可。

第7章 报表财务分析自动化——对 Excel 报表数据进行财务分析

数据透视表是分析报表数据常用的一种方法，本章将通过大量的实战案例讲解通过 Python 自动制作数据透视表，以及对报表数据进行自动统计分析的方法和经验。

7.1 用 Python 自动对 Excel 报表制作数据透视表

7.1.1 案例1：自动对 Excel 报表文件的单个工作表制作数据透视表

透视表是一种可以对数据动态排布并分类汇总的表格格式，或许大多数人都在 Excel 使用过数据透视表，也体会到它的强大功能，接下来用 Python 来自动对 Excel 单个工作表制作数据透视表。

下面对 E 盘"财务"文件夹下 Excel 工作簿文件"销售明细表 .xlsx"中的"1 月"工作表制作数据透视表，并将制作的数据透视表保存到一个新的工作表文件中，如图 7-1 所示。

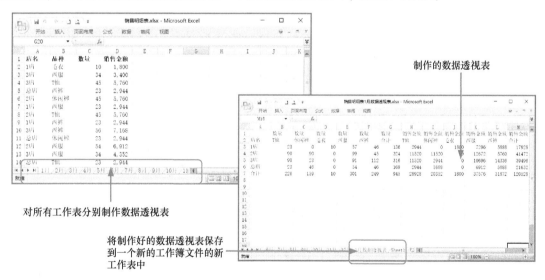

图 7-1 制作数据透视表

1. 代码实现

如下所示为对 Excel 报表文件单个工作表制作数据透视表的程序代码。

```
01  import xlwings as xw                              #导入 xlwings 模块
02  import pandas as pd                               #导入 pandas 模块
03  app=xw.App(visible=True,add_book=False)           #启动 Excel 程序
04  wb=app.books.open('e:\\财务\\销售明细表.xlsx')      #打开工作簿
```

```
05  sht=wb.sheets('1 月')                                        #选择"1 月"工作表
06  data=sht.range('A1').options(pd.DataFrame,,index=False,expand='table',dtype=float)
    .value                                                       #读取当前工作表的数据
07  pivot=pd.pivot_table(data,index=['店名'],columns=['品种'],values=['数量','销售金额
    '],aggfunc={'数量':'sum','销售金额':'sum'},fill_value=0,margins=True, margins_name
    ='合计')                                                      #制作数据透视表
08  new_sht=wb.sheets.add(1 月数据透视表')                        #新建工作表
09  new_sht.range('A1').value=pivot                              #将制作的数据透视表写入工作表
10  wb.save('e:\\财务 \\销售明细表 1 月数据透视表.xlsx')          #另存工作簿
11  wb.close()                                                   #关闭工作簿
12  app.quit()                                                   #退出 Excel 程序
```

2. 代码解析

第 01 行代码：作用是导入 xlwings 模块，并指定模块的别名为"xw"。

第 02 行代码：作用是导入 pandas 模块，并指定模块的别名为"pd"。

第 03 行代码：作用是启动 Excel 程序。代码中，"app"是新定义的变量，用来存储启动的 Excel 程序；"App()"方法用来启动 Excel 程序，括号中的"visible"参数用来设置 Excel 程序是否可见，True 为可见，False 为不可见。"add_book"参数用来设置启动 Excel 时是否自动创建新工作簿，True 为自动创建，False 为不创建。

第 04 行代码：作用是打开已有的 Excel 工作簿文件。"wb"为新定义的变量，用来存储打开的 Excel 工作簿文件；"app"为启动的 Excel 程序；"books. open()"方法用来打开 Excel 工作簿文件，括号中的参数为要打开的 Excel 工作簿文件名称和路径。

第 05 行代码：作用是选择"1 月"工作表。"sht"为新定义的变量，用来存储选择的工作表；"wb"为上一行代码打开的 Excel 工作簿；"sheets('1 月')"作用是选择工作表，括号中的参数用来设置所选择的工作表名称。

第 06 行代码：作用是将"1 月"工作表中的数据内容读取成 pandas 模块的 DataFrame 形式（读取的 DataFrame 形式数据如图 7-2 所示）。代码中，"data"为新定义的变量，用来存储读取的工作表的数据；"sht"为选择的"1 月"工作表；"range('A1')"表示 A1 单元格；"options()"函数用来设置数据读取范围，其参数"pd. DataFrame"的作用是将数据内容读取成 pandas 模块中的 DataFrame 形式。"index = False"参数用于取消索引，因为 DataFrame 数据形式会默认将表格的首列作为 DataFrame 的 index（索引），因此就需要表格内容的首列有固定的序号列，如果表格中的首列并不是序号，则需要在函数中设置参数忽略索引。参数"expand = ' table '"的作用是扩展选择范围，"table"表示向整个表扩展，即选择整个表格。"dtype = float"用来设置读取数

```
    店名  品种    数量  销售金额
0   1店  毛衣  10.0  1800.0
1   3店  西服  34.0  3400.0
2   3店  T恤   45.0  5760.0
3   总店  西裤  23.0  2944.0
4   2店  休闲裤 45.0  5760.0
5   1店  西服  23.0  2944.0
6   2店  T恤   45.0  5760.0
7   1店  西裤  23.0  2944.0
8   3店  西裤  56.0  7168.0
9   总店  休闲裤 23.0  2944.0
10  2店  西服  54.0  6912.0
11  3店  西服  34.0  4352.0
12  总店  T恤   23.0  2944.0
13  2店  西服  45.0  5760.0
14  3店  休闲裤 23.0  2944.0
15  2店  西服  45.0  5760.0
16  1店  T恤   23.0  2944.0
17  3店  T恤   45.0  5760.0
18  总店  西裤  23.0  2944.0
19  2店  休闲裤 45.0  5760.0
20  3店  西服  23.0  2944.0
21  2店  T恤   45.0  5760.0
22  1店  西裤  23.0  2944.0
23  3店  西裤  56.0  7168.0
24  总店  休闲裤 23.0  2944.0
25  总店  西服  54.0  6912.0
26  1店  西服  34.0  4352.0
```

图 7-2　第一次循环时 data 中存储的数据

据的数据格式，"float" 表示设置为浮点数；"value" 表示数据。

第 07 行代码：作用是对读取的数据制作数据透视表。代码中，"pivot" 为新定义的变量，用来存储用当次循环所读取数据制作的数据透视表（如图 7-3 所示为第一次循环时 pivot 中存储的数据）；"pd" 表示 pandas 模块；"pivot_table" 用于创建一个数据透视表，括号中的第一个参数 "data" 为数据源；"index=['店名']" 参数用来设置行字段，比如想查看每个分店的销售情况，就将 "店名" 列标题设置为 index；"columns=['品种']" 参数用来设置列字段，比如要统计每个分店中各个商品的销售数据，就将 "品种" 列标题设置为 columns；"values=['数量','销售金额']" 参数用于设置值字段，此参数可以对需要的计算数据进行筛选，比如想要对每个店铺的 "数量" 和 "销售金额" 等数据进行筛选，就将 "数量" 和 "销售金额" 列标题设置为 values；"aggfunc={'数量': ' sum ', '销售金额': ' sum '}" 用于设置汇总计算的方式，其中字典的键是值字段，字典的值是计算方式，当未设置 "aggfunc" 时，它默认为 "aggfunc=' mean '"，即计算均值，另外还可以设置为 "sum" "count" "min" "max" 等；"fill_value=0" 参数用来指定填充缺失值的内容，默认不填充；"margins=True" 参数用于显示行列的总计数据，将其设置为 True 时，表示显示，设置为 False 时，表示不显示；"margins_name='合计'" 用于设置总计数据行的名称。

	数量						销售金额					
品种	T恤	休闲裤	毛衣	西服	西裤	合计	T恤	休闲裤	毛衣	西服	西裤	合计
店名												
1店	23	0	10	57	46	136.0	2944	0	1800	7296	5888	17928.0
2店	90	90	0	99	45	324.0	11520	11520	0	12672	5760	41472.0
3店	90	23	0	91	112	316.0	11520	2944	0	10696	14336	39496.0
总店	23	46	0	54	46	169.0	2944	5888	0	6912	5888	21632.0
合计	226	159	10	301	249	945.0	28928	20352	1800	37576	31872	120528.0

图 7-3　第一次循环时 pivot 中存储的数据

第 08 行代码：作用是新建 "1 月数据透视表" 工作表。代码中，"new_sht" 为新定义的变量，用来存储新建的工作表；"wb" 为打开的 Excel 工作簿；"sheets. add ('1 月数据透视表')" 方法的作用是新建工作表，括号中的参数 "1 月数据透视表" 为新工作表的名称。

第 09 行代码：作用是将 "pivot" 中存储的数据透视表数据写入新建的工作表中。代码中，"new_sht" 为第 03 行代码中新建的工作表；"range('A1')" 表示从 A1 单元格开始写入数据；"value" 表示数据；"=" 右侧的 "pivot" 为要写入的数据。

第 10 行代码：作用是将打开的 Excel 工作簿另存为 "销售明细表 1 月数据透视表 . xlsx"。

第 11 行代码：作用是关闭 Excel 工作簿文件。

第 12 行代码：作用是退出 Excel 程序。

3. 案例应用解析

在实际工作中，如果想批量对 Excel 工作簿文件中所有工作表都分别制作数据透视表，可以通过修改本例的代码来完成。

首先将第 04 行代码中要打开的工作簿文件名称和路径 "e:\\财务\\销售明细表 . xlsx" 修改为自己要处理的工作簿文件名称和路径，并将第 05 行中的 "1 月" 工作表名称修改为自己要制作数据透视表的工作表名称。

接着将第 07 行代码中的 "index=['店名']，columns=['品种']，values=['数量','销售金额']，aggfunc = {'数量': 'sum', '销售金额': 'sum'} " 修改为自己要处理的数据中相应的行字段、列字段、值字段等。最后将第 10 行代码中另存工作簿文件的名称修改为自己需要的工作簿文件的名称即可。

7.1.2 案例 2：自动对 Excel 报表文件中的所有工作表分别制作数据透视表

在日常对 Excel 工作簿文件的处理中，如果想对 Excel 报表文件中的所有工作表制作数据透视表，可以使用 Python 程序自动处理。

下面批量分别对 E 盘 "财务" 文件夹下 Excel 工作簿文件 "销售明细表.xlsx" 中的所有工作表分别制作数据透视表，并将制作的数据透视表保存到一个新的工作簿文件中，如图 7-4 所示。

图 7-4 对所有工作表分别制作数据透视表

1. 代码实现

如下所示为对 Excel 报表文件所有工作表制作数据透视表的程序代码。

```
01  import xlwings as xw                                          #导入 xlwings 模块
02  import pandas as pd                                           #导入 pandas 模块
03  app=xw.App(visible=True,add_book=False)                       #启动 Excel 程序
04  wb=app.books.open('e:\\财务\\销售明细表.xlsx')                 #打开工作簿
05  new_wb=app.books.add()                                        #新建一个 Excel 工作簿
06  for i in wb.sheets:                                           #遍历工作簿中的工作表
07      data=i.range('A1').options(pd.DataFrame,index=False,expand='table',dtype=float)
        .value                                                    #读取当前工作表的数据
08      if '店名' in data:                                        #判断工作表是否是空表
09          pivot=pd.pivot_table(data,index=['店名'],columns=['品种'],values=['数量','
            销售金额'],aggfunc={'数量':'sum','销售金额':'sum'},fill_value=0,margins=
            True, margins_name='合计')                            #制作数据透视表
10          new_sht=new_wb.sheets.add(f'{i.name}数据透视表')      #新建工作表
```

11	new_sht.range('A1').value=pivot	#将制作的数据透视表写入工作表
12	new_wb.save('e:\\财务\\销售明细表全部数据透视表.xlsx')	#保存工作簿
13	new_wb.close()	#关闭新建的工作簿
14	wb.close()	#关闭工作簿
15	app.quit()	#退出 Excel 程序

2. 代码解析

第 01 行代码：作用是导入 xlwings 模块，并指定模块的别名为"xw"。

第 02 行代码：作用是导入 pandas 模块，并指定模块的别名为"pd"。

第 03 行代码：作用是启动 Excel 程序。代码中，"app"是新定义的变量，用来存储启动的 Excel 程序；"App( )"方法用来启动 Excel 程序，括号中的"visible"参数用来设置 Excel 程序是否可见，True 为可见，False 为不可见。"add_book"参数用来设置启动 Excel 时是否自动创建新工作簿，True 为自动创建，False 为不创建。

第 04 行代码：作用是打开已有的 Excel 工作簿文件。"wb"为新定义的变量，用来存储打开的 Excel 工作簿文件；"app"为启动的 Excel 程序；"books. open( )"方法用来打开 Excel 工作簿文件，括号中的参数为要打开的 Excel 工作簿文件名称和路径。

第 05 行代码：作用是新建一个 Excel 工作簿文件。

第 06 行代码：作用是用 for 循环依次处理 Excel 工作簿中每个工作表的数据。代码中，"for…in"为 for 循环，"i"为循环变量，第 07～11 行缩进部分代码为循环体；"wb. sheets"用来生成当前打开的 Excel 工作簿文件中所有工作表名称的列表，如图 7-5 所示。

Sheets([<Sheet [销售明细表.xlsx]1月>, <Sheet [销售明细表.xlsx]2月>, <Sheet [销售明细表.xlsx]3月>, ...])

图 7-5 "wb. sheets"生成的列表

for 循环运行时，会遍历"wb. sheets"所生成的工作表名称列表中的元素，并在每次循环时将遍历的元素存储在"i"循环变量中。当执行第 06 行代码时，开始第一次 for 循环，会访问"wb. sheets"中的第一个元素"1月"，并将其保存在"i"循环变量中，然后运行 for 循环中的缩进部分代码（循环体部分），即第 07～11 行代码；执行完后，返回再次执行第 06 行代码，开始第二次 for 循环，访问列表中的第二个元素"2月"，并将其保存在"i"循环变量中，然后运行 for 循环中的缩进部分代码，即第 07～11 行代码。就这样一直反复循环，直到最后一次循环完成后，结束 for 循环。

第 07 行代码：作用是将当前工作表中的数据读成 DataFrame 格式（读取的 DataFrame 形式数据参考上一节案例中的图 7-2）。代码中，"data"为新定义的变量，用来保存读取的数据；"range('A1')"方法用来设置起始单元格，参数"'A1'"表示 A1 单元格；"options( )"方法用来设置数据读取的类型。其参数"pd. DataFrame"的作用是将数据内容读取成 DataFrame 格式；"index = False"参数用于设置索引，False 表示取消索引，True 表示将第一列作为索引列；"expand = 'table'"参数用于扩展到整个表格，"table"表示向整个表扩展，即选择整个表格，如果设置为"right"表示向表的右方扩展，即选择一行，"down"表示向表的下方扩展，即选择一列；"value"参数表示工作表数据。

第 08 行代码：作用是用 if 条件语句判断工作表中是否包含"店名"列标题（用来判断工作表中是否是空表，空表会导致程序出错）。如果 data 中存储的数据中包含"店名"，则执行第 09~11 行缩进部分的代码；如果不包含，则跳过缩进部分代码。

第 09 行代码：作用是用读取的数据制作数据透视表。代码中，"pivot"为新定义的变量，用来存储用当次循环所读取数据制作的数据透视表（第一次循环时 pivot 中存储的数据参考上一节案例中的图 7-3）；"pd"表示 pandas 模块；"pivot_table"用于创建一个数据透视表，括号中为其参数。其中，"data"为第 07 行代码读取的数据，即第一个参数为数据源；"index=['店名']"用来设置行字段，比如想查看每个分店的销售情况，就将"店名"列标题设置为 index；"columns=['品种']"用来设置列字段，比如要统计每个分店中各个商品的销售数据，就将"品种"列标题设置为 columns；"values=['数量', '销售金额']"用于设置值字段，此参数可以对需要的计算数据进行筛选，比如想要对每个店铺的"数量"和"销售金额"等数据进行筛选，就将"数量"和"销售金额"列标题设置为 values；"aggfunc={'数量': 'sum', '销售金额': 'sum'}"用于设置汇总计算的方式，其中字典的键是值字段，字典的值是计算方式。当未设置"aggfunc"时，它默认为"aggfunc='mean'"，即计算均值，另外还可以设置为"sum""count""max"等；"fill_value=0"用来指定填充缺失值的内容，默认不填充；"margins=True"用于显示行列的总计数据，将其设置为 True 时，表示显示，设置为 False 时，表示不显示；"margins_name='合计'"用于设置总计数据行的名称。

第 10 行代码：作用是在新建的 Excel 工作簿中新建工作表。代码中，"new_sht"变量用来存储新建的工作表；"new_wb"为之前新建的 Excel 工作簿；"sheets.add（f'{i.name}数据透视表')"方法的作用是新建工作表，括号中的参数为新工作表的名称，参数中"f"的作用是将不同类型的数据拼接成字符串，即以 f 开头时，字符串中大括号（"{}"）内的数据无须转换数据类型，就能被拼接成字符串；"i.name"用来提取"i"中存储的工作表的名称。如果"i.name"为"1 月"，则新工作表的名称就为"1 月数据透视表"。

第 11 行代码：作用是将"pivot"中存储的数据透视表数据写入新建的工作表中。代码中，"new_sht"为第 10 行代码中新建的工作表；"range('A1')"表示从 A1 单元格开始写入数据；"value"表示数据；"="右侧的"pivot"为要写入的数据。

第 12 行代码：作用是将第 05 行新建的 Excel 工作簿保存为"销售明细表全部数据透视表.xlsx"。"save( )"方法用来保存 Excel 工作簿文件，其参数用来设置工作簿的名称和路径。

第 13 行代码：作用是关闭第 05 行新建的 Excel 工作簿文件。

第 14 行代码：作用是关闭第 04 行打开的 Excel 工作簿文件。

第 15 行代码：作用是退出 Excel 程序。

3. 案例应用解析

在实际工作中，如果想批量对 Excel 工作簿文件中所有工作表分别制作数据透视表，可以通过修改本例的代码来完成。

首先将第 04 行代码中要打开的工作簿文件名称和路径"e:\\财务\\销售明细表.xlsx"修改为自己要处理的工作簿文件名称和路径，然后将第 08 行代码中的"店名"修改为自己要处理的数据中的列标题。接着将第 09 行代码中的"index=['店名']，columns=['品种']，values=['数量', '销售金额'], aggfunc = {'数量': ' sum ', '销售金额': ' sum '} " 修改为自己要处理的数据中相应的行字段、列字段、值字段等。最后将第 12 行代码中保存工作簿文件的名称修改为自己需要的工作簿文件名称即可。

7.1.3 案例 3：批量对多个 Excel 报表文件中的所有工作表分别制作数据透视表

在日常对 Excel 工作簿文件的处理中，如果想批量对多个 Excel 报表文件中的所有工作表分别制作数据透视表，可以使用 Python 程序自动处理。

下面批量对 E 盘 "财务" 文件夹的 "数据透视表" 子文件夹下所有 Excel 工作簿文件中的所有工作表分别制作数据透视表，并将制作的数据透视表分别保存到新的工作簿文件中，如图 7-6 所示。

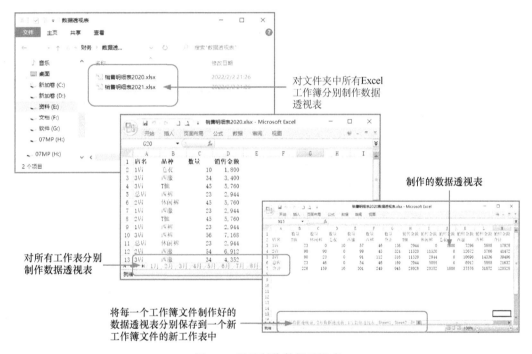

图 7-6　批量制作数据透视表

1. 代码实现

如下所示为分类汇总多个 Excel 报表文件的程序代码。

```
01  import xlwings as xw                              #导入 xlwings 模块
02  import pandas as pd                               #导入 pandas 模块
03  import os                                         #导入 os 模块
04  file_path='e:\财务 \数据透视表'                     #指定要处理的文件所在文件夹的路径
05  file_list=os.listdir(file_path)                   #将所有文件和文件夹的名称以列表的形式保存
06  app=xw.App(visible=True,add_book=False)           #启动 Excel 程序
07  for x in file_list:                               #遍历列表 file_list 中的元素
08      if x.startswith('~ $'):                        #判断文件名称是否有以 " ~ $ " 开头的临时文件
```

```
09        continue                              #跳过本次循环
10    wb=app.books.open(file_path+'\\'+x)        #打开文件夹中的工作簿
11    new_wb=app.books.add()                     #新建 Excel 工作簿
12    for i in wb.sheets:                        #遍历工作簿中的工作表
13        data=i.range('A1').options(pd.DataFrame,,index=False,expand='table',
      dtype=float).value                         #读取当前工作表的数据
14        if '店名' in data:                      #判断工作表是否是空表
15            pivot=pd.pivot_table(data,index=['店名'],columns=['品种'],values=['数
              量','销售金额'],aggfunc={'数量':'sum','销售金额':'sum'},fill_value=0,mar-
              gins=
              True,margins_name='合计')           #制作数据透视表
16            new_sht=new_wb.sheets.add(f'{i.name}数据透视表')    #新建工作表
17            new_sht.range('A1').value=pivot     #将制作的数据透视表写入工作表
18    file_name,ext= os.path.splitext(x)         #分离文件名和扩展名
19    new_wb.save(f'e:\\财务\\数据透视表\\{file_name}数据透视表.xlsx')  #保存工作簿
20    new_wb.close()                             #关闭新建的工作簿
21    wb.close()                                 #关闭工作簿
22 app.quit()                                    #退出 Excel 程序
```

2. 代码解析

第 01 行代码：作用是导入 xlwings 模块，并指定模块的别名为 "xw"。

第 02 行代码：作用是导入 pandas 模块，并指定模块的别名为 "pd"。

第 03 行代码：作用是导入 os 模块。

第 04 行代码：作用是指定文件所在文件夹的路径。file_path 为新建的变量，用来存储路径。

第 05 行代码：作用是返回指定文件夹中的文件和文件夹名称的列表。代码中，"file_list" 变量用来存储返回的名称列表；"listdir()" 函数用于返回指定文件夹中的文件和文件夹名称的列表，括号中的参数为指定的文件夹路径，如图 7-7 所示。

['销售明细表2020.xlsx', '销售明细表2021.xlsx']

图 7-7 程序执行后 "file_list" 列表中存储的数据

第 06 行代码：作用是启动 Excel 程序。代码中，"app" 是新定义的变量，用来存储启动的 Excel 程序；"App()" 方法用来启动 Excel 程序，括号中的 "visible" 参数用来设置 Excel 程序是否可见，True 为可见，False 为不可见。"add_book" 参数用来设置启动 Excel 时是否自动创建新工作簿，True 为自动创建，False 为不创建。

第 07~21 行代码为一个 for 循环，用于对文件夹中的每个工作簿分别进行汇总计算。

第 07 行代码：为 for 循环，"x" 为循环变量，第 08~21 行缩进部分代码为循环体。当第一次 for 循环时，会访问 "file_list" 列表中的第一个元素（销售明细表 2020.xlsx），并将其保存在 "x" 循环变量中，然后运行 for 循环中的缩进部分代码（循环体部分），即第 08~21 行代码；执行完后，返回执行第 07 行代码，开始第二次 for 循环，访问列表中的第二个元素（销售明细表 2021.xlsx），并将其保存在 "x" 循环变量中，然后运行 for 循环中的缩进部分代码，即第 08~21 行代码。就这样一直反复循

环，直到最后一次循环完成后，结束 for 循环。

第 08 行代码：作用是用 if 条件语句判断文件夹下的文件名称是否有以 "~ $" 开头的临时文件。如果条件成立，执行第 09 行代码。如果条件不成立，执行第 10 行代码。代码中，"i. startswith（'~ $'）"为 if 条件语句的条件，"i. startswith（~ $）"函数用于判断 "i" 中存储的字符串是否以指定的 "~ $"开头，如果是以 "~ $" 开头，则输出 True。

第 09 行代码：作用是跳过本次 for 循环，直接进行下一次 for 循环。

第 10 行代码：作用是打开与 "x" 中存储的文件名相对应的工作簿文件。代码中，"wb" 为新定义的变量，用来存储打开的 Excel 工作簿；"app" 为启动的 Excel 程序；"books. open（ ）" 方法用来打开工作簿，其参数 "file_path+'\\'+x" 为要打开的 Excel 工作簿路径和文件名。

第 11 行代码：作用是新建一个 Excel 工作簿。代码中，"new_wb" 为新定义的变量，用来存储新建的工作簿；"books. add（ ）" 方法用来新建 Excel 工作簿。

第 12 行代码：作用是依次处理工作簿中的每个工作表。由于这个 for 循环在第 07 行代码的 for 循环的循环体中，因此这是一个嵌套 for 循环。

代码中，"i" 为循环变量，用来存储遍历的列表中的元素；"wb. sheets" 可以获得当前打开的工作簿中所有工作表名称的列表。当第二个 for 循环进行第一次循环时，访问列表的第一个元素（即第一个工作表），并将其存储在 "i" 变量中，然后执行一遍缩进部分的代码（第 13~17 行代码）；执行完之后，返回再次执行 12 行代码，开始第二次 for 循环，访问列表中第二个元素（即第二个工作表），并将其存储在 "i" 变量中，然后再次执行缩进部分的代码（第 13~17 行代码）。就这样一直循环，直到遍历完最后一个列表的元素，执行完缩进部分代码，第二个 for 循环结束。这时接着执行第一个循环中的第 18 行代码。

第 13 行代码：作用是将工作表中的数据读成 DataFrame 格式（读取的 DataFrame 形式数据参考 7. 1. 1 小节案例中的图 7-2）。代码中，"data" 为新定义的变量，用来保存读取的数据；"range（'A1'）" 方法用来设置起始单元格，参数 "'A1'" 表示 A1 单元格；"options（ ）" 方法用来设置数据读取的类型。其参数 "pd. DataFrame" 的作用是将数据内容读取成 DataFrame 格式；"index = False" 参数用于设置索引，False 表示取消索引，True 表示将第一列作为索引列；"expand = 'table'"参数用于扩展到整个表格，"table" 表示向整个表扩展，即选择整个表格，如果设置为 "right" 表示向表的右方扩展，即选择一行，"down" 表示向表的下方扩展，即选择一列；"value" 参数表示工作表数据。

第 14 行代码：作用是用 if 条件语句判断工作表中是否包含 "店名" 列标题（用来判断工作表中是否是空表，空表会导致程序出错）。如果 data 中存储的数据中包含 "店名"，则执行第 15~17 行缩进部分的代码；如果不包含，则跳过缩进部分代码。

第 15 行代码：作用是用读取的数据制作数据透视表。代码中，"pivot" 为新定义的变量，用来存储用当次循环所读取数据制作的数据透视表（第一次循环时 pivot 中存储的数据参考 7. 1. 1 小节案例中的图 7-3）；"pd" 表示 pandas 模块；"pivot_table" 用于创建一个数据透视表，括号中为其参数。其中，"data" 为第 13 行代码读取的数据，即第一个参数为数据源；"index = ['店名']" 用来设置行字段，比如想查看每个分店的销售情况，就将 "店名" 列标题设置为 index；"columns = ['品种']" 用来设置列字段，比如要统计每个分店中各个商品的销售数据，就将 "品种" 列标题设置为 columns；

"values=['数量', '销售金额']"用于设置值字段，此参数可以对需要的计算数据进行筛选，比如想要对每个店铺的"数量"和"销售金额"等数据进行筛选，就将"数量"和"销售金额"列标题设置为 values；"aggfunc={'数量': ' sum ', '销售金额': ' sum '}"用于设置汇总计算的方式，其中字典的键是值字段，字典的值是计算方式，当未设置"aggfunc"时，它默认为"aggfunc=' mean '"，即计算均值，另外还可以设置为"sum""count""min""max"等；"fill_value=0"用来指定填充缺失值的内容，默认不填充；"margins=True"用于显示行列的总计数据，将其设置为 True 时，表示显示，设置为 False 时，表示不显示；"margins_name='合计'"用于设置总计数据行的名称。

第 16 行代码：作用是在新建的 Excel 工作簿中新建工作表。代码中，"new_sht"为新定义的变量，用来存储新建的工作表；"new_wb"为第 11 行代码中新建的 Excel 工作簿；"sheets. add（f'{i. name} 数据透视表')"方法的作用是新建工作表，括号中的参数为新工作表的名称，参数中"f"的作用是将不同类型的数据拼接成字符串，即以 f 开头时，字符串中大括号（" {} "）内的数据无须转换数据类型，就能被拼接成字符串；"i. name"用来提取"i"中存储的工作表的名称。如果"i. name"为"1 月"，则新工作表的名称就为"1 月数据透视表"。

第 17 行代码：作用是将"pivot"中存储的数据透视表数据写入新建的工作表中。代码中，"new_sht"为第 16 行代码中新建的工作表；"range(' A1 ')"表示从 A1 单元格开始写入数据；"value"表示数据；"="右侧的"pivot"为要写入的数据。

第 18 行代码：作用是分离文件名和扩展名。"file_name"和"ext"为新定义的变量，用来存储分离后的文件名和扩展名；"os. path. splitext(x)"函数为 os 模块的函数，用来分离文件名和扩展名，括号中的"x"为要分离的文件全名。如果"x"存储的为"销售明细表 2020. xlsx"，则分离后，会将"销售明细表 2020"存储到"file_name"变量中，将". xlsx"存储到"ext"变量中。

第 19 行代码：作用是保存第 11 行新建的 Excel 工作簿文件。代码中，"save( )"方法用来保存 Excel 工作簿文件，括号中的"f' e:\\财务\\数据透视表\\{file_name}数据透视表 . xlsx'"为要保存的新工作簿文件名称和路径。"file_name"为上一行代码中新定义的变量，存储的是分离的文件名，如果"file_name"中存储的为"销售明细表 2020"，则新工作簿文件的名称就为"e:\\财务\\数据透视表\\销售明细表 2020 数据透视表 . xlsx"。这里"f"的作用是将不同类型的数据拼接成字符串，即以 f 开头时，字符串中大括号（" {} "）内的数据无须转换数据类型，就能被拼接成字符串。

第 19 行代码：作用是关闭第 11 行新建的 Excel 工作簿文件。

第 20 行代码：作用是关闭第 10 行打开的 Excel 工作簿文件。

第 21 行代码：作用是退出 Excel 程序。

3. 案例应用解析

在实际工作中，如果想批量对多个 Excel 工作簿文件中所有工作表制作数据透视表，可以通过修改本例的代码来完成。

首先将第 04 行代码中要指定的文件夹路径修改为自己要处理的工作簿文件所在文件夹名称。然后将第 14 行代码中的"店名"修改为自己要处理的数据中的列标题。

接着将第 15 行代码中的"index=['店名']，columns=['品种']，values=['数量', '销售金额']，aggfunc＝{'数量'：'sum'，'销售金额'：'sum'}"修改为自己要处理的数据中相应的行字段、列字段、值字段等。最后将第 19 行代码中保存工作簿文件的名称修改为自己需要的工作簿文件的名称即可。

7.2 用 Python 自动对 Excel 报表进行财务分析

7.2.1 案例1：自动对 Excel 报表中的数据进行分析判断数据的相关性

数据相关性是指数据之间存在的某种关系，如正相关、负相关。数据相关性可以快捷、高效地发现事物间内在关联的优势，它被有效地应用于推荐系统、商业分析、公共管理、医疗诊断等领域。

如图 7-8 所示为公司总销量、广告费和社交网络费用的数据，现要判断总销量与哪些费用相关性较大。

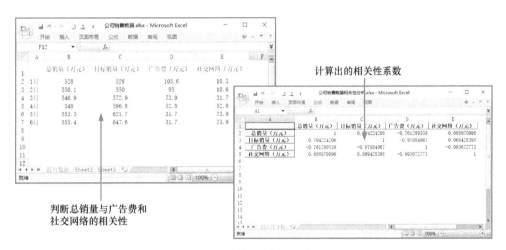

图 7-8 判断数据间的相关性

1. 代码实现

如下所示为判断公司销售数据相关性的程序代码。

```
01  import pandas as pd              #导入 pandas 模块
02  data=pd.read_excel('e:\\财务\\公司销售数据.xlsx',sheet_name=0)
                                     #读取 Excel 工作簿中所有工作表的数据
03  with pd.ExcelWriter('e:\\财务\\公司销售数据相关性分析.xlsx') as wb:
                                     #新建 Excel 工作簿文件
04      correlation=data.corr()      #计算任意两个变量之间的相关系数
05      correlation.to_excel(wb,sheet_name='相关性分析',index=True)
                                     #将相关性分析数据写入新建工作簿的工作表中
```

2. 代码解析

第 01 行代码：作用是导入 pandas 模块，并指定模块的别名为"pd"。

第 02 行代码：作用是读取 Excel 工作簿文件中所有工作表的数据。"data"为新定义的变量，用来存储读取的 Excel 工作簿文件中所有工作表的数据；"pd"表示 pandas 模块；"read_excel（'e:\\财务\\公司销售数据.xlsx',sheet_name=0）"函数用来读取 Excel 工作簿文件中工作表的数据，括号中的第一个参数为要读取的 Excel 工作簿文件；"sheet_name=0"参数用来设置所选择的工作表为第一个工作表（0 表示第一个），如果要选择所有工作表，则设置为"sheet_name=None"，也可以设置为工作表名称。

第 03 行代码：作用是新建 Excel 工作簿文件。代码中，"with… as…"是一个控制流语句，通常用来操作已打开的文件对象。它的格式为"with 表达式 as target:"，其中"target"用于指定一个变量；"pd.ExcelWriter（'e:\\财务\\公司销售数据相关性分析.xlsx'）"函数用于新建一个 Excel 工作簿文件，括号中的参数为新建工作簿文件名称和路径；"wb"为指定的变量，用于存储新建的工作簿文件。

第 04 行代码：作用是计算任意两个变量之间的相关系数。代码中，"correlation"为新定义的变量，用来存储计算的相关性系数（见图 7-9）；"data"为上一行代码中读取的销售数据；"corr()"函数用来计算列与列之间的相关系数。如想计算"广告费"与其他变量之间的相关系数，则将代码修改为"correlation=data.corr()['广告费(万元)']"。

```
                总销量（万元）  目标销量（万元）  广告费（万元）  社交网络（万元）
总销量（万元）    1.000000  0.794224 -0.761290  0.688971
目标销量（万元）  0.794224  1.000000 -0.978850  0.969428
广告费（万元）   -0.761290 -0.978850  1.000000 -0.993673
社交网络（万元）  0.688971  0.969428 -0.993673  1.000000
```

图 7-9　"correlation"中存储的相关性系数

第 05 行代码：作用是将提取的全部数据写入新 Excel 工作簿的"相关性分析"工作表中。代码中，"correlation"为上一行计算的相关系数的数据；"to_excel(wb,sheet_name='相关性分析',index=True)"函数为写入 Excel 数据的函数，括号中的第一个参数"wb"为第 03 行代码中指定的存储的新工作簿文件的变量；"sheet_name='相关性分析'"参数用来在写入数据的 Excel 工作簿文件中新建一个工作表，命名为"相关性分析"；"index=True"用来设置数据索引的方式，True 表示写入索引，False 表示不写入索引。

3. 案例应用解析

在实际工作中，如果想判断分析 Excel 工作簿文件中工作表指定数据的相关性，可以通过修改本例的代码来完成。

首先将第 02 行代码中要打开的工作簿文件名称和路径"e:\\财务\\公司销售数据.xlsx"修改为自己要处理的工作簿文件名称和路径，然后将第 03 行代码中新工作簿文件名称和路径修改为自己要新建的工作簿文件名称和路径。

最后将第 05 行中的工作表名称"相关性分析"修改为自己需要的工作表名称即可。

7.2.2　案例 2：自动统计出销售商品中畅销商品前 10 名

在日常对 Excel 工作簿文件的处理中，如果想自动统计销售商品中的畅销商品，可以使用 Python 程序自动处理。

下面对超市销售数据（CSV 格式数据）进行处理分析，统计出 2020 年 9 月销售商品中畅销商品的前 10 名，并将畅销商品的数据写入新的 Excel 工作簿中，如图 7-10 所示。

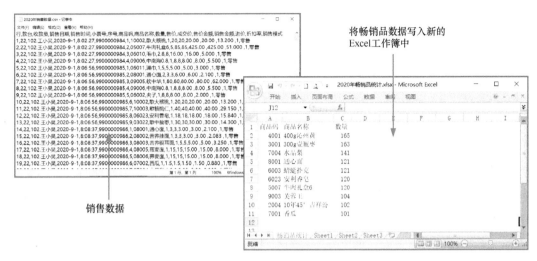

图 7-10 统计畅销商品

1. 代码实现

如下所示为统计畅销商品的程序代码。

```
01  import xlwings as xw                                         #导入 xlwings 模块
02  import pandas as pd                                          #导入 pandas 模块
03  data_pd=pd.read_csv('e:\财务\\2020年销售数据.csv',engine='python',encoding='gbk')
                                                                 #读取"2020年销售数据.csv"中的数据
04  data_sift=data_pd.groupby(['商品码','商品名称']).aggregate({'数量':'sum'})
                       #将读取的数据按"商品码""商品名称"列分组并求和
05  data_sort=data_sift.sort_values(by=['数量'],ascending=False).head(10)
                       #将分组后的数据按"数量"列降序排序,并取前10行
06  app=xw.App(visible=True,add_book=False)                      #启动 Excel 程序
07  wb=app.books.add()                                           #新建 Excel 工作簿
08  sht=wb.sheets.add('畅销品统计')                               #新建工作表
09  sht.range('A1').value=data_sort                              #在新工作表中存入排序数据
10  sht.autofit()                                                #自动调整新工作表的行高和列宽
11  wb.save('e:\财务\\2020年畅销品统计.xlsx')                     #另存新的 Excel 工作簿
12  wb.close()                                                   #关闭 Excel 工作簿
13  app.quit()                                                   #退出 Excel 程序
```

2. 代码解析

第 01 行代码：作用是导入 xlwings 模块，并指定模块的别名为"xw"。

第 02 行代码：作用是导入 pandas 模块，并指定模块的别名为"pd"。

第 03 行代码：作用是读取"2020 年销售数据 .csv"文件中的数据。代码中，"pd. read_csv()"

Python+Excel 报表自动化实战

函数用来读取 CSV 格式数据，括号中第一个参数 "'e:\\财务\\2020 销售数据.csv'" 为数据文件及路径；"engine=' Python '" 参数用于在设置文件中名称或路径中包含中文时，消除错误；"encoding='gbk'" 参数用来设置编码格式，如果文件格式是 CSV，就设置为 "gbk"，如果编码格式为 CSV UTF-8，则设置为 "utf-7-sig"。

第 04 行代码：作用是将第 03 行代码中读取的数据，按指定的 "商品码" "商品名称" 列进行分组并求和。"groupby( )" 函数用来根据某一列或多列数据内容进行分组聚合；"aggregate( )" 函数可以对分组后的数据进行多种方式的统计汇总，比如对多个指定的列进行不同的运算（如求和、求最小值等）。本例中对 "数量" 列进行了求和运算。

第 05 行代码：作用是将分组后的数据按 "数量" 列降序排序，并取前 10 行。代码中，"data_sort" 是定义的变量，用来存储排序后的数据；"data_sift" 为上一行代码中存储的分类汇总数据；"sort_values（by=['数量']，ascending=False）" 函数用于将数据区域按照某个字段的数据进行排序。括号中的参数 "by=['数量']" 用于指定排序的列标题，"ascending=False" 用来设置排序方式为降序，True 为升序；"head（10）" 的作用是选择指定的前 10 行数据。

第 06 行代码：作用是启动 Excel 程序，代码中，"app" 是新定义的变量，用来存储启动的 Excel 程序；"App( )" 方法用来启动 Excel 程序，括号中的 "visible" 参数用来设置 Excel 程序是否可见，True 为可见，False 为不可见；"add_book" 参数用来设置启动 Excel 时是否自动创建新工作簿，True 为自动创建，False 为不创建。

第 07 行代码：作用是新建一个 Excel 工作簿文件。

第 08 行代码：作用是在新建的 Excel 工作簿中新建一个工作表并命名为 "畅销品统计"。代码中，"sht" 为新定义的变量，用来存储新建工作表；"sheets. add（'畅销品统计'）" 方法的作用是新建工作表，括号中的 "畅销品统计" 为工作表的名称。

第 09 行代码：作用是将第 05 行统计的排序数据写入 "畅销品统计" 新工作表中。代码中，"sht" 为上一行新建的工作表；"range('A1')" 的作用是从 A1 单元格开始写入数据。

第 10 行代码：作用是根据数据内容自动调整新工作表行高和列宽。代码中，"autofit( )" 函数的作用是自动调整工作表的行高和列宽。

第 11 行代码：作用是将第 07 行新建的工作簿保存为 "'e:\\财务\\2020 年畅销品统计.xlsx'"。"save( )" 方法用来保存 Excel 工作簿文件，其参数设置工作簿的名称和路径。

第 12 行代码：作用是关闭第 07 行新建的 Excel 工作簿。

第 13 行代码：作用是退出 Excel 程序。

3. 案例应用解析

在实际工作中，如果想统计销售数据中的畅销品，可以通过修改本例的代码来完成。

首先将第 03 行代码中的 "e:\\财务\\2020 销售数据.csv" 修改为自己要处理的数据文件的文件名。

接着将案例第 04 行代码中的 "商品码" "商品名称" 修改为自己要作为分组索引的列标题，将 "数量" 修改为自己要汇总的列标题。

将案例第 05 行代码中的 "数量" 修改为自己要排序的列标题。最后将第 11 行代码中保存工作簿文件的名称修改为自己需要的工作簿文件的名称即可。

7.2.3 案例 3：自动从 Excel 报表文件的所有工作表的数据中统计出畅销产品

在日常对 Excel 工作簿文件的处理中，如果想批量自动统计 Excel 报表文件的所有工作表销售数据中的畅销商品，可以使用 Python 程序自动处理。

下面对 E 盘"财务"文件夹下"销售明细表.xlsx"工作簿中 12 个月的工作表数据进行处理，然后统计出当年销量最好的 3 个产品，如图 7-11 所示。

图 7-11　统计所有工作表销售数据的畅销产品

1. 代码实现

如下所示为统计 Excel 报表文件中所有工作表销售数据的畅销品的程序代码。

```
01  import xlwings as xw                              #导入 xlwings 模块
02  import pandas as pd                               #导入 pandas 模块
03  app=xw.App(visible=True,add_book=False)           #启动 Excel 程序
04  wb=app.books.open('e:\\财务\\销售明细表.xlsx')    #打开工作簿
05  data_pd=pd.DataFrame()                            #新建空 DataFrame 用于存放数据
06  for i in wb.sheets:                               #遍历工作簿中的工作表
07      data1=i.range('A1').options(pd.DataFrame,index=False,expand='table')
        .value                                        #将当前工作表的数据读取为 DataFrame 形式
08      if '店名' in data1:                           #判断工作表是否为空表
09          data_pd=data_pd.append(data1)             #将 data1 的数据加到 DataFrame 中
10  data_sift=data_pd.groupby('品种').aggregate({'数量':'sum','销售金额':'sum'})
                                                      #将读取的数据按"品种"列分组并求和
11  data_sort=data_sift.sort_values(by=['数量'],ascending=False).head(3)
                                                      #将分组后的数据按"数量"降序排序,并取前 3 行
12  sht=wb.sheets.add('产品统计')                     #新建名为"产品统计"的工作表
13  sht.range('A1').value=data_sort                   #在新工作表中存入排序数据
14  sht.autofit()                                     #自动调整新工作表的行高和列宽
15  wb.save('e:\\财务\\销售明细表所有表畅销品统计.xlsx')   #另存 Excel 工作簿
16  wb.close()                                        #关闭工作簿
17  app.quit()                                        #退出 Excel 程序
```

2. 代码解析

第 01 行代码：作用是导入 xlwings 模块，并指定模块的别名为"xw"。

第 02 行代码：作用是导入 pandas 模块，并指定模块的别名为"pd"。

第 03 行代码：作用是启动 Excel 程序，代码中，"app"是新定义的变量，用来存储启动的 Excel 程序；"App ( )"方法用来启动 Excel 程序，括号中的"visible"参数用来设置 Excel 程序是否可见，True 为可见，False 为不可见；"add_book"参数用来设置启动 Excel 时是否自动创建新工作簿，True 为自动创建，False 为不创建。

第 04 行代码：作用是打开已有的 Excel 工作簿文件。"wb"为新定义的变量，用来存储打开的 Excel 工作簿文件；"app"为启动的 Excel 程序；"books. open ( )"方法用来打开 Excel 工作簿文件，括号中的参数为要打开的 Excel 工作簿文件名称和路径。

第 05 行代码：作用是新建一个名为 data_pd 的空的 DataFrame 格式数据。

第 06 行代码：作用是用 for 循环依次处理工作簿文件中的每个工作表的数据。代码中，"for…in"为 for 循环，"i"为循环变量，第 07~09 行缩进部分代码为循环体；"wb. sheets"用来生成当前打开的 Excel 工作簿文件中所有工作表名称的列表，如图 7-12 所示。

Sheets([<Sheet [销售明细表.xlsx]1月>, <Sheet [销售明细表.xlsx]2月>, <Sheet [销售明细表.xlsx]3月>, …])

图 7-12　"wb. sheets"生成的列表

for 循环运行时，会遍历"wb. sheets"所生成的工作表名称列表中的元素，并在每次循环时将遍历的元素存储在"i"循环变量中。当执行第 06 行代码时，开始第一次 for 循环，for 循环会访问"wb. sheets"中的第一个元素"1 月"，并将其保存在"i"循环变量中，然后运行 for 循环中的缩进部分代码（循环体部分），即第 07~09 行代码；执行完后，返回再次执行第 06 行代码，开始第二次 for 循环，访问列表中的第二个元素"2 月"，并将其保存在"i"循环变量中，然后运行 for 循环中的缩进部分代码，即第 07~09 行代码。就这样一直反复循环，直到最后一次循环完成后，结束 for 循环，开始执行第 10 行代码。

第 07 行代码：作用是将工作表中的数据读成 DataFrame 格式。代码中，"data1"为新定义的变量，用来保存读取的数据；"range (' A1 ')"方法用来设置起始单元格，参数"' A1 '"表示 A1 单元格；"options ( )"方法用来设置数据读取的类型。其参数"pd. DataFrame"的作用是将数据内容读取成 DataFrame 格式；"index = False"参数用于设置索引，False 表示取消索引，True 表示将第一列作为索引列；"expand=' table '"参数用于扩展到整个表格，"table"表示向整个表扩展，即选择整个表格，如果设置为"right"表示向表的右方扩展，即选择一行，"down"表示向表的下方扩展，即选择一列；"value"参数表示工作表数据。

第 08 行代码：作用是用 if 条件语句判断工作表中是否包含"店名"列标题（用来判断工作表中是否是空表，空表会导致程序出错）。如果 data1 中存储的数据中包含"产品名称"，则执行第 09 行缩进部分的代码；如果不包含，则跳过缩进部分代码，执行下一次 for 循环。

第 09 行代码：作用是将 data1 存储的数据（第 07 行提取的数据）加入之前新建的空"data_pd"中。

第 10 行代码：作用是将第 09 行代码中读取的数据按指定的"品种"列进行分组并求和。"group-by（ ）"函数用来根据数据的某一列或多列内容进行分组聚合；"aggregate（ ）"函数可以对分组后的数据进行多种方式的统计汇总，比如对多个指定的列进行不同的运算（如求和、求最小值等）。本例中对"数量"列进行了求和运算。

第 11 行代码：作用是将分组后的数据按"数量"降序排序，并取前 3 行。代码中，"data_sort"是新定义的变量，用来存储排序后的数据；"data_sift"为上一行代码中存储的分组数据；"sort_values（by = ['数量']，ascending = False）"的作用是对"数量"列进行排序，其参数"by = ['数量']"用于指定排序的列；"ascending = False"参数用来设置排序方式，True 表示升序，False 表示降序；"head（3）"用于选择指定的前三行数据。

第 12 行代码：作用是在打开的 Excel 工作簿中新建一个工作表并命名为"产品统计"。代码中，"sht"为新定义的变量，用来存储新建工作表；"sheets. add（'产品统计'）"方法的作用是新建工作表，括号中的"产品统计"为工作表的名称。

第 13 行代码：作用是将第 11 行统计的排序数据写入"畅销品统计"新工作表中。代码中，"sht"为上一行新建的工作表；"range（' A1'）"的作用是从 A1 单元格开始写入数据。

第 14 行代码：作用是根据数据内容自动调整新工作表行高和列宽。代码中，"autofit（ ）"函数的作用是自动调整工作表的行高和列宽。

第 15 行代码：作用是将第 04 行打开的工作簿另存为"' e:\\财务\\销售明细表所有表畅销品统计. xlsx'"。"save（ ）"方法用来保存工作簿文件，其参数用来设置工作簿的名称和路径。

第 16 行代码：作用是关闭打开的 Excel 工作簿。

第 17 行代码：作用是退出 Excel 程序。

3. 案例应用解析

在实际工作中，如果想统计销售数据工作簿文件中所有工作表数据内的畅销品，可以通过修改本例的代码来完成。

首先将第 04 行代码中的"e:\\财务\\销售明细表. xlsx"修改为自己要处理的数据文件的文件名。接着将第 08 行代码中的"店名"修改为自己要处理的数据中的列标题，然后将案例第 10 行代码中的"品种"修改为要作为分组索引的列标题，将"数量"修改为自己要汇总的列标题。将案例第 11 行代码中的"数量"修改为自己要排序的列标题。最后将第 15 行代码中保存工作簿文件的名称修改为自己需要的工作簿文件的名称即可。

7.2.4 案例4：自动统计销售数据中每天客流高峰时段

在日常对 Excel 工作簿文件的处理中，如果想分析 Excel 报表文件的销售数据，统计出每天客流高峰时段，可以使用 Python 程序自动处理。

下面对 E 盘"财务"文件夹下"销售数据2020. xlsx"工作簿中的销售数据进行处理，然后统计出一天中的客流高峰时段，如图 7-13 所示。

1. 代码实现

如下所示为统计销售数据中客流高峰时段的程序代码。

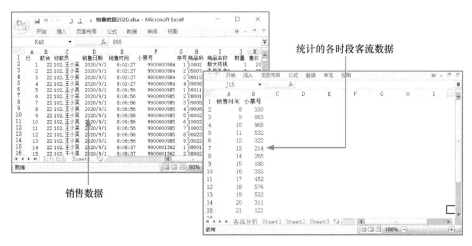

图 7-13　统计销售数据中客流高峰时段

```
01  import xlwings as xw                                      #导入 xlwings 模块
02  import pandas as pd                                       #导入 pandas 模块
03  from datetime import datetime                             #导入 datetime 模块的 datetime 函数
04  app=xw.App(visible=True,add_book=False)                   #启动 Excel 程序
05  wb=app.books.open('e:\\财务\\销售数据 2020.xlsx')        #打开工作簿
06  sht=wb.sheets('销售数据')                                 #选择"销售数据"工作表
07  sht.range('E:E').api.NumberFormat='h'                     #将 E 列单元格格式设置为自定义小时
08  data_pd=sht.range('A1').options(pd.DataFrame,index=False,expand='table')
    .value                                                   #将当前工作表的数据读取为 DataFrame 形式
09  data_pd1=data_pd[data_pd['销售日期']==datetime(2020,9,2)]
                                                             #选取 2020 年 9 月 2 日的销售数据
10  data_pd2=data_pd1[['销售时间','小票号']].drop_duplicates()
                                                             #对"销售时间"和"小票号"列进行去重复项
11  data_pd2['销售时间']=[int(x*24) for x in data_pd2['销售时间']]
                                                             #将"销售时间"列的小数时间格式转换为整数时间格式
12  data_sort=data_pd2.groupby('销售时间').aggregate({'小票号':'count'})
                                                             #将读取的数据按"销售时间"列分组并对"小票号"列计数
13  new_wb=app.books.add()                                    #新建一个工作簿
14  new_sht=new_wb.sheets.add('客流分析')                     #在新工作簿中新建"客流分析"工作表
15  new_sht.range('A1').options(transform=True).value=data_sort
                                                             #在新工作表中写入 data_sort 中存储的数据
16  new_sht.autofit()                                         #自动调整新工作表的行高和列宽
17  new_wb.save('e:\\财务\\销售数据 2020 客流分析.xlsx')      #保存工作簿
18  new_wb.close()                                            #关闭新建的工作簿
19  wb.close()                                                #关闭打开的工作簿
20  app.quit()                                                #退出 Excel 程序
```

2. 代码解析

第 01 行代码：作用是导入 xlwings 模块，并指定模块的别名为"xw"。

第 02 行代码：作用是导入 pandas 模块，并指定模块的别名为“pd”。

第 03 行代码：作用是导入 datetime 模块中的 datetime 函数。

第 04 行代码：作用是启动 Excel 程序。代码中，“app”是新定义的变量，用来存储启动的 Excel 程序；“App( )”方法用来启动 Excel 程序，括号中的“visible”参数用来设置 Excel 程序是否可见，True 为可见，False 为不可见；“add_book”参数用来设置启动 Excel 时是否自动创建新工作簿，True 为自动创建，False 为不创建。

第 05 行代码：作用是打开 e 盘“财务”文件夹下的“销售数据 2020. xlsx”工作簿。这里要写全工作簿的路径。

第 06 行代码：作用是选择“销售数据”工作表。

第 07 行代码：作用是将“销售数据”工作表的 E 列单元格数字格式设置为“时间”格式，只显示小时。因为后面代码中要以小时为单位对数据进行统计分析，因此去掉分钟和秒，只显示小时。

第 08 行代码：作用是将当前工作表中的数据读成 DataFrame 格式。代码中，“data_pd”为新定义的变量，用来保存读取的数据；“sht”为选择的工作表；“range(' A1 ')”方法用来设置起始单元格，参数“' A1 '”表示 A1 单元格；“options( )”方法用来设置数据读取的类型。其参数“pd. DataFrame”的作用是将数据内容读取成 DataFrame 格式；“index = False”参数用于设置索引，False 表示取消索引，True 表示将第一列作为索引列；“expand =' table '”参数用于扩展到整个表格，“table”表示向整个表扩展，即选择整个表格，如果设置为“right”表示向表的右方扩展，即选择一行，“down”表示向表的下方扩展，即选择一列；“value”参数表示工作表数据。

第 09 行代码：作用是选取 2020 年 9 月 2 日的销售数据。代码中“data_pd ['销售日期'] = = datetime(2020，9，2）”意思是数据对象中“销售日期”列中的日期等于 2020 年 9 月 2 日。“datetime( )”是 datetime 模块的类，它的参数“2020，9，2”为具体日期 2020 年 9 月 2 日。

第 10 行代码：作用是对“销售时间”和“小票号”列进行重复值判断，然后保留第一个行值(默认)。代码中 drop_duplicates( ) 函数是 pandas 模块中的函数，用于对所有值进行重复值判断，且默认保留第一个（行）值。

第 11 行代码：作用是将“销售时间”列的小数时间格式转换为整数时间格式。Excel 中的数据在读取为 DataFrame 对象的数据时，原先表格中的时间(如 8：06：56）会转换为“0. 338148”，如图 7-14 所示为 data_pd 中存储的 DataFrame 形式的数据。这里要统计以小时为单位的客户数据，因此就需要将“销售时间”列转换为整数时间格式中的小时，方法是乘以 24 然后取整数。如 0. 338148 * 24 = 8. 115552，取整数就是 8，即 8 点。

```
     行   款台    收款员      销售日期      销售时间  ...  售价金额  销售金额   进价  折扣率
销售模式
0    1.0  22.0  102.王小吴  2020-09-01  0.335035  ...   20.0   20.0  13.200  1.0   零售
1    2.0  22.0  102.王小吴  2020-09-01  0.335035  ...  425.0  425.0  51.000  1.0   零售
2    3.0  22.0  102.王小吴  2020-09-01  0.335035  ...   16.0   16.0   5.000  1.0   零售
3    4.0  22.0  102.王小吴  2020-09-01  0.335035  ...    8.0    8.0   5.500  1.0   零售
4    5.0  22.0  102.王小吴  2020-09-01  0.338148  ...    5.0    5.0   3.000  1.0   零售
5    6.0  22.0  102.王小吴  2020-09-01  0.338148  ...    6.0    6.0   2.100  1.0   零售
6    7.0  22.0  102.王小吴  2020-09-01  0.338148  ...   80.0   80.0  62.000  1.0   零售
7    8.0  22.0  102.王小吴  2020-09-01  0.338148  ...    8.0    8.0   5.500  1.0   零售
8    9.0  22.0  102.王小吴  2020-09-01  0.338148  ...    8.0    8.0   2.000  1.0   零售
9   10.0  22.0  102.王小吴  2020-09-01  0.338148  ...   20.0   20.0  13.200  1.0   零售
10  11.0  22.0  102.王小吴  2020-09-01  0.338148  ...   40.0   40.0  29.150  1.0   零售
11  12.0  22.0  102.王小吴  2020-09-01  0.338148  ...   18.0   18.0  15.840  1.0   零售
12  13.0  22.0  102.王小吴  2020-09-01  0.338148  ...   30.0   30.0  14.300  1.0   零售
13  14.0  22.0  102.王小吴  2020-09-01  0.339317  ...    3.0    3.0   2.100  1.0   零售
14  15.0  22.0  102.王小吴  2020-09-01  0.339317  ...    3.0    3.0   2.083  1.0   零售
```

图 7-14 data_pd 中存储的 DataFrame 形式的数据

代码中，“int( )”函数的作用是取整数。“for x in data_pd2['销售时间'] ”的意思是遍历“data_pd2”数据中的“销售时间”列，此列数据以列表形式存储，用 for 循环遍历此列表，每循环一次，都将“销售时间”列中的一项存储在 x 变量中，同时，执行“int(x * 24)”代码，即将 x 中存储的项乘以 24 后取整数部分，然后再将运算后的结果存回列表中。

第 12 行代码：作用是将第 11 行代码中读取的数据按指定的"销售时间"列进行分组，并对"小票号"列计数。"groupby（）"函数用来根据数据的某一列或多列内容进行分组聚合；"aggregate（）"函数可以对分组后的数据进行多种方式的统计汇总，比如对多个指定的列进行不同的运算（如求和、求最小值等）。本例中对"小票号"列进行了计数运算。

第 13 行代码：作用是新建一个工作簿。

第 14 行代码：作用是在新工作簿中插入新工作表，命名为"客流分析"。

第 15 行代码：作用是将"data_sort"中存储的所有数据存入新工作表中。代码中"options（transform=True）"的作用是转变数据写入排列方式。

第 16 行代码：作用是根据数据内容自动调整新工作表行高和列宽。代码中，"autofit（）"函数的作用是自动调整工作表的行高和列宽。

第 17 行代码：作用是将新建的工作簿保存为"e:\\财务\\销售数据 2020 客流分析 .xlsx"。

第 18 行代码：作用是关闭新建的工作簿。

第 19 行代码：作用是关闭打开的工作簿。

第 20 行代码：作用是退出 Excel 程序。

3. 案例应用解析

在实际工作中，如果想统计销售数据中每天客流高峰时段，可以通过修改本例的代码来完成。

首先将案例第 05 行代码中的"e:\\财务\\销售数据 2020.xlsx"更换为自己要处理的 Excel 工作簿文件名称和路径，并将案例中第 06 行代码中的"销售数据"修改为自己要处理的工作簿中的工作表名称。

然后将案例第 07 行代码中的"E：E"修改为自己所处理数据中的时间列的列号。同时将案例中第 09 行代码中的"销售日期"修改为自己所处理数据的日期列标题，代码中选取的时间根据需要来设置。注意，"2020，9，2"表示 2020 年 9 月 2 日。

接着将案例第 10 行代码中的"销售时间"和"小票号"修改为自己所处理的数据中要去重复项的列的列标题。将案例第 11 行代码中的"销售时间"修改为自己所处理数据的时间列的列标题。

接下来将案例第 12 行代码中的"销售时间"和"小票号"修改为自己所处理的数据的时间列标题和客户代号的列标题。最后将案例第 17 行代码中的"e:\\财务\\销售数据 2020 客流分析 .xlsx"更换为自己想要保存处理结果的 Excel 工作簿的名称。

7.2.5 案例 5：自动统计销售数据中复购前 100 名的客户信息

在日常对 Excel 工作簿文件的处理中，如果想分析 Excel 报表文件的销售数据，统计出复购客户的信息，可以使用 Python 程序自动处理。

下面对 E 盘"财务"文件夹下"销售数据 2020.xlsx"工作簿中的销售数据进行处理，然后统计复购率前 100 名的客户信息，如图 7-15 所示。

1. 代码实现

如下所示为统计销售数据中复购前 100 名客户的程序代码。

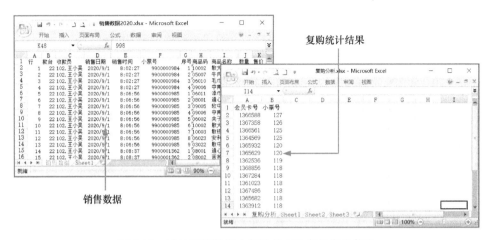

图 7-15　统计销售数据中复购前 100 名的客户信息

```
01  import xlwings as xw                                          #导入 xlwings 模块
02  import pandas as pd                                           #导入 pandas 模块
03  app=xw.App(visible=True,add_book=False)                       #启动 Excel 程序
04  wb=app.books.open('e:\财务\销售数据2020.xlsx')                   #打开工作簿
05  sht=wb.sheets('销售数据')                                       #选择"销售数据"工作表
06  data_pd=sht.range('A1').options(pd.DataFrame,index=False,expand='table')
    .value                                                        #将当前工作表的数据读取为 DataFrame 形式
07  data_pd1=data_pd[['销售时间','小票号','会员卡号']].drop_duplicates()
                                                                  #对"销售时间""小票号""会员卡号"列进行去重复项
08  data2=data_pd1.groupby('会员卡号').aggregate({'小票号':'count'})
                                                                  #将读取的数据按"会员卡号"列分组并对"小票号"列计数
09  data_sort=data2.sort_values(by=['小票号'],ascending=False).head(100)
                                                                  #将分组后的数据按"小票号"降序排序,并取前 100 行
10  new_wb=app.books.add()                                        #新建一个工作簿
11  new_sht=new_wb.sheets.add('复购分析')                           #在新工作簿中新建"复购分析"工作表
12  new_sht.range('A1').options(transform= True).value=data_sort
                                                                  #在新工作表中写入 data_sort 中存储的数据
13  new_sht.autofit()                                             #自动调整新工作表的行高和列宽
14  new_wb.save('e:\财务\销售数据2020复购分析.xlsx')                  #保存工作簿
15  new_wb.close()                                                #关闭新建的工作簿
16  wb.close()                                                    #关闭打开的工作簿
17  app.quit()                                                    #退出 Excel 程序
```

2. 代码解析

第 01 行代码：作用是导入 xlwings 模块，并指定模块的别名为 "xw"。

第 02 行代码：作用是导入 pandas 模块，并指定模块的别名为 "pd"。

第 03 行代码：作用是启动 Excel 程序，代码中，"app" 是新定义的变量，用来存储启动的 Excel 程序；"App( )" 方法用来启动 Excel 程序，括号中的 "visible" 参数用来设置 Excel 程序是否可见，True 为可见，False 为不可见；"add_book" 参数用来设置启动 Excel 时是否自动创建新工作簿，True

为自动创建，False 为不创建。

第 04 行代码：作用是打开 e 盘 "财务" 文件夹下的 "销售数据 2020. xlsx" 工作簿。这里要写全工作簿的路径。

第 05 行代码：作用是选择打开的 Excel 工作簿文件中的 "销售数据" 工作表。

第 06 行代码：作用是将工作表中的数据读成 DataFrame 格式。代码中，"data_pd" 为新定义的变量，用来保存读取的数据；"sht" 为选择的工作表；"range(' A1 ')" 方法用来设置起始单元格，参数 "' A1 '" 表示 A1 单元格；"options( )" 方法用来设置数据读取的类型。其参数 "pd. DataFrame" 的作用是将数据内容读取成 DataFrame 格式；"index＝False" 参数用于设置索引，False 表示取消索引，True 表示将第一列作为索引列；"expand＝' table '" 参数用于扩展到整个表格，"table" 表示向整个表扩展，即选择整个表格，如果设置为 "right" 表示向表的右方扩展，即选择一行，"down" 表示向表的下方扩展，即选择一列；"value" 参数表示工作表数据。

第 07 行代码：作用是对 "销售时间" "小票号" 和 "会员卡号" 列进行重复值判断，然后保留第一个行值（默认）。代码中，"drop_duplicates( )" 函数用于对所有值进行重复值判断，且默认保留第一个（行）值。

第 08 行代码：作用是将第 06 行代码中读取的数据按指定的 "会员卡号" 列进行分组，并对 "小票号" 列计数。"groupby( )" 函数用来根据数据的某一列或多列内容进行分组聚合；"aggregate( )" 函数可以对分组后的数据进行多种方式的统计汇总，比如对多个指定的列进行不同的运算（如求和、求最小值等）。本例中对 "小票号" 列进行了计数运算。

第 09 行代码：作用是对分组数据中的 "小票号" 列进行降序排序，然后取前 100 行数据。代码中，"sort_values( )" 函数用于将数据区域按照某个字段的数据进行排序；"ascending＝False" 用来设置排序方式，True 表示升序，False 表示降序；"head（100）" 的作用是选择指定的前 100 行的行数据。

第 10 行代码：作用是新建一个工作簿。

第 11 行代码：作用是在新工作簿中插入新工作表，命名为 "复购分析"。

第 12 行代码：作用是将 "data_sort" 中存储的所有数据存入新工作表中。代码中 "options（transform＝ True）" 的作用是转变数据写入排列方式。

第 13 行代码：作用是根据数据内容自动调整新工作表行高和列宽。代码中，"autofit( )" 函数的作用是自动调整工作表的行高和列宽。

第 14 行代码：作用是将新建的工作簿保存为 "e:\\财务\\销售数据 2020 复购分析 . xlsx"。

第 15 行代码：作用是关闭新建的工作簿。

第 16 行代码：作用是关闭打开的工作簿。

第 17 行代码：作用是退出 Excel 程序。

3. 案例应用解析

在实际工作中，如果想统计销售数据中复购前 100 名的客户信息，可以通过修改本例的代码来完成。

首先将案例中第 04 行代码中的 "e:\\财务\\销售数据 2020. xlsx" 更换为自己要处理的 Excel 工作

簿文件名称和路径，并将案例中第 05 行代码中的"销售数据"修改为自己所处理的工作表的名称。然后将案例中第 07 行代码中的"销售日期""小票号""会员卡号"修改为自己所处理的数据中的去重复项的列标题。同时将案例中第 08 行代码中的"会员卡号"和"小票号"修改为自己所处理的数据的时间列标题和客户代号的列标题。

接着将案例中第 09 行代码中的"小票号"修改为自己所处理的数据中要排序的列标题。最后将案例中第 14 行代码中的"e:\\财务\\销售数据 2020 复购分析 . xlsx"更换为自己想要保存处理结果的 Excel 工作簿的名称即可。

7.2.6　案例6：自动统计销售数据中客单价和客单量指标

客单价和客单量是超市数据分析的两个重要指标，客单价＝销售总额/成交客户总数，是指商场（超市）每一个顾客购买商品的平均金额，也即是平均消费金额。客单量＝销售商品总数/成交笔数，是指商场或超市平均每个客户购买货品的数量，是店铺运营的重要衡量指标。

下面对 E 盘"财务"文件夹下"销售数据 2020. xlsx"工作簿中的销售数据进行处理，然后计算出客单价和客单量，如图 7-16 所示。

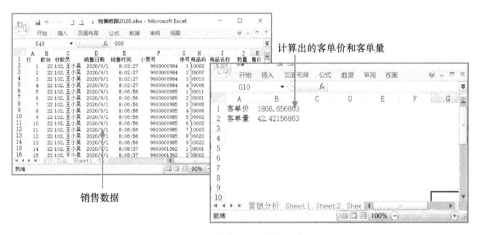

图 7-16　统计分析客单价和客单量

1. 代码实现

如下所示为统计客单价和客单量的程序代码。

```
01  import xlwings as xw                                    #导入 xlwings 模块
02  import pandas as pd                                     #导入 pandas 模块
03  app=xw.App(visible=True,add_book=False)                 #启动 Excel 程序
04  wb=app.books.open('e:\财务\销售数据 2020.xlsx')         #打开工作簿
05  sht=wb.sheets('销售数据')                               #打开"销售数据"工作表
06  data_pd=sht.range('A1').options(pd.DataFrame,index=False,expand='table')
    .value                                                  #将当前工作表的数据读取为 DataFrame 形式
07  data_sum1=data_pd['销售金额'].sum()                     #对"销售金额"列求和
08  data_sum2=data_pd['数量'].sum()                        #对"数量"列求和
```

```
09  data1=data_pd[['小票号','会员卡号']].drop_duplicates()   #对"小票号"和"会员卡号"列进
                                                            行去重复项
10  data_count=data1['会员卡号'].count()                    #对去重后的"会员卡号"列计数
11  data_sort1=data_sum1/data_count                        #计算客单价
12  data_sort2=data_sum2/data_count                        #计算客单量
13  new_wb=app.books.add()                                 #新建一个工作簿
14  new_sht=new_wb.sheets.add('营销分析')                   #在新工作簿中新建"营销分析"工作表
15  new_sht.range('A1').options(transform=True).value=[['客单价',data_sort1],['客单
16  量',data_sort2]]                                        #在新工作表中写入客单价和客单量数据
17  new_sht.autofit()                                      #自动调整新工作表的行高和列宽
18  new_wb.save('e:\财务\销售数据2020营销分析.xlsx')        #保存工作簿
19  new_wb.close()                                         #关闭新建的工作簿
20  wb.close()                                             #关闭打开的工作簿
21  app.quit()                                             #退出 Excel 程序
```

2. 代码解析

第 01 行代码：作用是导入 xlwings 模块，并指定模块的别名为"xw"。

第 02 行代码：作用是导入 pandas 模块，并指定模块的别名为"pd"。

第 03 行代码：作用是启动 Excel 程序。代码中，"app"是新定义的变量，用来存储启动的 Excel 程序；"App( )"方法用来启动 Excel 程序，括号中的"visible"参数用来设置 Excel 程序是否可见，True 为可见，False 为不可见；"add_book"参数用来设置启动 Excel 时是否自动创建新工作簿，True 为自动创建，False 为不创建。

第 04 行代码：作用是打开 e 盘"财务"文件夹下的"销售数据2020. xlsx"工作簿。这里要写全工作簿的路径。

第 05 行代码：作用是打开"销售数据"工作表。

第 06 行代码：作用是将工作表中的数据读成 DataFrame 格式。代码中，"data_pd"为新定义的变量，用来保存读取的数据；"sht"为选择的工作表；"range(' A1 ')"方法用来设置起始单元格，参数"' A1 '"表示 A1 单元格；"options( )"方法用来设置数据读取的类型。其参数"pd. DataFrame"的作用是将数据内容读取成 DataFrame 格式；"index = False"参数用于设置索引，False 表示取消索引，True 表示将第一列作为索引列；"expand=' table '"参数用于扩展到整个表格，"table"表示向整个表扩展，即选择整个表格，如果设置为"right"表示向表的右方扩展，即选择一行，"down"表示向表的下方扩展，即选择一列；"value"参数表示工作表数据。

第 07 行代码：作用是对"销售金额"列求和。

第 08 行代码：作用是对"数量"列求和。

第 09 行代码：作用是对"小票号"和"会员卡号"列进行重复值判断，然后保留第一个行值（默认）。代码中，"drop_duplicates( )"函数用于对所有值进行重复值判断，且默认保留第一个（行）值。

第 10 行代码：作用是对去重后的数据中的"会员卡号"列计数。

第 11 行代码：作用是计算客单价。客单价=销售总额/成交客户总数。

第 12 行代码：作用是计算客单量。客单量＝销售商品总数/成交笔数。

第 13 行代码：作用是新建一个工作簿。

第 14 行代码：作用是在新工作簿中插入新工作表并命名为"营销分析"。

第 15 行代码：作用是在新建的工作表中写入等号左边的客单价和客单量数据。

第 16 行代码：作用是根据数据内容自动调整新工作表行高和列宽。代码中，"autofit（）"函数的作用是自动调整工作表的行高和列宽。

第 17 行代码：作用是将新建的工作簿保存为"e:\\财务\\销售数据2020营销分析.xlsx"。

第 18 行代码：作用是关闭新建的工作簿。

第 19 行代码：作用是关闭打开的工作簿。

第 20 行代码：作用是退出 Excel 程序。

3. 案例应用解析

在实际工作中，如果想统计销售数据中的客单价和客单量指标，可以通过修改本例的代码来完成。

首先将案例中第 04 行代码中的"e:\\财务\\销售数据2020.xlsx"更换为自己要处理的 Excel 工作簿文件名称和路径，并将案例第 05 行代码中的"销售数据"修改为自己所处理的工作表名称。

然后将案例中第 07 行代码中的"销售金额"修改为自己所处理数据中求和的销售数据列的列标题，并将案例中第 08 行代码中的"数量"修改为自己所处理数据的销量列标题；接着将案例中第 09 行代码中的"小票号""会员卡号"修改为自己所处理数据中的去重复项的列的列标题。将案例第 10 行代码中的"会员卡号"修改为自己所处理的数据中要统计数量的客户 ID 列的列标题。

最后将案例第 18 行代码中的"e:\\财务\\销售数据2020营销分析.xlsx"更换为自己想要保存处理结果的 Excel 工作簿的名称即可。

第 8 章 报表图表制作自动化——将 Excel 报表数据自动制作成图表

在日常做报表的过程中，经常需要绘制图表来配合分析报表数据，Python 可以自动制作各种专业图表，实现图表制作自动化。本章将通过大量的实战案例讲解利用 Python 自动制作各种图表的方法和经验。

8.1 安装绘制图表的模块

在 Python 当中，用于绘制图表的模块包括 matplotlib、pyecharts 等，要使用这些模块绘制图表，首先要安装这些模块，下面讲解如何安装这些模块。

8.1.1 安装 matplotlib 模块

安装 matplotlib 模块时，首先打开"命令提示符"窗口，然后直接输入"pip install matplotlib"后按〈Enter〉键，开始安装 matplotlib 模块，如图 8-1 所示。

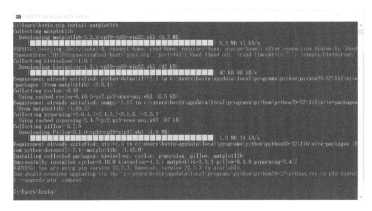

图 8-1 安装 matplotlib 模块

8.1.2 安装 pyecharts 模块

pyecharts 模块的安装方法类似，首先打开"命令提示符"窗口，然后直接输入"pip install pyecharts"后按〈Enter〉键，开始安装 pyecharts 模块。安装完成后同样会提示"Successfully installed"，如图 8-2 所示。

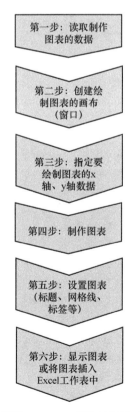

图 8-2　安装 pyecharts 模块

8.2　图表制作流程

8.2.1　利用 matplotlib 模块绘制图表的流程

利用 matplotlib 模块绘制图表的流程如图 8-3 所示。

8.2.2　利用 pyecharts 模块绘制图表的流程

利用 pyecharts 模块绘制图表的流程如图 8-4 示。

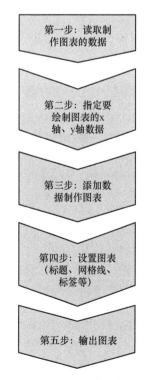

图 8-3　利用 matplotlib 模块绘制图表的流程　　　　图 8-4　利用 pyecharts 模块绘制图表的流程

8.3 用 Python 自动将报表数据绘制成图表

8.3.1 案例1：饼图制作——销售额占比分析饼图

饼图通常用来描述比例、构成等信息。例如，某企业各类产品销售额的占比情况，某单位各类人员的组成、各组成部分的构成情况等。

下面用公司各类产品销售额做一个饼图，来显示各类产品的销售额占比情况。如图 8-5 所示为 E 盘 "财务" 文件夹下 "销售额明细.xlsx" 工作簿中的数据制作的饼图图表。

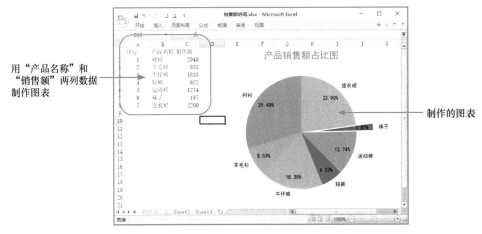

图 8-5　制作的饼图图表

1. 代码实现

如下所示为将销售数据制作为饼图图表的程序代码。

```
01  import pandas as pd                              #导入 pandas 模块
02  import matplotlib.pyplot as plt                  #导入 matplotlib 模块
03  import xlwings as xw                             #导入 xlwings 模块
04  df=pd.read_excel('e:\财务\销售额明细.xlsx',sheet_name='销售额汇总')
                                                     #读取制作图表的数据
05  x=df['产品名称']          #指定数据中的"产品名称"列作为各类别的标签
06  y=df['销售额']            #指定数据中"销售额"列作为计算列表的占比
07  fig=plt.figure()                                 #创建一个绘图画布
08  plt.rcParams['font.sans-serif']=['SimHei']       #解决中文显示乱码的问题
09  plt.rcParams['axes.unicode_minus']=False         #解决负号无法正常显示的问题
10  plt.pie(y,labels=x,labeldistance=1.1,autopct='%.2f%%',pctdistance=0.8,startangle=90,
    radius=1.0, explode=[0,0,0,0,0,0.3,0])           #制作饼图图表
11  plt.title('产品销售额占比图',fontdict={'color':'red','size':18},loc='center')
                                                     #为图表添加标题
12  app=xw.App(visible=True)                         #打开 Excel 程序
```

```
13   wb=app.books.open('e:\财务\销售额明细.xlsx')          #打开 Excel 工作簿
14   sht=wb.sheets('销售额汇总')                           #选择"销售额汇总"工作表
15   sht.pictures.add(fig,name='销售额占比图表',update=True,left=200)
                                                         #在工作表中插入绘制的图表
16   wb.save()                                           #保存 Excel 工作簿
17   wb.close()                                          #关闭打开的 Excel 工作簿
18   app.quit()                                          #退出 Excel 程序
```

2. 代码解析

第 01 行代码：作用是导入 pandas 模块，并指定模块的别名为 "pd"。

第 02 行代码：作用是导入 matplotlib 模块中的 pyplot 子模块，并指定模块的别名为 "plt"。

第 03 行代码：作用是导入 xlwings 模块，并指定模块的别名为 "xw"。

第 04 行代码：作用是读取 Excel 工作簿中的数据。代码中，"read_excel( )" 函数的作用是读取 Excel 工作簿中的数据，括号中为其参数，第一个参数为所读 Excel 工作簿的名称和路径；"sheet_name ='销售额汇总!'" 表示所读取的工作表，如果想读取所有工作表，就将 "sheet_name" 的值设置为 "None"。

第 05 行代码：作用是指定数据中的 "产品名称" 列作为各类别的标签，代码中，"x" 为新定义的变量，用来存储选择的 "产品名称" 列数据；"df ['产品名称']" 用来选择上一行代码所读取数据中的 "产品名称" 列数据。

第 06 行代码：作用是指定数据中 "销售额" 列作为计算列表的占比。代码中，"y" 为新定义的变量，用来存储选择的 "销售额" 列数据；"df ['销售额']" 用来选择上一行代码所读取数据中的 "销售额" 列数据。

第 07 行代码：作用是创建一个绘图画布。代码中，"figure( )" 函数的作用是创建绘图画布。

第 08 行代码：作用是为图表中中文文本设置默认字体，以避免中文显示乱码的问题。

第 09 行代码：作用是解决坐标值为负数时无法正常显示负号的问题。

第 10 行代码：作用是根据指定的数据制作饼图。代码中，"pie( )" 函数的作用是制作饼图，括号中为其参数，各参数的用法见表 8-1。注意，参数 explode 用来指定突出显示的部分，它的值为一个列表，一般占比中有几个产品，列表就有几个元素，列表中的元素中 0 表示不突出，0.3 表示突出 30%。"pie( )" 函数的语法为：

```
pie(x,explode=None,labels=None,colors=None,autopct=None,pctdistance=0.6,
shadow=False,labeldistance=1.1,startangle=None,radius=None,counterclock=True,
wedgeprops=None,textprops=None,center=(0,0),frame=False)
```

表 8-1　pie( )函数参数功能

参　　数	功　　能
x	指定绘图的数据
explode	指定饼图某些部分的突出显示，即设置饼块相对于饼圆半径的偏移距离，取值为小数。默认值为 None

（续）

参　　数	功　　能
labels	为饼图添加标签说明，类似于图例说明。字符串列表。默认值为 None
colors	指定饼图的填充颜色。颜色会循环使用。默认值为 None，使用当前色彩循环
autopct	自动添加百分比显示，可以采用格式化的方法显示；None 或字符串或可调用对象。默认值为 None。如果值为格式字符串，标签将被格式化，如果值为函数，将被直接调用
pctdistance	设置百分比标签与圆心的距离。默认值为 0.6，autopct 不为 None，该参数生效
shadow	设置是否添加饼图的阴影效果；默认值为 False
labeldistance	设置各扇形标签（图例）与圆心的距离；默认值为 1.1。如果设置为 None，标签不会显示，但是图例可以使用标签
startangle	设置饼图的初始摆放角度；默认值为 0，即从 x 轴开始。角度逆时针旋转
radius	设置饼图的半径大小；默认值为 1.0
counterclock	设置是否让饼图按逆时针顺序呈现；默认值为 True
wedgeprops	设置饼图内外边界的属性，如边界线的粗细、颜色等；字典类型，默认值为 None
textprops	设置饼图中文本的属性，如字体大小、颜色等；字典类型，默认值为 None
center	指定饼图的中心点位置，默认为原点（0，0）
frame	是否要显示饼图背后的图框，如果设置为 True，需要同时控制图框 x 轴、y 轴的范围和饼图的中心位置；默认为 False
rotatelabels	饼图外标签是否按饼块角度旋转。默认为 False

第 11 行代码：作用是为图表添加标题。代码中，"title( )" 函数用来设置图表的标题。括号中为其参数，各个参数的功能见表 8-2。"title( )" 函数的语法为：

```
title(label, fontdict=None, loc=None, pad=None, y=None)
```

表 8-2　title( ) 函数参数功能

参　　数	功　　能
label	标题文本内容
fontdictdict	一个字典，用来控制标题文本的字体、字号和颜色
loc	图表标题的显示位置，默认为' center '（水平居中），样式还包括' left '（水平居左）和' right '（水平居右）
pad	图表标题离图表坐标系顶部的距离，默认为 None
y	图表标题的垂直位置，默认为 None，自动确定

第 12 行代码：作用是启动 Excel 程序。代码中，"app" 为新定义的变量，用来存储 Excel 程序；"xw" 表示 xlwings 模块；"App（visible = True）" 方法的作用是启动 Excel 程序，括号中为其参数。"visible" 参数用来设置程序是否可见，True 表示可见（默认），Flase 不可见。

第 13 行代码：作用是打开 e 盘 "财务" 文件夹下的 "销售额明细.xlsx" 工作簿文件。代码中，"wb" 为新定义的变量，用来存储打开的 Excel 工作簿；"app" 表示启动的 Excel 程序；"books. open（' e:\\财务\\销售额明细.xlsx '）" 方法用来打开 Excel 工作簿，括号中为要打开的 Excel 工作簿的文件名和路径。

第 14 行代码：作用是选择"销售额汇总"工作表。代码中，"sht"为新定义的变量，用来存储所选择的工作表；"wb"为上一行代码启动的 Excel 程序；"sheets（'销售额汇总'）"方法用来选择工作表，括号中的参数为所选择的工作表的名称。

第 15 行代码：作用是在工作表中插入图片。代码中，"pictures. add（ ）"函数用于插入图片。括号中为其参数，各个参数的功能见表 8-3。"pictures. add（ ）"函数的语法为：

```
add(image,link_to_file=False,save_with_document=True,left=0,top=0,width=None,
height=None, name=None, update=False)
```

表 8-3　"pictures. add（ ）"函数参数功能

参　数	功　能
image	要插入的图片文件
link_to_file	要链接的文件
save_with_document	将图片与文档一起保存
left	图片左上角相对于文档左上角的位置（以磅为单位）
top	图片左上角相对于文档顶部的位置（以磅为单位）
width	图片的宽度，以磅为单位（输入"-1"可保留现有文件的宽度）
height	图片的高度，以磅为单位（输入"-1"可保留现有文件的高度）
name	设置图表的名称
update	移动和缩放图表，True 为允许，False 为不允许

第 16 行代码：作用是保存第 13 行代码中打开的 Excel 工作簿文件。

第 17 行代码：作用是关闭第 13 行代码中打开的工作簿文件。

第 18 行代码：作用是退出 Excel 程序。

3. 案例应用解析

在实际工作中，如果要制作跟本案例类似的图表，可以通过修改本例的代码来完成。

首先将案例第 04 行代码中的"e:\\财务\\销售额明细. xlsx"更换为自己要制作饼图的数据文件的名称及路径，将"销售额汇总"修改为数据所在工作表的名称。

然后将案例第 05 行代码中的"产品名称"更换为自己数据表格中的产品名称的列标题，并将案例中第 06 行代码中的"销售额"更换为自己数据表格中销售量的列标题。

接着将案例第 11 行代码中的"产品销售额占比图"更换为需要的图表名称。最后将案例第 13 行代码中的"e:\\财务\\销售额明细. xlsx"更换为与第 04 行代码中相同的文件名称，并将第 14 行中的"销售额汇总"工作表名称修改为要插入图表的工作表名称。可以使用下面代码新建一个"图表"工作表来插入图表"sht=wb. sheets. add（'图表'）"。

8.3.2　案例2：柱状图制作——各产品销量对比柱状图

柱形图用于显示一段时间内的数据变化或显示各项之间的比较情况。下面用柱状图显示公司各种

Python+Excel 报表自动化实战

产品销量情况的对比，如图 8-6 所示为用 E 盘"财务"文件夹下"产品销售表.xlsx"工作簿中的数据制作的柱状图表。

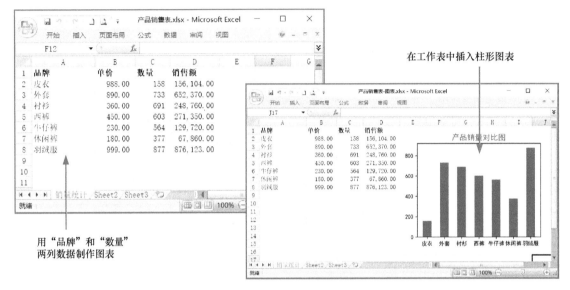

图 8-6　制作的柱形图表

1. 代码实现

如下所示为将产品销量制作为柱状图表的程序代码。

```
01  import pandas as pd                                            #导入 pandas 模块
02  import matplotlib.pyplot as plt                                #导入 matplotlib 模块
03  import xlwings as xw                                           #导入 xlwings 模块
04  df=pd.read_excel('e:\财务\\产品销售表.xlsx',sheet_name='销量统计')
                                                                   #读取制作图表的数据
05  x=df['品牌']                                                   #指定"品牌"列数据作为 x 轴的标签
06  y=df['数量']                                                   #指定"数量"列数据作为 y 轴的标签
07  fig=plt.figure(figsize=(4,3))                                 #创建一个绘图画布
08  plt.rcParams['font.sans-serif']=['SimHei']                    #解决中文显示乱码的问题
09  plt.rcParams['axes.unicode_minus']=False                      #解决负号无法正常显示的问题
10  plt.bar(x,y,width=0.5,align='center',color='blue')            #制作柱状图表
11  plt.title(label='产品销量对比图',fontdict={'color':'blue','size':14},loc='center')
                                                                   #为图表添加标题
12  app=xw.App(visible=True)                                      #打开 Excel 程序
13  wb=app.books.open('e:\\财务\\产品销售表.xlsx')                 #打开 Excel 工作簿
14  sht=wb.sheets('销量统计')                                      #新建一个工作表
15  sht.pictures.add(fig,name='图表1',update=True,left=200)       #在工作表中插入图表
16  wb.save('e:\\财务\\产品销售表-图表.xlsx')                      #另存 Excel 工作簿
17  wb.close()                                                    #关闭打开的 Excel 工作簿
18  app.quit()                                                    #退出 Excel 程序
```

2. 代码解析

第 01 行代码：作用是导入 pandas 模块，并指定模块的别名为"pd"。

第 02 行代码：作用是导入 matplotlib 模块中的 pyplot 子模块，并指定模块的别名为"plt"。

第 03 行代码：作用是导入 xlwings 模块，并指定模块的别名为"xw"。

第 04 行代码：作用是读取 Excel 工作簿中的数据。代码中，"read_excel( )"函数的作用是读取 Excel 工作簿中的数据，括号中为其参数，第一个参数为所读 Excel 工作簿的名称和路径；"sheet_name ='销售统计'"参数指定所读取的工作表名称。

第 05 行代码：作用是指定数据中的"品牌"列作为 x 轴的标签。代码中，"x"为新定义的变量，用来存储选择的"品牌"列数据；"df['品牌']"用来选择数据中的"品牌"列数据。

第 06 行代码：作用是指定数据中的"数量"列作为 y 轴标签。代码中，"y"为新定义的变量，用来存储选择的"数量"列数据；"df['数量']"用来选择数据中的"数量"列数据。

第 07 行代码：作用是创建一个绘图画布。代码中，"figure( )"函数的作用是创建绘图画布。其参数"figsize =(4，3)"用来设置画布大小，"(4，3)"为画布宽度和高度，单位为英寸。

第 08 行代码：作用是为图表中中文文本设置默认字体，以避免中文显示乱码的问题。

第 09 行代码：作用是解决坐标值为负数时无法正常显示负号的问题。

第 10 行代码：作用是制作柱状图表。代码中，"plt"表示 matplotlib 模块；"bar( )"函数用来制作柱状图，括号中的"x，y，width＝0.5 align=' center'，color='blue'"为其参数，"x"和"y"为柱状图坐标轴的值；"width＝0.5"用来设置柱形的宽度；"align=' center'"参数用来设置柱形的位置与 y 坐标的关系（"center"为中心）；"color='blue'"参数用来设置柱形的填充颜色。

第 11 行代码：作用是为图表添加标题。代码中的"title( )"函数用来设置图表的标题。括号中的"label='产品销量对比'"参数用来设置标题文本内容；"fontdict={' color'：' blue'，' size'：14}"参数用来设置标题文本的字体、字号、颜色；"loc=' center'"用来设置图表标题的显示位置。

第 12 行代码：作用是启动 Excel 程序。代码中，"app"为新定义的变量，用来存储 Excel 程序。"xw"表示 xlwings 模块；"App(visible=True)"方法的作用是启动 Excel 程序，括号中为其参数；"visible"参数用来设置程序是否可见，True 表示可见（默认），Flase 不可见。

第 13 行代码：作用是打开已有的 Excel 工作簿文件。"wb"为新定义的变量，用来存储打开的 Excel 工作簿文件；"app"为启动的 Excel 程序；"books.open( )"方法用来打开 Excel 工作簿文件，括号中的参数为要打开的 Excel 工作簿文件名称和路径。

第 14 行代码：作用是选择工作表。代码中，"sht"为新定义的变量，用来存储所选择的工作表；"wb"为启动的 Excel 程序；"sheets('销量统计')"方法用来选择一个工作表，括号中的参数为所选工作表的名称。

第 15 行代码：作用是将创建的图表插入工作表。代码中，"pictures.add( )"函数用于插入图片，括号中"fig"参数为前面创建的图表画布；"name ='图表 1'"用来设置所插入的图表的名称；"update =True"用来设置是否可以移动图表，True 表示可以移动；"left=200"用来设置图表左上角相对于文档左上角的位置（以磅为单位）。

第 16 行代码：作用是另存 Excel 工作簿文件，括号中参数为所存工作簿的名称和路径。

第 17 行代码：作用是关闭 Excel 工作簿文件。

第 18 行代码：作用是退出 Excel 程序。

3. 案例应用解析

在实际工作中，如果要制作跟本例类似的柱状图表，可以通过修改本例的代码来完成。

首先将案例第 04 行代码中的"e:\\财务\\产品销售表.xlsx"更换为自己要制作柱状图的数据文件的名称及路径，将"销量统计"修改为数据所在工作表的名称。然后将案例第 05 行代码中的"品牌"更换为自己数据表格中的产品名称的列标题，并将案例第 06 行代码中的"数量"更换自己数据表格中销售量的列标题。

接着将案例第 11 行代码中的"产品销量对比图"更换为需要的图表名称。将案例第 13 行代码中的"e:\\财务\\产品销售表.xlsx"更换为自己想插入图表的工作簿名称，并将第 14 行中"销售统计"工作表名称修改为要插入图表的工作表名称。最后将第 16 行另存工作簿的名称和路径修改为自己想要的名称和路径即可。

8.3.3 案例 3：折线制作——各月销售分析折线图

折线图用于显示数据变化趋势以及变化幅度，可以直观地反映这种变化以及各组之间的差别。下面用折线图显示公司每月销量变化情况，如图 8-7 所示为用 E 盘"财务"文件夹下"公司销售数据表.xlsx"工作簿中的数据制作的折线图表。

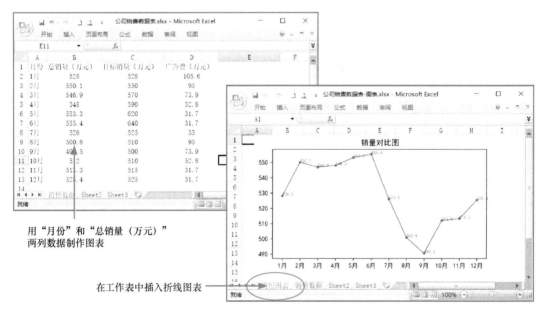

图 8-7　制作的折线图表

1. 代码实现

如下所示为将产品销量制作为折线图表的程序代码。

```
01  import pandas as pd                                    #导入 pandas 模块
02  import matplotlib.pyplot as plt                        #导入 matplotlib 模块
03  import xlwings as xw                                   #导入 xlwings 模块
04  df=pd.read_excel('e:财务\公司销售数据表.xlsx',sheet_name='销售统计')
                                                           #读取制作图表的数据
05  x=df['月份']                                           #指定"月份"列数据作为 x 轴的标签
06  y=df['总销量(万元)']                                  #指定"总销量"列数据作为 y 轴标签
07  fig=plt.figure(figsize=(6,3))                          #创建一个绘图画布
08  plt.rcParams['font.sans-serif']=['SimHei']             #解决中文显示乱码的问题
09  plt.rcParams['axes.unicode_minus']=False               #解决负号无法正常显示的问题
10  plt.plot(x,y,linewidth=1,linestyle='solid',marker='o',markersize=3,color='blue')
                                                           #制作折线图表
11  plt.title(label='销量对比图',fontdict={'color':'black','size':12},loc='center')
                                                           #为图表添加标题
12  for a,b in zip(x,y):                                   #生成数据元组组成的列表
13      plt.text(a,b,b,fontdict={'family':'KaiTi','color':'red','size':7})
                                                           #为图表添加设置数据标签
14  app=xw.App(visible=True)                               #打开 Excel 程序
15  wb=app.books.open('e:\财务\公司销售数据表.xlsx')        #打开 Excel 工作簿
16  sht=wb.sheets.add('销售图表')                          #新建一个工作表
17  sht.pictures.add(fig,name='图1',update=True,left=20)   #在工作表中插入绘制的图表
18  wb.save('e:\财务\公司销售数据表-图表.xlsx')             #另存 Excel 工作簿
19  wb.close()                                             #关闭打开的 Excel 工作簿
20  app.quit()                                             #退出 Excel 程序
```

2. 代码解析

第01行代码：作用是导入 pandas 模块，并指定模块的别名为 "pd"。

第02行代码：作用是导入 matplotlib 模块中的 pyplot 子模块，并指定模块的别名为 "plt"。

第03行代码：作用是导入 xlwings 模块，并指定模块的别名为 "xw"。

第04行代码：作用是读取 Excel 工作簿中的数据。代码中，"read_excel( )" 函数的作用是读取 Excel 工作簿中的数据，括号中为其参数，第一个参数为所读取 Excel 工作簿的名称和路径；"sheet_name ='销售数据'" 参数指定所读取的工作表名称。

第05行代码：作用是指定数据中的 "月份" 列作为 x 轴标签。代码中，"x" 为新定义的变量，用来存储选择的 "月份" 列数据；"df['月份']" 用来选择数据中的 "月份" 列数据。

第06行代码：作用是指定数据中的 "总销量（万元）" 列作为计算列表的占比。代码中，"y" 为新定义的变量，用来存储选择的 "总销量(万元)" 列数据；"df['数量']" 用来选择数据中的 "总销量（万元）" 列数据。

第07行代码：作用是创建一个绘图画布。代码中，"figure( )" 函数的作用是创建绘图画布。其参数 "figsize=(6，3)" 用来设置画布大小，"（6，3）" 为画布宽度和高度，单位为英寸。

第08行代码：作用是为图表中中文文本设置默认字体，以避免中文显示乱码的问题。

第09行代码：作用是解决坐标值为负数时无法正常显示负号的问题。

第10行代码：作用是制作柱状图表。代码中，"plt" 表示 matplotlib 模块；"plot( )" 函数用来制

作折线图，括号中的"x"和"y"参数为折线图坐标轴的值；"linewidth = 1"参数用来设置折线的粗细；"linestyle =' solid '"参数用于设置折线的线型为实线（"dashed"为虚线）；"marker =' o '"参数设置折线数据标记点为圆点（s 为正方形，∗ 为五角星）；"markersize = 3"参数设置标记点大小；"color =' blue '"参数用来设置柱形的填充颜色。

第 11 行代码：作用是为图表添加标题。代码中，"title ( )"函数用来设置图表的标题。括号中 "label ='销量对比图'"参数用来设置标题文本内容；"fontdict = {' color ': ' black ', ' size ': 12}"参数用来设置标题文本的字体、字号、颜色；"loc =' center '"用来设置图表标题的显示位置。

第 12 行代码：作用是生成数据元组组成的列表，为数据标签提供数据。代码中，"for···. in"为 for 循环，"a"和"b"为设置的两个循环变量；"zip(x，y)"用于将 x 轴数据和 y 轴数据对应的数值打包成一个元组，然后返回由这些元组组成的列表。for 循环会遍历 zip( )函数生成的列表中的元素，并将每个元素存储在"a"和"b"循环变量中。for 循环运行第一次循环时，会访问 zip( )函数生成的列表中的第一个元素"（1 月，528）"，并将"1 月"存储在"a"变量中，将"528"存储在"b"变量中，接着执行循环体部分代码（即第 13 行代码），完成后开始第二次循环，访问列表中的第二个元素。就这样一直循环到最后一个元素，循环结束，开始执行第 14 行代码。

第 13 行代码：作用是为折线添加设置数据标签。代码中，"plt. text"函数用来设置数据标签，括号中的第一个参数"a"用来设置数据标签的 x 轴坐标；"b"参数用来设置数据标签的 y 轴坐标；"b"参数用来设置数据标签的文本内容。当"a"中存储值为"1 月"时，x 轴坐标为"1 月"，对应的 y 轴坐标就为"528"，数据标签的文本内容为"528"；"fontdict = {' family ': ' KaiTi ', ' color ': ' red ', ' size ': 7}"参数用来设置数据标签的字体、字号、颜色。

第 14 行代码：作用是启动 Excel 程序。代码中，"app"为新定义的变量，用来存储 Excel 程序；"xw"表示 xlwings 模块；"App(visible = True)"方法的作用是启动 Excel 程序，括号中为其参数；"visible"参数用来设置程序是否可见，True 表示可见（默认），Flase 表示不可见。

第 15 行代码：作用是打开已有的 Excel 工作簿文件。"wb"为新定义的变量，用来存储打开的 Excel 工作簿文件；"app"为启动的 Excel 程序；"books. open( )"方法用来打开 Excel 工作簿文件，括号中的参数为要打开的 Excel 工作簿文件名称和路径。

第 16 行代码：作用是新建一个工作表。代码中，"sht"为新定义的变量，用来存储新建的工作表；"wb"为启动的 Excel 程序；"sheets. add('销量图表')"方法用来新建一个工作表，括号中的参数用来设置新工作表的名称。

第 17 行代码：作用是将创建的图表插入工作表中。代码中，"pictures. add( )"函数用于插入图片，括号中"fig"参数为前面创建的图表画布；"name ='图 1 '"用来设置所插入的图表的名称；"update = True"用来设置是否可以移动图表，True 表示可以移动；"left = 20"用来设置图表左上角相对于文档左上角的位置（以磅为单位）。

第 18 行代码：作用是另存 Excel 工作簿文件，括号中参数为所存工作簿的名称和路径。

第 19 行代码：作用是关闭 Excel 工作簿文件。

第 20 行代码：作用是退出 Excel 程序。

3. 案例应用解析

在实际工作中，如果要制作跟本例类似的折线图表，可以通过修改本例的代码来完成。

首先将案例第 04 行代码中的 "e:\\财务\\公司销售数据表.xlsx" 更换为自己要制作折线图的数据文件的名称及路径，将 "销售统计" 修改为数据所在工作表的名称。然后将案例中第 05 行代码中的 "月份" 更换为自己数据表格中的产品名称的列标题，并将案例第 06 行代码中的 "总销量（万元）" 更换为自己数据表格中销售量的列标题。

接着将案例第 11 行代码中的 "销量对比图" 更换为需要的图表名称。将案例第 15 行代码中的 "e:\\财务\\公司销售数据表.xlsx" 更换为自己想插入图表的工作簿名称，并将第 16 行中的 "销售图表" 工作表名称修改为要插入图表的工作表名称。最后将第 18 行另存工作簿的名称和路径修改为自己想要的名称和路径即可。

8.3.4 案例 4：仪表盘图制作——销售目标进度分析仪表盘图

仪表盘图通常用来描述比例、占比等信息，如某企业某一类产品销售额完成的占比情况等。

本例用公司销售目标完成率制作一个仪表盘图来显示公司年度销售任务完成情况。如图 8-8 所示为根据公司销售完成率数据制作的仪表盘图表。

图 8-8 销售任务完成情况仪表盘图表

1. 代码实现

如下所示为将销售任务完成情况制作为仪表盘图表的程序代码。

```
01  from pyecharts import options as opts        #导入 pyecharts 模块中的 options
02  from pyecharts.charts import Gauge            #导入 pyecharts 模块中的 Gauge
03  rate=0.557                                    #指定销售任务进度率
04  g = Gauge()                                   #指定 g 为仪表盘方法
05  g.add('',[('销售完成率',rate* 100)],axisline_opts=opts.AxisLineOpts(linestyle_opts=
    opts.LineStyleOpts(color=[(rate,'#37a2da'), (1,'#d2cfd5')], width=30)), title_label_opts
    =opts.LabelOpts(font_size=18,color='black',font_family='Microsoft YaHei'),de-
    tail_label
    _opts=opts.LabelOpts(formatter='{value}%',font_size=23, color='red'))
                                                 #制作仪表盘图表
06  g.render(path='e:\\财务\\仪表盘图表.html')      #将图表保存为 "仪表盘图表.html" 文件
```

2. 代码解析

第 01 行代码：作用是导入 pyecharts 模块中的 options，并指定模块的别名为 "opts"。

第 02 行代码：作用是导入 pyecharts 模块 charts 子模块中的 Gauge。

第 03 行代码：作用是新建变量 "rate"，并将销售任务进度率（完成的销售额/销售目标额）保存到变量中。

第 04 行代码：作用是指定 "g" 为仪表盘方法。

第 05 行代码：作用是根据指定的数据制作仪表盘图表。代码中，"add()" 函数的作用是用于添加图表的数据和设置各种配置项。代码中 """" 用来设置仪表盘上面的标签，引号中没有内容表示不添加标签，如果想添加标签，在引号中加入标签内容即可；"[('销售完成率', rate * 100)]" 参数用来设置仪表盘内部的标签和百分比数字；"axisline_opts = opts. AxisLineOpts()" 参数用来设置仪表盘的颜色、宽度等参数。仪表盘的颜色用一个多维列表来设置，"(1, "#d2cfd5")" 参数中 1 表示设置颜色结束的位置，仪表盘起始位置为 0，中间位置为 0.5，结束位置为 1。""#d2cfd5"" 为十六进制颜色代码；"width = 30" 参数用来设置仪表盘宽度；"title_label_opts = opts. LabelOpts()" 参数用来设置仪表盘内部文字标签的字号、字体、颜色等；"detail_label_opts = opts. LabelOpts()" 参数用来设置百分比数字标签的字号、颜色及格式，如果想去掉数字标签的 "%"，将参数中的 "'{value}%'" 修改为 "'{value}'" 即可。

第 06 行代码：作用是将图表保存成网页格式文件。"render()" 函数的作用是保存图表，默认将会在根目录下生成一个 render. html 的文件。此函数可以用 path 参数设置文件保存位置。代码中将图表保存为 e 盘 "财务" 文件夹下的 "仪表盘图表. html" 文件。

提示：用浏览器打开此图表文件，先在文件上右击鼠标，从 "打开方式" 菜单中选择浏览器来打开，然后在打开的图表上右击鼠标，选择 "图片另存为" 命令，可以将图表另存为 png 格式图片。

3. 案例应用解析

在工作中，如果要制作跟本例类似的仪表盘图表，可以通过修改本例的代码来完成。

首先将案例第 03 行代码中的 "0.557" 修改为自己要制作图表的销售完成率的值。然后将案例第 05 行代码中的 "销售完成率" 更换为自己图表需要的名称。

最后将案例第 06 行代码中的 "e:\\财务\\仪表盘图表. html" 更换为自己想保存的图表的名称和路径即可。

8.3.5 案例5：折线图与面积图组合图表制作——现金流量分析组合图

折线图主要用于显示数据变化的趋势，以及变化幅度，而面积图则是一种随时间变化而改变范围的图表，主要强调数量与时间的关系。

本例用公司现金流量表数据制作一个折线图和面积图的组合图来显示公司财务状况及现金流量情况。如图 8-9 所示为用 E 盘 "财务" 文件夹下 "现金流量表. xlsx" 工作簿中的数据制作的折线图和面积图的组合图表。

1. 代码实现

如下所示为将公司现金流量数据制作为面积图和折线图组合图表的程序代码。

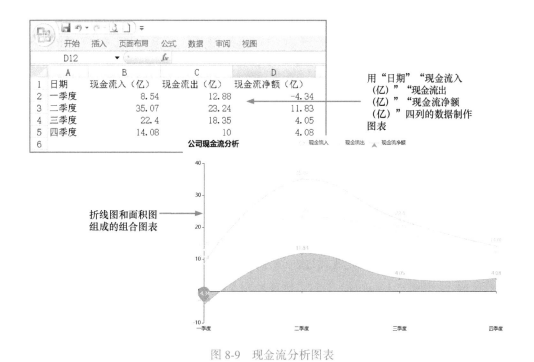

图 8-9　现金流分析图表

```
01  import pandas as pd                              #导入 pandas 模块
02  from pyecharts import options as opts            #导入 pyecharts 模块中的 options
03  from pyecharts.charts importLine                 #导入 pyecharts 模块中的 Line
04  df=pd.read_excel('e:\\财务\现金流量表.xlsx',sheet_name =0)   #读取制作图表的数据
05  df_list = df.values.tolist()                     #将 DataFrame 格式数据转换为列表
06  x=[]                                             #新建列表 x 作为 x 轴数据
07  y1=[]                                            #新建列表 y1 作为第一个 y 轴数据
08  y2=[]                                            #新建列表 y2 作为第二个 y 轴数据
09  y3=[]                                            #新建列表 y3 作为第三个 y 轴数据
10  for data in df_list:                             #遍历数据列表 df_list
11    x.append(data [0])                             #将 data 中的第一个元素加入列表 x
12    y1.append(data [1])                            #将 data 中的第二个元素加入列表 y1
13    y2.append(data [2])                            #将 data 中的第三个元素加入列表 y2
14  y3.append('%.2f'% data[3])                       #将 data 中的第四个元素加入列表 y3
15  l= Line()                                        #指定 l 为折线图的方法
16  l.add_xaxis(x)                                   #添加折线图 x 轴数据
17  l.add_yaxis('现金流入', y1,color= '#FF1493',is_smooth=True)
                                                     #添加第一个折线 y 轴数据
18  l.add_yaxis('现金流出', y2,color='#00BFFF',is_smooth=True)
                                                     #添加第二个折线 y 轴数据
19  l.add_yaxis('现金流净额', y3,color='#FFA500', is_smooth=True,areastyle_opts=opts.
    AreaStyleOpts(opacity=0.5),symbol=' arrow',markpoint_opts=opts.MarkPointOpts
    (data=[opts.MarkPointItem(type_='min')]))       #添加第三个折线面积图 y 轴数据
```

```
20  l.set_global_opts(title_opts=opts.TitleOpts(title='公司现金流分析',pos_left='5%'),
    xaxis_opts=opts.AxisOpts(axistick_opts=opts.AxisTickOpts(is_align_with_label
    =True),is_scale=False,boundary_gap=False))          #设置图表的标题及位置
21  l.render(path='e:\\财务\\折线与面积组合图.html')
                        #将图表保存为"折线与面积组合图.html"文件
```

2. 代码解析

第 01 行代码：作用是导入 pandas 模块，并指定模块的别名为 "pd"。

第 02 行代码：作用是导入 pyecharts 模块中的 options，并指定模块的别名为 "opts"。

第 03 行代码：作用是导入 pyecharts 模块中 charts 子模块中的 Line。

第 04 行代码：作用是读取 Excel 工作簿中的数据。代码中，"read_excel( )" 函数的作用是读取 Excel 工作簿中的数据，括号中为其参数，其参数中第一个参数为所读 Excel 工作簿的名称和路径；"sheet_name =0" 表示读取第一个工作表，如果想读取所有工作表，就将 "sheet_name" 的值设置为 "None"。

第 05 行代码：作用是将 DataFrame 格式数据转换为列表。代码中 tolist( )函数用于将矩阵（matrix）和数组（array）转化为列表（制作柱形图表时需要用列表形式的数据）；"df. values" 用于获取 DataFrame 格式数据中的数据部分。

第 06~09 行代码：作用是新建空列表，用于后面存放制作图表的数据。

第 10 行代码：作用是遍历第 05 行代码中生成的数据列表 df_list（图 8-10 所示为 df_list 列表中存放的数据）中的元素。

[['一季度', 8.54, 12.88, -4.340000000000002], ['二季度', 35.07, 23.24, 11.830000000000002], ['三季度', 22.4, 18.35, 4.049999999999997], ['四季度', 14.08, 10.0, 4.08]]

图 8-10   df_list 列表中存放的数据

当 for 循环第一次循环时，将 df_list 列表中的第一个元素 "['一季度', 8.54, 12.88, -4.340000000000002]" 存放在 data 变量中，然后执行下面缩进部分的代码（第 11~14 行代码）。接着再运行第 10 行代码，执行第二次循环；当执行最后一次循环时，将最后一个元素存放在 data 变量中，然后执行缩进部分代码，完成后结束循环，执行非缩进部分代码。

第 11 行代码：作用是将 data 变量中保存的元素列表中的第一个元素添加到列表 x 中。

第 12 行代码：作用是将 data 变量中保存的元素列表中的第二个元素添加到列表 y1 中。

第 13 行代码：作用是将 data 变量中保存的元素列表中的第三个元素添加到列表 y2 中。

第 14 行代码：作用是将 data 变量中保存的元素列表中的第四个元素保留两位小数后添加到列表 y3 中。

第 15 行代码：作用是指定 l 为折线图的方法。

第 16 行代码：作用是添加折线图 x 轴数据，即将数据中的 "日期" 列数据添加为 x 轴数据。

第 17 行代码：作用是添加折线图的第一个 y 轴数据，即将数据中的 "现金流入（亿）" 列数据添加为第一个 y 轴数据。代码中的参数 "现金流入" 为设置的图例名称；"color='#FF1493'" 设置折线面积图颜色；"is_smooth=True" 用来设置折线是否用平滑曲线，"True" 表示用。

第 18 行代码：作用是添加折线图的第二个 y 轴数据，即将数据中的 "现金流出（亿）" 列数据添加为第二个 y 轴数据。代码中的参数 "现金流出" 为设置的图例名称；"color="#00BFFF'" 设置折

线面积图颜色；"is_smooth=True"用来设置折线是否用平滑曲线，"True"表示用。

第19行代码：作用是添加折线面积图的y轴数据，即将数据中"现金流净额（亿）"列数据添加为第三个y轴数据。代码中的参数"现金流净额（亿）"为设置的图例名称；"color="#FFA500'"设置折线面积图颜色；"is_smooth=True"用来设置折线是否用平滑曲线；"areastyle_opts=opts. AreaStyleOpts（opacity=0.5）"用来设置折线面积填充，"opacity=0.5"用来设置不透明度；"symbol='arrow'"用来设置折线转折点形状，"arrow"表示箭头，还可以设置成其他形状（如圆形"circle"）；"markpoint_opts=opts. MarkPointOpts(data=［opts. MarkPointItem(type_='min')］)"用来设置标记点，"type_='min'"表示对最小值进行标记。

第20行代码：作用是设置柱形图的标题及位置。set_global_opts( )函数用来设置全局配置。opts. TitleOpts( )用来设置图表的名称。其中，"title='公司现金流分析'"用来设置图表名称，"pos_left='5%'"用来设置图表名称位置，即距离最左侧的距离。还可以用"pos_top"来设置距离顶部的距离；"xaxis _ opts = opts. AxisOpts (axistick _ opts = opts. AxisTickOpts(is_align_with_label=True)，is_scale =False,boundary_gap=False)"用来设置坐标轴。其参数"AxisTickOpts( )"用来设置坐标轴刻度，"is_scale =False"用来设置是否包含零刻度，"boundary _ gap =False"用来设置坐标轴两边是否留白（图8-11所示为留白和不留白的区别）。

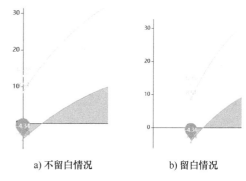

a) 不留白情况　　　　b) 留白情况

图8-11　参数设置对比

第21行代码：作用是将图表保存成网页格式文件。"render( )"函数的作用是保存图表，默认将会在根目录下生成一个render. html 文件。此函数可以用path 参数设置文件保存位置。代码中将图表保存到e盘"财务"文件夹中的"折线与面积组合图 . html"文件中。

提示：用浏览器打开此图表文件，先在文件上右击鼠标，从"打开方式"菜单中选择浏览器来打开，然后在打开的图表上右击鼠标，选择"图片另存为"命令，可以将图表另存为 png 格式图片。

3. 案例应用解析

在实际工作中，如果要制作跟本案例类似的折线图和面积图组合图表，可以通过修改本例的代码来完成。

首先将案例第04 行代码中的"e：\\财务\\现金流量表 . xlsx"更换为自己要制作组合图的数据文件的名称及路径，将"sheet_name =0"中的0 修改为数据所在工作表的序号，如果工作表为第三个工作表，就修改为2。

然后将案例第11～14 行代码中"data［0］"方括号中的数字调整为数据列表中对应作为x 轴和y轴数据的序号。注意：第一个元素为0。

接着将案例第17 行代码中的"现金流入"更换为需要的图例名称，将案例第18 行代码中的"现金流出"更换为需要的图例名称，将案例第19 行代码中的"现金流净额"更换为需要的图例名称。

接下来将案例第20 行代码中的"公司现金流分析"更换为需要的图表名称。最后将案例第21 行代码中的"e：\\财务\\折线与面积组合图 . html"更换为自己想保存的图表的名称和路径即可。

第9章 用报表打印自动化——对 Excel 报表进行自动打印

在日常工作中，有时需要重复打印报表或客户表单，人工操作比较费时，而通过 Python 自动打印报表，可以大大提高效率。本章将通过大量的实战案例讲解自动打印报表的各种方法和经验。

9.1 用 Python 自动打印 Excel 报表

9.1.1 案例1：打印 Excel 报表文件中的所有工作表

在日常对 Excel 工作簿文件的处理中，如果想批量打印 Excel 报表文件中的所有工作表，可以使用 Python 程序自动处理。

本案例讲解如何批量打印图 9-1 所示的 Excel 报表文件中的 12 个工作表。

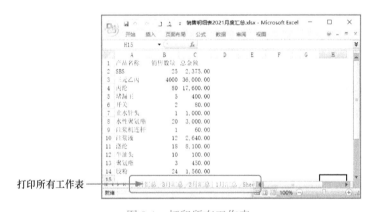

图 9-1 打印所有工作表

1. 代码实现

如下所示为打印 Excel 报表文件中所有工作表的程序代码。

```
01  import xlwings as xw                                    #导入 xlwings 模块
02  app=xw.App(visible=True,add_book=False)                #启动 Excel 程序
03  wb=app.books.open('e:\\财务\\销售明细表2021月度汇总.xlsx')   #打开 Excel 工作簿
04  wb.api.PrintOut(Copies=1,ActivePrinter='DESKTOP-HP01',Collate=True)
                                                            #打印 Excel 工作簿中的所有工作表
05  wb.close()                                              #关闭 Excel 工作簿
06  app.quit()                                              #退出 Excel 程序
```

2. 代码解析

第 01 行代码：作用是导入 xlwings 模块，并指定模块的别名为"xw"。

第 02 行代码：作用是启动 Excel 程序。代码中，"app"是新定义的变量，用来存储启动的 Excel 程序；"App( )"方法用来启动 Excel 程序，括号中的"visible"参数用来设置 Excel 程序是否可见，True 为可见，False 为不可见；"add_book"参数用来设置启动 Excel 时是否自动创建新工作簿，True 为自动创建，False 为不创建。

第 03 行代码：作用是打开 Excel 工作簿文件。"wb"为新定义的变量，用来存储打开的 Excel 工作簿文件；"app"为启动的 Excel 程序（上一行代码中定义的变量）；"books. open( )"方法用来打开 Excel 工作簿文件，括号中的参数为要打开的 Excel 工作簿文件名称和路径。

第 04 行代码：作用是打印 Excel 工作簿中所有工作表。代码中，"wb"为打开的 Excel 工作簿文件；"api. PrintOut(Copies = 1，ActivePrinter = ' DESKTOP-HP01 '，Collate = True)"的作用是打印工作表，括号中为其参数，"Copies = 1"参数用来设置打印份数，"1"表示打印一份。"ActivePrinter = ' DESKTOP-HP01 '"参数用来设置所使用的打印机名称，如果省略该参数，就会使用操作系统默认打印机。"Collate = True"用来设置是否逐份打印。PrintOut( )函数的参数功能见表 9-1。

表 9-1　PrintOut( )函数的参数

参　数	功　能
From	指定开始打印的页码。如果忽略，则从头开始打印
To	指定最后打印的页码。如果忽略，则打印到最后一页
Copies	指定要打印的份数。如果忽略，则只打印 1 份
Preview	指定打印前是否要预览打印效果。设置为 True 则打印预览；设置为 False（默认值）则直接打印
Activeprinter	设置当前打印机的名称
Printtofile	设置为 True，将打印到文件。如果没有指定参数，将提示用户输入要输出的文件名
Collate	设置为 True 将逐份打印
Prtofilename	在参数 PrintToFile 设置为 True 时指定想要打印到文件的名称
Ignoreprintareas	设置为 True，将忽略打印区域，打印整份文档

第 05 行代码：作用是关闭第 03 行代码中打开的 Excel 工作簿。

第 06 行代码：作用是退出 Excel 程序。

3. 案例应用解析

在实际工作中，如果想批量打印 Excel 工作簿文件中的所有工作表，可以通过修改本例的代码来完成。

首先将第 03 行代码中要打开的工作簿文件名称和路径"e:\\财务\\销售明细表 2021 月度汇总. xlsx"修改为自己要打印的工作簿文件名称和路径。

然后将第 04 行代码中的"DESKTOP-HP01"设置为自己打印机的名称，也可以将"ActivePrinter = ' DESKTOP-HP01 '"删除，使用默认打印机。

9.1.2 案例2：打印 Excel 报表文件中的指定工作表

在日常对 Excel 工作簿文件的处理中，如果想打印 Excel 报表文件中指定的工作表，可以使用 Python 程序自动处理。

下面介绍如何打印图 9-2 所示的 Excel 报表文件中的"1月"工作表。

打印指定的
工作表

图 9-2　打印指定的工作表

1. 代码实现

如下所示为打印 Excel 报表文件中指定工作表的程序代码。

```
01  import xlwings as xw                                    #导入 xlwings 模块
02  app=xw.App(visible=True,add_book=False)                #启动 Excel 程序
03  wb=app.books.open('e:\\财务\\现金日记账2021.xlsx')      #打开 Excel 工作簿
04  sht=wb.sheets('1 月')                                  #选择"1月"工作表
05  sht. api.PrintOut(Copies=2,ActivePrinter='DESKTOP-HP01',Collate=True)
                                                           #打印 Excel 工作簿中指定工作表
06  wb.close()                                             #关闭 Excel 工作簿
07  app.quit()                                             #退出 Excel 程序
```

2. 代码解析

第 01 行代码：作用是导入 xlwings 模块，并指定模块的别名为"xw"。

第 02 行代码：作用是启动 Excel 程序。代码中，"app"是新定义的变量，用来存储启动的 Excel 程序；"App( )"方法用来启动 Excel 程序，括号中的"visible"参数用来设置 Excel 程序是否可见，True 为可见，False 为不可见；"add_book"参数用来设置启动 Excel 时是否自动创建新工作簿，True 为自动创建，False 为不创建。

第 03 行代码：作用是打开 Excel 工作簿文件。"wb"为新定义的变量，用来存储打开的 Excel 工作簿文件；"app"为启动的 Excel 程序（上一行代码中定义的变量）；"books. open( )"方法用来打开 Excel 工作簿文件，括号中的参数为要打开的 Excel 工作簿文件名称和路径。

第 04 行代码：作用是选择工作表。代码中，"sht"为新定义的变量，用来存储选择的工作表；

"wb"表示打开的 Excel 工作簿；"sheets（'1 月'）"方法用来选择工作表，括号中的参数为要选择的工作表名称。

第 05 行代码：作用是打印 Excel 工作簿中指定的工作表。代码中，"sht"为选择的工作表，"api. PrintOut（Copies = 2，ActivePrinter = ' DESKTOP-HP01 '，Collate = True）"的作用是打印工作表，括号中为其参数。"Copies = 2"参数用来设置打印份数，"2"表示打印两份。"ActivePrinter = ' DESKTOP-HP01 '"参数用来设置所使用的打印机名称，如果省略该参数，就会使用操作系统默认打印机。"Collate = True"用来设置是否逐份打印。

第 06 行代码：作用是关闭第 03 行代码中打开的 Excel 工作簿。

第 07 行代码：作用是退出 Excel 程序。

3. 案例应用解析

在实际工作中，如果想打印 Excel 工作簿文件中指定的工作表，可以通过修改本例的代码来完成。

首先将第 03 行代码中要打开的工作簿文件名称和路径"e:\\财务\\现金日记账 2021. xlsx"修改为自己要打印的工作簿文件名称和路径，并将第 04 行代码中的"1 月"修改为自己要打印的工作表的名称。

最后将第 05 行代码中的"DESKTOP-HP01"设置为自己打印机的名称，也可以将"ActivePrinter = ' DESKTOP-HP01 '"删除，使用默认打印机。

9.1.3 案例3：批量打印多个 Excel 报表文件中的所有工作表

在日常对 Excel 工作簿文件的处理中，如果想批量打印多个 Excel 报表文件中所有的工作表，可以使用 Python 程序自动处理。

下面批量打印 E 盘"财务"文件夹"单据"子文件夹下所有 Excel 报表文件中的所有工作表，如图 9-3 所示。

批量打印"单据"文件夹下4个Excel工作簿文件的所有工作表

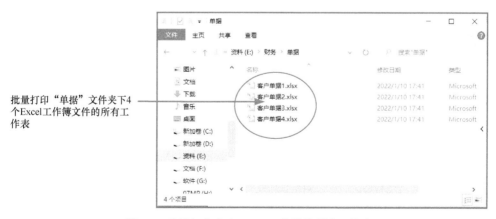

图 9-3　批量打印多个 Excel 工作簿的所有工作表

1. 代码实现

如下所示为批量打印多个 Excel 报表文件中的所有工作表的程序代码。

Python+Excel 报表自动化实战

```
01  import os                                              #导入 os 模块
02  import xlwings as xw                                   #导入 xlwings 模块
03  file_path='e:\\财务\\单据'                             #指定要处理的文件夹的路径
04  file_list=os.listdir(file_path)                        #提取所有文件和文件夹的名称
05  app=xw.App(visible=True,add_book=False)                #启动 Excel 程序
06  for i in file_list:                                    #遍历列表 file_list 中的元素
07      if i.startswith('~$'):                             #判断文件名称是否有以"~$"开头的临时文件
08          continue                                       #跳过当次循环
09      wb=app.books.open(file_path+'\'+i)                 #打开 Excel 工作簿
10      wb.api.PrintOut(Copies=1,ActivePrinter='DESKTOP-HP01',Collate=True)
                                                           #打印工作簿
11  wb.close()                                             #关闭工作簿
12  app.quit()                                             #退出 Excel 程序
```

2. 代码解析

第 01 行代码：作用是导入 os 模块。

第 02 行代码：作用是导入 xlwings 模块，并指定模块的别名为"xw"。

第 03 行代码：作用是指定文件所在文件夹的路径。"file_path"为新定义的变量，用来存储路径。

第 04 行代码：作用是将路径下所有文件和文件夹的名称以列表的形式保存在新定义的"file_list"变量中。此代码中使用了 os 模块中的"listdir()"函数，此函数用于返回指定的文件夹包含的文件或文件夹的名字的列表。如图 9-4 所示为"file_list"中存储的数据。

['客户单据1.xlsx', '客户单据2.xlsx', '客户单据3.xlsx', '客户单据4.xlsx']

图 9-4 "file_list"中存储的数据

第 05 行代码：作用是启动 Excel 程序。代码中，"app"是新定义的变量，用来存储启动的 Excel 程序；"App()"方法用来启动 Excel 程序，括号中的"visible"参数用来设置 Excel 程序是否可见，True 为可见，False 为不可见；"add_book"参数用来设置启动 Excel 时是否自动创建新工作簿，True 为自动创建，False 为不创建。

第 06~11 行代码为一个 for 循环，用来逐个处理文件夹下的所有 Excel 工作簿文件。

第 06 行代码：为一个 for 循环语句，"for…in"为 for 循环，"i"为循环变量，第 07~11 行缩进部分代码为循环体。当第一次 for 循环时，会访问"file_list"列表中的第一个元素（客户单据 1.xlsx），并将其保存在"i"循环变量中，然后运行 for 循环中的缩进部分代码（循环体部分），即第 07~11 行代码；执行完后，返回执行第 06 行代码，开始第二次 for 循环，访问列表中的第二个元素（客户单据 2.xlsx），并将其保存在"i"循环变量中，然后运行 for 循环中的缩进部分代码，即第 07~11 行代码；就这样一直反复循环，直到最后一次循环完成后，结束 for 循环，运行第 12 行代码。

第 07 行代码：作用是用 if 条件语句判断文件夹下的文件名称是否有以"~$"开头的文件（此文件为临时文件，执行时会出错）。如果有，就执行第 08 行代码。如果没有就执行第 09 行代码。代码中"startswith()"为一个字符串函数，用于判断字符串是否以指定的字符串开头。"i.startswith(~$)"的意思就是判断"i"中存储的字符串是否以"~$"开头。

第 08 行代码：作用是跳过本次 for 循环，直接进行下一次 for 循环。

第 09 行代码：作用是打开"i"中存储的工作簿。代码中，"wb"为新定义的变量，用来存储打开的 Excel 工作簿；"books. open( )"方法用于打开 Excel 工作簿。其参数"file_path+'\\'+i"用来设置打开的文件名和路径。比如当"i"存储的元素"客户单据 1. xlsx"时，要打开的文件就为"e:\\财务\\单据\\客户单据 1. xlsx"。

第 10 行代码：作用是打印 Excel 工作簿中所有工作表。代码中，"wb"为上一行代码中打开的 Excel 工作簿文件；"api. PrintOut(Copies = 1，ActivePrinter = ' DESKTOP-HP01 '，Collate = True)"的作用是打印工作表，括号中为其参数，"Copies = 1"参数用来设置打印份数，"1"表示打印一份。"ActivePrinter = ' DESKTOP-HP01 '"参数用来设置所使用的打印机名称，如果省略该参数，就会使用操作系统默认打印机。"Collate = True"用来设置是否逐份打印。

第 11 行代码：作用是关闭第 09 行代码打开的 Excel 工作簿。

第 12 行代码：作用是退出 Excel 程序。

3. 案例应用解析

在实际工作中，如果想批量对多个 Excel 工作簿文件中的所有工作表进行打印，可以通过修改本例的代码来完成。

首先将第 03 行代码中要指定的文件夹路径修改为自己要处理的工作簿文件所在文件夹名称。然后将第 10 行代码中的"DESKTOP-HP01"设置为自己打印机的名称，也可以将"ActivePrinter = ' DESKTOP-HP01 '"删除，使用默认打印机。

9.1.4 案例 4：批量打印多个 Excel 报表文件中的指定工作表

在日常对 Excel 工作簿文件的处理中，如果想批量打印多个 Excel 报表文件中指定的工作表，可以使用 Python 程序自动处理。

下面批量打印 E 盘"财务"文件夹"单据"子文件夹下所有 Excel 报表文件中的第一个工作表，如图 9-5 所示。

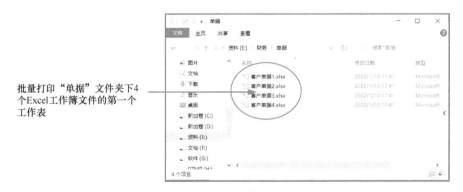

批量打印"单据"文件夹下 4 个 Excel 工作簿文件的第一个工作表

图 9-5　批量打印多个 Excel 工作簿文件中指定的工作表

1. 代码实现

如下所示为批量打印多个 Excel 报表文件中的指定工作表的程序代码。

```
01  import os                                    #导入 os 模块
02  import xlwings as xw                          #导入 xlwings 模块
03  file_path='e:\\财务 \\单据'                     #指定要处理的文件所在文件夹的路径
04  file_list=os.listdir(file_path)              #提取所有文件和文件夹的名称
05  app=xw.App(visible=True,add_book=False)      #启动 Excel 程序
06  for i in file_list:                          #遍历列表 file_list 中的元素
07      if i.startswith('~ $'):                  #判断文件名称是否有以"~ $"开头的临时文件
08          continue                             #跳过当次循环
09      wb=app.books.open(file_path+'\'+i)       #打开 Excel 工作簿
10      sht=wb.sheets[0]                         #选择第一个工作表
11      sht.api.PrintOut(Copies=1,ActivePrinter='DESKTOP-HP01',Collate=True)
                                                 #打印工作表
12      wb.close()                               #关闭打开的工作表
13  app.quit()                                   #退出 Excel 程序
```

2. 代码解析

第 01 行代码：作用是导入 os 模块。

第 02 行代码：作用是导入 xlwings 模块，并指定模块的别名为"xw"。

第 03 行代码：作用是指定文件所在文件夹的路径。"file_path"为新定义的变量，用来存储路径。

第 04 行代码：作用是将路径下所有文件和文件夹的名称以列表的形式保存在新定义的"file_list"变量中。此代码中使用了 os 模块中的"listdir( )"函数，此函数用于返回指定的文件夹包含的文件或文件夹的名称的列表。如图 9-6 所示为"file_list"中存储的数据。

['客户单据1.xlsx', '客户单据2.xlsx', '客户单据3.xlsx', '客户单据4.xlsx']

图 9-6   "file_list"中存储的数据

第 05 行代码：作用是启动 Excel 程序。代码中，"app"是新定义的变量，用来存储启动的 Excel 程序；"App( )"方法用来启动 Excel 程序，括号中的"visible"参数用来设置 Excel 程序是否可见，True 为可见，False 为不可见；"add_book"参数用来设置启动 Excel 时是否自动创建新工作簿，True 为自动创建，False 为不创建。

第 06～12 行代码为一个 for 循环，用来逐个处理文件夹下的所有 Excel 工作簿文件。

第 06 行代码：为一个 for 循环语句，"for…in"为 for 循环，"i"为循环变量，第 07～12 行缩进部分代码为循环体。当第一次 for 循环时，会访问"file_list"列表中的第一个元素（客户单据 1. xlsx），并将其保存在"i"循环变量中，然后运行 for 循环中的缩进部分代码（循环体部分），即第 07～12 行代码；执行完后，返回执行第 06 行代码，开始第二次 for 循环，访问列表中的第二个元素（客户单据 2. xlsx），并将其保存在"i"循环变量中，然后运行 for 循环中的缩进部分代码，即第 07～12 行代码；就这样一直反复循环，直到最后一次循环完成后，结束 for 循环，运行第 13 行代码。

第 07 行代码：作用是用 if 条件语句判断文件夹下的文件名称是否有以"~ $"开头的文件（此文件为临时文件，执行时会出错）。如果有，就执行第 08 行代码。如果没有就执行第 09 行代码。代码中"startswith( )"为一个字符串函数，用于判断字符串是否以指定的字符串开头。"i. startswith

（~＄）"的意思就是判断"i"中存储的字符串是否以"~＄"开头。

第 08 行代码：作用是跳过本次 for 循环，直接进行下一次 for 循环。

第 09 行代码：作用是打开"i"中存储的工作簿。代码中，"wb"为新定义的变量，用来存储打开的 Excel 工作簿；"books. open ( )"方法用于打开 Excel 工作簿。其参数"file_path+'\\'+i"用来设置打开的文件名和路径。比如当"i"存储的元素为"客户单据 1. xlsx"时，要打开的文件就为"e:\\财务\\单据\\客户单据 1. xlsx"。

第 10 行代码：作用是选择所打开的 Excel 工作簿中的第一个工作表。代码中，"sht"为新定义的变量，用来存储选择的工作表；"wb"为上一行代码中打开的 Excel 工作簿文件；"sheets [0]"方法用来选择工作表，"0"为选择第一个工作表，"1"为选择第二个工作表。

第 11 行代码：作用是打印 Excel 工作簿中选择的工作表。代码中，"sht"为上一行代码中选择的工作表；"api. PrintOut (Copies = 1，ActivePrinter = ' DESKTOP-HP01 '，Collate = True)"的作用是打印工作表，括号中为其参数，"Copies = 1"参数用来设置打印份数，"1"表示打印一份。"ActivePrinter = ' DESKTOP-HP01 '"参数用来设置所使用的打印机名称，如果省略该参数，就会使用操作系统默认打印机。"Collate = True"用来设置是否逐份打印。

第 11 行代码：作用是关闭第 09 行代码打开的 Excel 工作簿。

第 12 行代码：作用是退出 Excel 程序。

3. 案例应用解析

在实际工作中，如果想批量对多个 Excel 工作簿文件中指定的工作表进行打印，可以通过修改本例的代码来完成。

首先将第 03 行代码中要指定的文件夹路径修改为自己要处理的工作簿文件所在文件夹名称。然后将第 10 行代码中的"0"修改为要指定的工作表序号，如果要指定工作表的名称，则将"［0］"修改为"（'工作表名称'）"。

最后将第 11 行代码中的"DESKTOP-HP01"设置为自己打印机的名称，也可以将"ActivePrinter = ' DESKTOP-HP01 '"删除，使用默认打印机。

9.2 用 Python 按条件打印 Excel 报表

9.2.1 案例 1：打印 Excel 报表中指定工作表中的指定单元格区域

在日常对 Excel 工作簿文件的处理中，如果想打印 Excel 报表文件的指定工作表中的指定单元格区域内容，可以使用 Python 程序自动处理。

下面以图 9-7 所示的 Excel 报表文件为例，介绍如何自动打印"畅销品统计"工作表中"B1：C11"区域单元格的内容。

1. 代码实现

如下所示为打印 Excel 报表指定工作表中的指定单元格区域的程序代码。

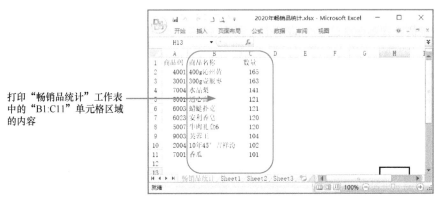

打印"畅销品统计"工作表中的"B1:C11"单元格区域的内容

图 9-7　打印指定单元格区域的内容

```
01  import xlwings as xw                                #导入 xlwings 模块
02  app=xw.App(visible=True,add_book=False)            #启动 Excel 程序
03  wb=app.books.open('e:\\财务\\2020年畅销品统计.xlsx') #打开 Excel 工作簿
04  sht=wb.sheets('畅销品统计')                          #选择工作表
05  area=sht.range('B1:C11')                            #选择要打印的单元格区域
06  area.api.PrintOut(Copies=1,ActivePrinter='DESKTOP-HP01',Collate=True)
                                                        #打印 Excel 工作簿中的所有工作表
07  wb.close()                                          #关闭 Excel 工作簿
08  app.quit()                                          #退出 Excel 程序
```

2. 代码解析

第 01 行代码：作用是导入 xlwings 模块，并指定模块的别名为"xw"。

第 02 行代码：作用是启动 Excel 程序。代码中，"app"是新定义的变量，用来存储启动的 Excel 程序；"App()"方法用来启动 Excel 程序，括号中的"visible"参数用来设置 Excel 程序是否可见，True 为可见，False 为不可见；"add_book"参数用来设置启动 Excel 时是否自动创建新工作簿，True 为自动创建，False 为不创建。

第 03 行代码：作用是打开 Excel 工作簿文件。"wb"为新定义的变量，用来存储打开的 Excel 工作簿文件；"app"为启动的 Excel 程序（上一行代码中定义的变量）；"books.open()"方法用来打开 Excel 工作簿文件，括号中的参数为要打开的 Excel 工作簿文件名称和路径。

第 04 行代码：作用是选择工作表。代码中，"sht"为新定义的变量，用来存储选择的工作表；"wb"表示打开的 Excel 工作簿；"sheets('畅销品统计')"方法用来选择工作表，括号中的参数为要选择的工作表名称。

第 05 行代码：作用是选择要打印的区域单元格。代码中，"area"为新定义的变量，用来存储选择区域单元格；"sht"表示上一行代码中选择的工作表；"range('B1：C11')"表示单元格区域，括号中为其参数，"B1：C11"表示 B1 到 C11 的区间单元格。

第 06 行代码：作用是打印 Excel 工作簿中指定的工作表。代码中，"area"为选择的单元格区域；"api.PrintOut（Copies=1，ActivePrinter='DESKTOP-HP01'，Collate=True）"的作用是打印工作表，括号中为其参数，"Copies=1"参数用来设置打印份数，"1"表示打印一份。"ActivePrinter='DESK-

TOP-HP01'"参数用来设置所使用的打印机名称,如果省略该参数,就会使用操作系统默认打印机。"Collate=True"用来设置是否逐份打印。

第 07 行代码:作用是关闭第 03 行代码中打开的 Excel 工作簿。

第 08 行代码:作用是退出 Excel 程序。

3. 案例应用解析

在实际工作中,如果想打印 Excel 工作簿文件中指定工作表中的指定单元格区域,可以通过修改本例的代码来完成。

首先将第 03 行代码中要打开的工作簿文件名称和路径"e:\\财务\\2020 年畅销品统计.xlsx"修改为自己要打印的工作簿文件名称和路径,并将第 04 行代码中的"畅销品统计"修改为自己要打印的工作表的名称。

接着将第 05 行代码中的"B1:C11"修改为自己要打印的单元格区域。

最后将第 06 行代码中的"DESKTOP-HP01"设置为自己打印机的名称,也可以将"ActivePrinter ='DESKTOP-HP01'"删除,使用默认打印机。

9.2.2 案例 2:按指定的缩放比例打印 Excel 报表中的所有工作表

在日常对 Excel 工作簿文件的处理中,如果想按指定的缩放比例自动打印 Excel 报表文件的所有工作表,可以使用 Python 程序自动处理。

下面以图 9-8 所示的 Excel 报表文件为例,介绍如何按 80% 的缩放比例自动打印所有工作表的内容。

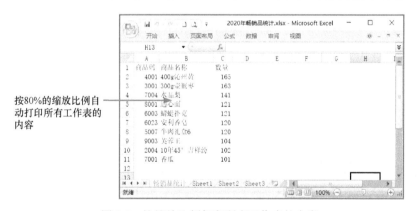

图 9-8 按缩放比例打印所有工作表的内容

1. 代码实现

如下所示为按指定的缩放比例打印 Excel 报表所有工作表的程序代码。

```
01  import xlwings as xw                                      #导入 xlwings 模块
02  app=xw.App(visible=True,add_book=False)                  #启动 Excel 程序
03  wb=app.books.open('e:\\财务\\2020 年畅销品统计.xlsx')      #打开 Excel 工作簿
04  wb.api.PageSetup.zoom=80                                  #设置打印工作表的缩放比例
05  wb.api.PrintOut(Copies=1,ActivePrinter='DESKTOP-HP01',Collate=True)
                                                             #打印 Excel 工作簿中的所有工作表
```

```
06    wb.close()                              #关闭工作簿
07    app.quit()                              #退出 Excel 程序
```

2. 代码解析

第 01 行代码：作用是导入 xlwings 模块，并指定模块的别名为 "xw"。

第 02 行代码：作用是启动 Excel 程序。代码中，"app" 是新定义的变量，用来存储启动的 Excel 程序；"App( )" 方法用来启动 Excel 程序，括号中的 "visible" 参数用来设置 Excel 程序是否可见，True 为可见，False 为不可见；"add_book" 参数用来设置启动 Excel 时是否自动创建新工作簿，True 为自动创建，False 为不创建。

第 03 行代码：作用是打开 Excel 工作簿文件。"wb" 为新定义的变量，用来存储打开的 Excel 工作簿文件；"app" 为启动的 Excel 程序（上一行代码中定义的变量）；"books. open( )" 方法用来打开 Excel 工作簿文件，括号中的参数为要打开的 Excel 工作簿文件名称和路径。

第 04 行代码：作用是设置打印工作表的缩放比例。代码中，"wb" 表示打开的 Excel 工作簿；"api. PageSetup. zoom" 用来设置打印的缩放比例，可取的值为 10 ~ 400 范围内的数字，代表 10% ~ 400% 的缩放比例。

第 05 行代码：作用是打印 Excel 工作簿中指定的工作表。代码中，"wb" 为打开的 Excel 工作簿；"api. PrintOut (Copies = 1，ActivePrinter =' DESKTOP-HP01 '，Collate = True)" 的作用是打印工作表，括号中为其参数，"Copies = 1" 参数用来设置打印份数，"1" 表示打印一份，"ActivePrinter =' DESK-TOP-HP01 '" 参数用来设置所使用的打印机名称，如果省略该参数，就会使用操作系统默认打印机。"Collate = True" 用来设置是否逐份打印。

第 06 行代码：作用是关闭第 03 行代码中打开的 Excel 工作簿。

第 07 行代码：作用是退出 Excel 程序。

3. 案例应用解析

在实际工作中，如果想批量按指定的缩放比例打印 Excel 工作簿文件中的所有工作表，可以通过修改本例的代码来完成。

首先将第 03 行代码中要打开的工作簿文件名称和路径 "e：\\财务\\2020 年畅销品统计 . xlsx" 修改为自己要打印的工作簿文件名称和路径，并将第 04 行代码中的 "80" 修改为要缩放的比例。

最后将第 05 行代码中的 "DESKTOP-HP01" 设置为自己打印机的名称，也可以将 "ActivePrinter =' DESKTOP-HP01 '" 删除，使用默认打印机。

9.2.3 案例 3：打印 Excel 报表中的所有工作表时打印行号和列号

在日常对 Excel 工作簿文件的处理中，如果想在自动打印 Excel 报表文件的所有工作表时打印行号和列号，可以使用 Python 程序自动处理。

下面以图 9-9 所示的 Excel 报表文件为例，介绍如何在自动打印 Excel 报表文件的所有工作表时打印行号和列号。

1. 代码实现

如下所示为在打印 Excel 报表的所有工作表时打印行号和列号的程序代码。

自动打印Excel报表文件
的所有工作表时打印行
号和列号

图 9-9　打印 Excel 报表的所有工作表时打印行号和列号

```
01   import xlwings as xw                          #导入 xlwings 模块
02   app=xw.App(visible=True,add_book=False)       #启动 Excel 程序
03   wb=app.books.open('e:\\财务\\2020 年畅销品统计.xlsx') #打开 Excel 工作簿
04   wb.api.PageSetup.PrintHeadings=True           #设置打印工作表时打印行号和列号
05   wb. api.PrintOut(Copies=1,ActivePrinter='DESKTOP-HP01',Collate=True)
                                                   #打印 Excel 工作簿中所有工作表
06   wb.close()                                    #关闭工作簿
07   app.quit()                                    #退出 Excel 程序
```

2. 代码解析

第 01 行代码：作用是导入 xlwings 模块，并指定模块的别名为"xw"。

第 02 行代码：作用是启动 Excel 程序。代码中，"app"是新定义的变量，用来存储启动的 Excel 程序；"App( )"方法用来启动 Excel 程序，括号中的"visible"参数用来设置 Excel 程序是否可见，True 为可见，False 为不可见；"add_book"参数用来设置启动 Excel 时是否自动创建新工作簿，True 为自动创建，False 为不创建。

第 03 行代码：作用是打开 Excel 工作簿文件。"wb"为新定义的变量，用来存储打开的 Excel 工作簿文件；"app"为启动的 Excel 程序（上一行代码中定义的变量）；"books. open( )"方法用来打开 Excel 工作簿文件，括号中的参数为要打开的 Excel 工作簿文件名称和路径。

第 04 行代码：作用是设置打印工作表时打印行号和列号。代码中，"wb"为打开的 Excel 工作簿；"api. PageSetup. PrintHeadings"函数用来设置打印工作表时是否一并打印行号和列号，设置为 True 时，表示打印行号和列号，设置为 False 时表示不打印行号和列号。

第 05 行代码：作用是打印 Excel 工作簿中指定的工作表。代码中，"wb"为打开的 Excel 工作簿；"api. PrintOut（Copies=1，ActivePrinter=' DESKTOP-HP01 '，Collate=True）"的作用是打印工作表，括号中为其参数，"Copies=1"参数用来设置打印份数，"1"表示打印一份。"ActivePrinter=' DESK-TOP-HP01 '"参数用来设置所使用的打印机名称，如果省略该参数，就会使用操作系统默认打印机。"Collate=True"用来设置是否逐份打印。

第 06 行代码：作用是关闭第 03 行代码中打开的 Excel 工作簿。

第 07 行代码：作用是退出 Excel 程序。

3. 案例应用解析

在实际工作中，如果想批量打印 Excel 工作簿文件中的所有工作表，可以通过修改本例的代码来完成。

首先将第 03 行代码中要打开的工作簿文件名称和路径 "e：\\财务\\2020 年畅销品统计 . xlsx" 修改为自己要打印的工作簿文件名称和路径。

然后将第 05 行代码中的 "DESKTOP-HP01" 设置为自己打印机的名称，也可以将 " ActivePrinter =' DESKTOP-HP01 '" 删除，使用默认打印机。

第 10 章 Excel 报表自动化综合实战案例

在实际工作中，可能会遇到一些重复性的、内容固定的工作，对于这样的工作，可以通过报表自动化，让机器自动去执行，以提高工作效率。本章将用一个综合案例来演示实际工作中如何自动生成报表。

10.1 报表自动化的流程

报表自动化是指将传统的人工整理报表（Excel 表格）的过程实现自动化，其本质就是让机器代替人工完成相应的工作，只需要把需要人工做的每一个步骤转化成机器可以理解的语言（也就是代码），然后让机器自动去执行，就实现了自动化。

一般重复性、内容固定的报表适合用来做报表自动化，比如公司的日报、周报、月报等。实现报表自动化不但可以简化工作流程，减少人工介入，还可以提高工作效率。

图 10-1 所示为报表自动化的一般流程，主要分为 4 个步骤。

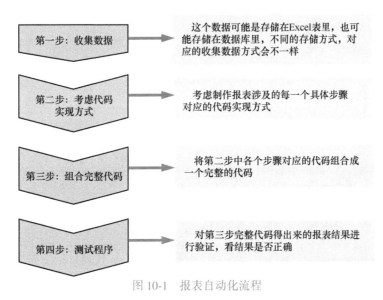

图 10-1 报表自动化流程

10.2 自动将源数据制作成报表和图表

本节结合一个综合案例讲解用 Python 来自动制作报表的方法。如图 10-2 所示为公司各分店销售

Python+Excel 报表自动化实战

明细数据。

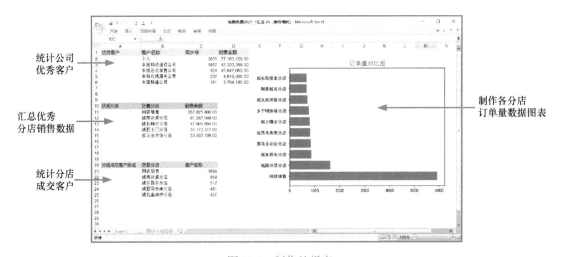

图 10-2　公司产品销售数据

原始数据是各个分店的销售明细，包括销售日期、销售金额、客户名称、客户编号、交易分店、流水号等详细信息，现需要根据这份原始数据来制作每月的报表，主要包括 6 个方面，如图 10-3 所示。

- 统计公司优秀客户。
- 制作分店销售报表。
- 统计分店成交客户。
- 制作分店订单量数据图表。
- 合并各种报表到一个工作表中。
- 美化合并报表的格式。

图 10-3　制作的报表

10.2.1 制作公司优秀客户报表

首先制作公司优秀客户报表，统计公司优秀客户。第一步需要先读取公司原始销售数据，然后将读取的数据按"客户名称"列分类汇总（统计客户成交数和成交金额），之后再对分类汇总后的数据按"流水号"列进行降序排序，然后取前 5 行数据。

本节要制作的报表如图 10-4 所示。

优秀客户	客户名称	流水号	销售金额
	个人	3655	77,183,129.00
	中国移动通信公司	1952	42,333,359.00
	中国石化销售公司	324	45,647,003.00
	中移在线服务公司	232	4,619,300.00
	中国联通公司	181	3,784,185.00

图 10-4　公司优秀客户报表

具体实现代码如下（本小节代码为全部代码中的一部分）。

```
01  import pandas as pd                                    #导入 pandas 模块
02  import xlwings as xw                                   #导入 xlwings 模块
03  import matplotlib.pyplot as plt                        #导入 matplotlib 模块
04  app=xw.App(visible=True,add_book=False)               #启动 Excel 程序
05  wb=app.books.open('e:\\财务\\销售数据 2021_1.xls')      #打开 Excel 工作簿
06  sht=wb.sheets('销售明细数据')                           #选择"销售明细数据"工作表
07  data=sht.range('A1').options(pd.DataFrame,index=False,expand='table').value
                                                           #读取 Excel 工作表的数据
08  data_summary=data.groupby('客户名称').aggregate({'流水号':'count','销售金额':'sum'})
                                                           #将读取的数据按"客户名称"列分类汇总
09  data_sort=data_summary.sort_values(by=['流水号'],ascending=False).head(5)
                                                           #对分类汇总后的数据按"流水号"进行降序排序并取前 5 行
```

下面对上面代码的含义进行解析。

第 01～03 行代码：作用分别是导入 pandas 模块，并指定模块的别名为"pd"；导入 xlwings 模块，指定模块的别名为"xw"；导入 matplotlib 模块，指定模块的别名为"plt"。

第 04 行代码：作用是启动 Excel 程序。代码中，"app"是新定义的变量，用来存储启动的 Excel 程序；"App()"方法用来启动 Excel 程序，括号中的"visible"参数用来设置 Excel 程序是否可见，True 为可见，False 为不可见；"add_book"参数用来设置启动 Excel 时是否自动创建新工作簿，True 为自动创建，False 为不创建。

第 05 行代码：作用是打开已有的 Excel 工作簿文件。"wb"为新定义的变量，用来存储打开的 Excel 工作簿文件；"app"为启动的 Excel 程序；"books.open('e:\\财务\\销售数据 2021_1.xls')"方法用来打开 Excel 工作簿文件，括号中的参数为要打开的 Excel 工作簿文件名称和路径（即打开 e 盘"财务"文件夹下的"销售数据 2021_1.xlsx"工作簿文件）。

第 06 行代码：作用是选择"销售明细数据"工作表。"sht"为新定义的变量，用来存储选择的工作表；"wb"表示打开的 Excel 工作簿文件；"sheets('销售明细数据')"方法用来选择工作表，括

号中参数为要选择的工作表名称。

第 07 行代码：作用是将工作表中的数据读成 DataFrame 格式。代码中，"data"为新定义的变量，用来保存读取的数据；"sht"为选择的工作表；"range('A1')"方法用来设置起始单元格，参数"'A1'"表示 A1 单元格；"options()"方法用来设置数据读取的类型。其参数"pd.DataFrame"的作用是将数据内容读取成 DataFrame 格式；"index=False"参数用于设置索引，False 表示取消索引，True 表示将第一列作为索引列；"expand='table'"参数用于扩展到整个表格，"table"表示向整个表扩展，即选择整个表格，如果设置为"right"表示向表的右方扩展，即选择一行，"down"表示向表的下方扩展，即选择一列；"value"参数表示工作表数据。

第 08 行代码：作用是对读取的数据按"客户名称"列进行分类汇总。代码中，"data_summary"为新定义的变量，用来存储分类汇总后的数据；"data"为第 07 行代码中读取的数据；"groupby('客户名称')"函数的作用是根据数据的某一列或多列进行分组聚合，括号中的"'客户名称'"为其参数，即按"客户名称"进行分组；"aggregate({'流水号':'count','销售金额':'sum'})"函数用来对分组后数据中的"流水号"列进行计数计算，对"销售金额"列进行求和计算。

第 09 行代码：作用是对分类汇总后的数据按"流水号"列进行降序排序并取前 5 行。代码中，"data_sort"是新定义的变量，用来存储排序后的数据；"data_summary"为上一行代码中存储的分类汇总数据；"sort_values(by=['流水号'],ascending=False)"的作用是按"流水号"列进行排序；"sort_values()"函数用于将数据区域按照某个字段的数据进行排序；"by=['流水号']"用于指定排序的列；"ascending=False"用来设置排序方式，True 表示升序，False 表示降序；"head(5)"的作用是选择指定的前 5 行数据。

10.2.2 制作分店销售报表

本节来制作分店销售报表，统计公司优秀分店的总销售金额。制作报表时，将公司原始销售数据按"交易分店"列分类汇总（统计分店销售金额），之后再对分类汇总后的数据按"销售金额"列进行降序排序，然后取前 5 行数据。

本节要制作的报表如图 10-5 所示。

优秀分店	交易分店	销售金额
	网店销售	267,825,800.00
	城南汾滨分店	81,287,568.00
	城北韩村分店	47,903,894.00
	城西土门分店	35,172,317.00
	侯马合欢街分店	33,403,109.00

图 10-5　分店销售报表

具体实现代码如下（本小节代码接上一节的代码）。

```
10  data_summary2=data.groupby('交易分店').aggregate({'销售金额':'sum'})
                    #将读取的数据按"交易分店"列分类汇总
11  data_sort2=data_summary2.sort_values(by=['销售金额'],ascending=False).head(5)
                    #对分类汇总后的数据按"销售金额"进行降序排序并取前 5 行
```

下面对上面代码的含义进行解析。

第 10 行代码：作用是对读取的数据按"交易分店"列进行分类汇总。代码中，"data_summary2"为新定义的变量，用来存储分类汇总后的数据；"data"为 10.2.1 节第 07 行代码中读取的数据；"groupby（'交易分店'）"的作用是按"交易分店"进行分组；"aggregate（{'销售金额'：'sum'}）"的作用是对分组后数据中的"销售金额"列进行求和计算。

第 11 行代码：作用是对上一行代码中分类汇总后的数据按"销售金额"列进行降序排序并取前 5 行。代码中，"data_sort2"用来存储排序后的数据；"data_summary2"为上一行代码中存储的分类汇总数据；"sort_values（by=['销售金额']，ascending=False）"的作用是按"销售金额"列进行降序排序，其参数"by=['销售金额']"用于指定排序的列，"ascending=False"用来设置排序方式为降序；"head（5）"的作用是选择指定的前 5 行数据。

10.2.3 制作分店成交客户报表

本节制作分店成交客户报表，统计成交客户较多的分店。制作报表时，先对公司原始销售数据中的"交易分店"和"客户名称"进行去重处理，去掉同一客户在同一分店的多次交易，然后将去重后的数据按"交易分店"列分类汇总（统计客户数），之后再对分类汇总后的数据按"客户名称"列进行降序排序，然后取前 5 行数据。

分店成交客户排名	交易分店	客户名称
	网店销售	1699
	城南汾滨分店	958
	城东路东分店	512
	城西马务南分店	481
	城北高河桥分店	457

图 10-6　分店成交客户报表

本节要制作的报表如图 10-6 所示。

具体实现代码如下（本小节代码接上一节的代码）。

```
12  data_dup=data[['交易分店','客户名称']].drop_duplicates()
                        #对数据中"交易分店"和"客户名称"去重处理
13  data_summary3=data_dup.groupby('交易分店').aggregate({'客户名称':'count'})
                        #将去重后的数据按"交易分店"列分类汇总
14  data_sort3=data_summary3.sort_values(by=['客户名称'],ascending=False).head(5)
                        #对分类汇总后的数据按"客户名称"列进行降序排序并取前 5 行
```

下面对上面代码的含义进行解析。

第 12 行代码：作用是对数据中"交易分店"和"客户名称"两列进行重复值判断，然后保留第一个行值（默认），即去掉同一分店同一客户的重复的销售记录，只保留一次销售记录，这样可以确保同一分店中同一个客户只计数一次。代码中"drop_duplicates（）"函数用于对所选值进行重复值判断，且默认保留第一个（行）值。

第 13 行代码：作用是对读取的数据按"交易分店"列进行分类汇总。代码中，"data_summary3"为新定义的变量，用来存储分类汇总后的数据；"data_dup"为去重后的数据；"groupby（'交易分店'）"的作用是按"交易分店"进行分组；"aggregate（{'客户名称'：'count'}）"的作用是对分组后数据中的"客户名称"列进行计数计算。

第 14 行代码：作用是对上一行代码中分类汇总后的数据按"客户名称"列进行降序排序并取前 5 行。代码中，"data_sort3"用来存储排序后的数据；"data_summary3"为上一行代码中存储的分类汇总数据;"sort_values(by=['客户名称'], ascending=False)"的作用是按"客户名称"列进行降序排序;"head(5)"的作用是选择指定的前 5 行数据。

10.2.4　制作分店订单量数据图表

本节制作分店订单量数据图表,将优秀分店的订单量数据制作成条形图表。制作图表时,先对公司原始销售数据按"交易分店"列分类汇总(统计成交流水号数),之后再对分类汇总后的数据按"流水号"列进行降序排序,然后取前 10 行数据。

本节要制作的图表如图 10-7 所示。

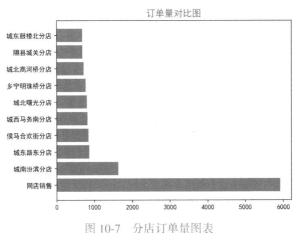

图 10-7　分店订单量图表

具体实现代码如下(本小节代码接上一节的代码)。

```
15  data_summary4=data.groupby('交易分店').aggregate({'流水号':'count'})
                            #将读取的数据按"交易分店"列分类汇总
16  data_sort4=data_summary4.sort_values(by=['流水号'],ascending=False).head(10)
                            #对分类汇总后的数据按"流水号"列进行排序并取前 10 行
17  data_chart=data_sort4.reset_index()        #对排序后的数据重新设置索引列
18  x=data_chart['交易分店']              #指定"交易分店"列数据作为 x 轴数据
19  y=data_chart['流水号']               #指定"流水号"列数据作为 y 轴数据
20  fig=plt.figure()                   #创建一个绘图画布
21  plt.rcParams['font.sans-serif']=['SimHei']  #解决中文显示乱码的问题
22  plt.rcParams['axes.unicode_minus']=False   #解决负号无法正常显示的问题
23  plt.barh(x,y,align='center',color='red')   #制作条形图表
24  plt.title(label='订单量对比',fontdict={'color':'blue','size':14},loc='center')
                            #设置图表的标题
```

下面对上面代码的含义进行解析。

第 15 行代码:作用是对读取的数据按"交易分店"列进行分类汇总。代码中,"data_summary4"为新定义的变量,用来存储分类汇总后的数据;"data"为去重后的 10.2.1 节第 07 行代码中读取的数据;"groupby('交易分店')"的作用是按"交易分店"进行分组;"aggregate({'流水号':'count'})"的作用是对分组后数据中的"流水号"列进行计数计算。

第 16 行代码：作用是对上一行代码中分类汇总后的数据按"流水号"列进行降序排序并取前 10 行。代码中，"data_sort4"用来存储排序后的数据；"data_summary4"为上一行代码中存储的分类汇总数据；"sort_values（by=['流水号']，ascending=False）"的作用是按"流水号"列进行降序排序；"head（10）"的作用是选择指定的前 10 行数据。

第 17 行代码：作用是对排序后的数据重新设置索引列，用于选择制作图表的数据。代码中，"data_chart"为新定义的变量，用来存储设置索引后的数据；"data_sort4"为上一行代码排序后的数据；"reset_index（）"函数用来重新设置数据的索引列。设置前后的数据对比如图 10-8 所示。

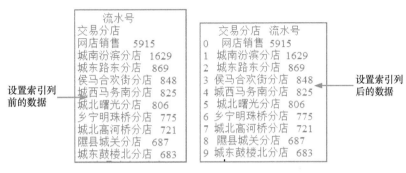

图 10-8　设置前后的数据对比

第 18 行代码：作用是指定"交易分店"列数据作为 x 轴数据。代码中，"x"为新定义的变量，用于存储选择的数据；"data_chart['交易分店']"的作用是选择上一行代码中设置索引列的数据中的"交易分店"列数据。

第 19 行代码：作用是指定"流水号"列数据作为 y 轴数据。代码中，"y"为新定义的变量，用于存储选择的数据；"data_chart['流水号']"的作用是选择上一行代码中设置索引列的数据中的"流水号"列数据。

第 20 行代码：作用是创建一个绘图画布。代码中，"fig"为新定义的变量，用来存储画布；"plt"表示 matplotlib 模块；"figure（）"函数用来创建绘图画布。

第 21 行代码：作用是为图表中中文文本设置默认字体，以避免中文显示乱码的问题。

第 22 行代码：作用是解决坐标值为负数时无法正常显示负号的问题。

第 23 行代码：作用是制作条形图表。代码中，"plt"表示 matplotlib 模块；"barh（）"函数用来制作条形图，括号中的"x，y，align='center'，color='red'"为其参数。"x"和"y"为条形图坐标轴的值；"align='center'"参数用来设置条形的位置与 y 坐标的关系（"center"为中心）；"color='red'"参数用来设置条形的填充颜色。

第 24 行代码：作用是为图表添加标题。代码中，"title（）"函数用来设置图表的标题。括号中"label='订单量对比图'，fontdict={'color'：'blue'，'size'：14}，loc='center'"为其参数，"label='订单量对比图'"用来设置标题文本内容；"fontdict={'color'：'blue'，'size'：14}"用来设置标题文本的字体、字号、颜色；"loc='center'"用来设置图表标题的显示位置。

10.2.5　合并各种报表到同一个工作表

前面几节制作了三个报表和一个图表，本节将前面几节制作的报表和图表全部合并到一个工作表中。

合并后的报表如图 10-9 所示。

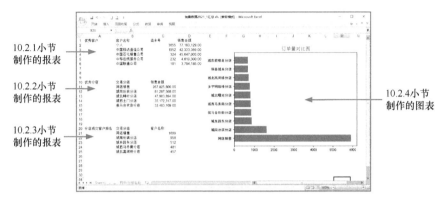

10.2.1小节
制作的报表

10.2.2小节
制作的报表

10.2.3小节
制作的报表

10.2.4小节
制作的图表

图 10-9　合并后的报表

具体实现代码如下（本小节代码接上一节的代码）。

```
25  sht2=wb.sheets.add('汇总')                          #新建"汇总"工作表
26  sht2.range('A1').value='优秀客户'                    #在"A1"单元格写入"优秀客户"
27  sht2.range('B1').value=data_sort                    #从"B1"单元格开始写入分类汇总的客户数据
28  sht2.range('A10').value='分店销售排名'               #在"A10"单元格写入"分店销售排名"
29  sht2.range('B10').value=data_sort2

                                                        #从"B10"单元格开始写入分类汇总的分店数据
30  sht2.range('A20').value='分店成交客户排名'

                                                        #在"A20"单元格写入"分店成交客户排名"
31  sht2.range('B20').value=data_sort3

                                                        #从"B20"单元格开始写入分类汇总的成交数据
32  sht2.pictures.add(fig,name='图1',update=True,left=200)
                                                        #将创建的图表插入工作表
```

下面对上面代码的含义进行解析。

第25行代码：作用是新建一个"汇总"工作表。"sht2"为新定义的变量，用来存储新建的工作表；"wb"为10.2.1小节第05行代码中打开的 Excel 工作簿；"sheets. add（'汇总'）"方法用来新建工作表，括号中的"汇总"用来设置新工作表的名称。

第26行代码：作用是在"A1"单元格写入"优秀客户"。"sht2"表示"汇总"工作表；"range（'A1'）"表示"A1"单元格；"value"表示单元格的数据；"="右侧的"优秀客户"为要写入的内容。

第27行代码：作用是从"B1"单元格开始写入分类汇总的客户数据。代码中，"data_sort"为10.2.1小节第09行代码中对优秀客户的排序数据。

第28行代码：作用是在"A10"单元格写入"分店销售排名"。

第29行代码：作用是从"B10"单元格开始写入分类汇总的分店数据。代码中，"data_sort2"为10.2.2小节第11行代码中对分店销售金额的排序数据。

第30行代码：作用是在"A20"单元格写入"分店成交客户排名"。

第 31 行代码：作用是从 "B20" 单元格开始写入分类汇总的成交数据。代码中，"data_sort3" 为 10.2.3 小节第 14 行代码中对分店客户的排序数据。

第 32 行代码：作用是将创建的图表插入工作表。代码中，"pictures. add ( )" 函数用于插入图片，括号中 "fig，name ='图 1'，update = True，left = 200" 为其参数。"fig" 为 10.2.4 小节第 20 行代码中创建的图表画布；"name ='图 1'" 用来设置所插入的图表的名称；"update = True" 用来设置是否可以移动图表，True 表示可以移动；"left = 200" 用来设置图表左上角相对于文档左上角的位置（以磅为单位）。

10.2.6 美化合并报表的格式

上一节将三个报表和一个图表合并到了一个工作表中，本节对合并报表的格式进行美化。

美化后的报表如图 10-10 所示。

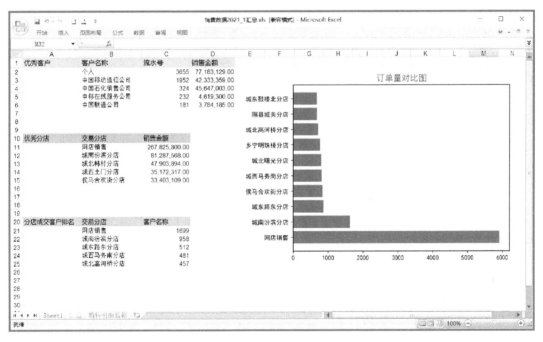

图 10-10 美化后的报表

具体实现代码如下（本小节代码接上一节的代码）。

```
33  sht2.range('A1:D1').api.Font.Name='微软雅黑'        #设置标题行字体
34  sht2.range('A1:D1').api.Font.Size=11               #设置标题行字体大小
35  sht2.range('A1:D1').color=xw.utils.rgb_to_int((150,200,250))
                                #设置标题行单元格填充颜色
36  sht2.range('D2:D6').api.NumberFormat='#,##0.00'
                                #设置所选单元格数字格式为千分位保留两位小数
37  sht2.range('A10:C10').api.Font.Name='微软雅黑'       #设置标题行字体
38  sht2.range('A10:C10').color=xw.utils.rgb_to_int((250,150,150))
                                #设置标题行单元格填充颜色
```

```
39  sht2.range('C11:C15').api.NumberFormat='#,##0.00'
                                    #设置所选单元格数字格式为千分位保留两位小数
40  sht2.range('A20:C20').api.Font.Name='微软雅黑'        #设置标题行字体
41  sht2.range('A20:C20').color=xw.utils.rgb_to_int((180,180,180))
                                    #设置标题行单元格填充颜色
42  sht2.autofit()                                  #自动调整单元格行高和列宽
43  wb.save('e:\\财务\\销售数据2021_1汇总.xls')       #另存Excel工作簿
44  wb.close()                                      #关闭打开的Excel工作簿
45  app.quit()                                      #退出Excel程序
```

下面对上面代码的含义进行解析。

第33行代码：作用是设置标题单元格字体为"微软雅黑"。代码中"sht2"为10.2.5小节第25行代码新建的"汇总"工作表；"range('A1:D1')"表示选择A1到D1区间的单元格；"api.Font.Name"的作用是设置字体，等号右侧的"微软雅黑"为字体名称。

第34行代码：作用是设置标题单元格字体大小（字号）为"11"号。代码中，"api.Font.Size"的作用是设置字号，等号右侧的"11"为字号大小。

第35行代码：作用是设置表头单元格填充颜色。代码中，"color"的作用是设置填充颜色；"xw.utils.rgb_to_int((150,200,250))"为具体颜色选择，"150，200，250"表示"浅蓝色"。

第36行代码：作用是设置所选单元格数字格式为千分位保留两位小数。代码中，"api.NumberFormat"方法用来设置单元格数字格式；"'#,##0.00'"表示数字格式为千分位保留两位小数。

第37行代码：作用是设置A10到C10区间单元格字体为"微软雅黑"。

第38行代码：作用是设置A10到C10区间单元格填充颜色。

第39行代码：作用是设置C11到C15区间单元格数字格式为千分位保留两位小数。

第40行代码：作用是设置A20到C20区间单元格字体为"微软雅黑"。

第41行代码：作用是设置A20到C20区间单元格填充颜色。

第42行代码：作用是自动调整工作表中单元格行高和列宽。代码中，"sht2"表示"汇总"工作表；"autofit()"方法用来自动调整单元格的行高和列宽。

第43行代码：作用是将之前打开的Excel工作簿另存为"销售数据2021_1汇总.xls"工作簿。代码中，"wb"表示10.2.1小节第05行代码中打开的Excel工作簿；"save('e:\\财务\\销售数据2021_1汇总.xls')"方法用来保存Excel工作簿文件，括号中的内容为要另存的工作簿文件名称。

第44行代码：作用是关闭Excel工作簿文件。

第45行代码：作用是退出Excel程序。